长江南京河段岸线保护成套技术研究与应用

Research and Application of Packaged Technology for Shoreline Protection of Nanjing Reach of Yangtze River

吴 杰　李铭华　陈 磊　方卫华◎著

河海大学出版社

HOHAI UNIVERSITY PRESS

·南京·

图书在版编目(C I P)数据

长江南京河段岸线保护成套技术研究与应用 / 吴杰
等著. — 南京：河海大学出版社，2024.3
ISBN 978-7-5630-8918-5

Ⅰ. ①长… Ⅱ. ①吴… Ⅲ. ①长江—护岸—研究—南
京 Ⅳ. ①TV882.2

中国国家版本馆 CIP 数据核字(2024)第 062341 号

书　　名	长江南京河段岸线保护成套技术研究与应用
	CHANGJIANG NANJING HEDUAN ANXIAN BAOHU CHENGTAO JISHU YANJIU YU YINGYONG
书　　号	ISBN 978-7-5630-8918-5
责任编辑	卢蓓蓓
特约编辑	李　阳
特约校对	夏云秋
封面设计	徐娟娟
出版发行	河海大学出版社
地　　址	南京市西康路 1 号(邮编:210098)
电　　话	(025)83737852(总编室)　(025)83786934(编辑室)
	(025)83722833(营销部)
经　　销	江苏省新华发行集团有限公司
排　　版	南京布克文化发展有限公司
印　　刷	苏州市古得堡数码印刷有限公司
开　　本	718 毫米×1000 毫米　1/16
印　　张	26
字　　数	467 千字
版　　次	2024 年 3 月第 1 版
印　　次	2024 年 3 月第 1 次印刷
定　　价	98.00 元

前言

　　河段岸线保护是确保堤防河势稳定，也是发挥河段行洪和维持合适水位作用的关键，对维护两岸社会稳定、经济发展和生态健康，建设宜居岸线和维护河流生命健康都具有十分重要的意义。

　　南京河段是国家批准的《长江流域综合利用规划简要报告》（以下简称《长流规》）和水利部批准的规划报告中确定的长江流域 14 个重点治理的河段之一。中华人民共和国成立以来，长江南京河段先后进行过 6 次大规模的河道整治，形成了以 18 个护岸段为主体工程的南京河势控制体系，稳定了长江南京河段的河势，其中护岸长度约 92 km，抛石近 2 000 万 t。

　　早在 2002 年，随着南京市政府"以江为轴、跨江发展、呼应上海、辐射周边"的城市发展战略的逐步实施，区域经济的发展对长江河势及岸线的稳定提出了更高的要求。南京市水利局从"十二五"规划提出至今的多次规划和文件，都一直强调加强对长江南京段的系统整治，科学合理开发利用洲滩，加固重要节点，稳定现有岸线和有效控制河势；进一步加强重点通江河流的口门控制和堤防建设。于 2015 年，长江干堤防洪标准就已经全面达到《长流规》设防标准。

　　为系统总结长江南京河段岸线保护成套技术研究成果与应用经验，本书将选取岸线保护典型成果进行总结。考虑到水利工程研究成果必须经过一定时间的检验运行方能得到验证，为此本书的成果都经历了至少五年以上的实际运行验证。

　　实际上，长江南京河段岸线保护方面曾有众多学者做过系统研究，成果也很多。考虑到本书篇幅有限，故选取典型研究成果进行总结提炼。

　　自 20 世纪 30 年代开始，因上游河势的变化，八卦洲洲头受水流的冲刷，不断向下游崩退，左汊逐渐弯曲，呈淤积萎缩态势，分流比逐渐减小，逐渐从主汊演变成支汊。为了控制河势的急剧变化，近 70 年来，长江南京河段实施了 6 次大规模整治工程，稳定了八卦洲头和水流顶冲岸线，延缓了八卦洲左汊的衰减速度，保障了南京河段的河势稳定。然而，已实施的整治工程采用的稳定现有河势的办法,没有从根本上改变八卦洲左汊不利的水沙动力条件(如进、出口河势和左、右汊阻力对比等),只能延缓左汊的衰退速度,本书治理之前左汊仍处于缓慢淤积衰退趋势,左汊枯季分流比已由集资整治工程实施后的16%减小到2011年的12.4%,若左汊分流比减小到10%以下,左汊衰亡的速率将会大大加快。同时,三峡工程2003年蓄水运用后,坝下游水沙条件发生较大改变,清水下泄对南京河段河床冲刷加强,引起汊道冲刷不平衡,导致分汊河段兴衰加剧与分化。

鉴于八卦洲河段的重要性、演变过程的复杂性和稳定改善左汊分流比的紧迫性,迫切需要采取工程措施,遏制八卦洲左汊缓慢衰退的趋势,适当改善左汊水域条件,以支撑南京市区域经济的可持续发展。为此本书进行八卦洲汊道河道整治工程定床、动床河工物理模型试验研究。

定床试验主要研究:① 洪、中、枯典型流量条件下,八卦洲汊道段自然状态下河道的水流动力特征;② 对各种增加左汊分流比、稳定河势的单类方案和组合方案进行定床水流特性试验,观测各方案的整治效果,比选、优化、推荐较优方案供动床模型试验研究。

本书在定床河工模型试验的基础上,建立了动床河工模型,取得了水面线、断面流速分布、分流比和河床地形冲淤数据,并与原型基本相似,进而进行了自然演变和整治工程方案条件下不同典型年和系列年水文过程的河床冲淤试验,得到了自然冲淤演变和长系列年冲淤规律,并针对性地就整治工程方案进行了试验研究并提出了针对性的建议。

本书在上述定动床试验的基础上,结合概化水槽试验的综合技术手段,研究了八卦洲汊道的河床演变情况、八卦洲汊道整治工程方案、建筑物附近防护措施以及八卦洲头导流堤的结构型式等关键问题。

崩岸是长江河段护岸稳定的主要破坏形式,本书在阐述河段来水来沙条件、河岸土质构成、历次护岸工程概况基础上,总结已有护岸的工程型式,针对沙袋护岸和生态护坡技术进行了试验研究;介绍了三江口窝崩的抢护措施,分析了窝崩的形成原因,并就窝崩发生后在口门及窝内布置的各种防护型式进行了研究。通过研究,得到的主要结论:① 沙袋护岸是环境友好型的护岸型式,可替代块石应用于护岸中。② 选择了十字形方体和多层四面六边框架两种具有护岸和生态保护功能的结构型式进行试验研究,系统量测了十字形方体护岸结构放置后,周围水体的流场和紊流特征,从水动力学角度分析了十字形方体护岸结构的减速机制和集鱼机理。③ 窝崩水流试验结果表明随着口门流速的增大,窝崩下游侧口门边界对水流的作用加强,窝内回流强度增大,且窝内流速与口门流速的比值也增大。随着口门流速的增大,窝内最大流速值所在的位置由口门向窝内移动。④ 窝崩口门工程方案试验结果表明三种坝顶高程的潜锁坝和三种口门导堤工程方案相比,其中下游侧口门导堤具有工程量较小、窝内减速效果明显的特点,可优先考虑此方案。针对工程结构型式,进行了以布帘坝代替抛石坝的挡水试验,布帘坝挡水效果比抛石坝略差,但布帘坝可节省工程投资,具有发展前景,应作进一步研究。

⑤ 窝崩体内工程方案试验结果表明七种四面六边框架布置方案与三种树冠(塑料草)方案的实施均起到了减小窝内流速的作用,但过密的四面六边框架布置,工程投资和其对流速的减少作用并不能成正比,当每2~3 m^2 布置一个四面六边框架时工程效益与工程费用关系较佳。

由于综合因素影响和制约,长江南京河段沿线形成了多个贴岸深槽,如大胜关深槽(约−50 m)、潜洲对岸深槽(约−43 m)、八卦洲头右缘深槽(约−45 m)、燕子矶深槽(约−44 m)、西坝深槽(约−51 m)等,这些深槽水深流急、岸坡迎流顶冲、边坡较陡,−5 m 以下比降有的甚至达到了1:1.6,多个断面出现局部大于1:2的陡坡,超过长江下游1:2.5的稳定岸坡临界值。三峡工程运用后,清水下泄可能加剧滩槽的演变,使得深槽进一步冲刷加深,岸坡更加陡峭。由于贴岸深槽岸边滩地很窄甚至没有滩地,最终将威胁到陆上堤防和人民的生命财产安全,因此对贴岸深槽水下岸坡和河床进行加固处理显得十分必要和迫切。本书通过沙袋选型、结构材料优化设计、一体化快速施工工艺和工程质量检验及评定等,形成了沙袋深水护岸成套技术,并在长江南京大胜关河段右岸贴岸深槽岸坡防护中得到了很好的应用。本书的创新点如下:

(1)在河道整治工程中应用多项整治工程新技术。在筑坝技术方面应用了长江堵汊筑坝技术、砂袋筑坝滚沉充填技术、沙肋软体排(筑坝)护底技术;护岸工程技术方面应用了预制混凝土铰链排护岸技术、系混凝土块软体排护底技术;在防护工程方面,除沿用常规的水下平顺抛石护岸工程形式外,还采用了抛块石网兜、雷诺护垫(卵石)护坡、格宾石笼防护(坝体表面)。这些新技术的应用,在发挥工程效益、保障工程稳定和安全等方面起到了重要作用。

(2)长江整治工程水下频繁发生冲刷变化是一种常态。长江在每一丰水位期和枯水期,河势会因为上游来水来沙而变化,河段情况也会因较大幅度的冲刷或淤积而发生改变。本次工程实施过程中一标段铰链护岸工程处于新生洲右汊洲侧,工程区主流贴岸冲刷,后退严重。施工过程中曾先后发生三次崩塌险情,多处出现崩窝,已建铰链排、系排梁、护坡相继发生坍塌,没入江中。建设处及时组织设计、监理、审计等方面专家现场会商应急处置方案,办理相关手续,施工单位严格按照制订的措施方案及时实施。监理、审计、跟踪记录实施状况,有效遏制了险情的扩大和发展。

(3)工程实施过程中,组织制订施工规范和质检验评标准。组织修订《水利工程施工质量检验与评定规范》(DB32/T 2334—2013)中长江水下平顺抛石护岸施工质量检验评定标准,组织开展"长江水下平顺抛石护岸施工规范"课题研究和规范制订。其中《水利工程施工质量检验与评定规范》(DB32/T 2334—2013)于 2014 年 12 月发布执行,《长江水下平顺抛石护岸施工规范》(DB32/T 2947—2016)于 2016 年 5 月发布,2016 年 6 月颁布实施。

(4) 完成铰链排护岸施工工艺升级改造。铰链排施工船的设计基于先进的水上平拉连续沉排施工工艺,其中排首上岸工序需要在陆上挖埋地垄,实现倒拉上岸。考虑到陆上不具备挖埋地垄条件,决定创新升级沉排船施工工艺。经反复多次研究,本书制订创新工艺升级方案、船机设备改造、现场实验性操作调整,完成了工艺的再升级。工艺升级后,沉排历时由原 8~10 h 缩短至 2~2.5 h,操作工人数量从 42 人减少到 18 人,工人劳动强度大大减轻;施工效率提高数倍,施工安全更加有保障。该工艺正在申请发明专利和实用新型专利。

(5) 软体排施工技术创新。系混凝土块软体排用于新生洲右汊进口(全江断面)护底工程,沉排规模大,水深流急,施工碍航,长江上顺水流沉排难度相当大。采用大型沉排施工船,自动化及中央控制定位和移位进行沉排操作。该项施工技术在排首落床定位控制方法、垂帘横吹排位控制、水下沉排效果监测方法等方面有较多创新。

砂肋软体排护(坝)底施工工艺创新。工程区水流流场紊乱复杂,水深流急,施工遇到极大困难。施工中采用综合预估漂移量的方法,创新动态定位纠偏技术。

本书是对长江南京河段岸线保护十多年研究成果和应用的总结,全书共分 18 章,其中 1~6、7~12、13~18 分别由南京市长江河道管理处吴杰、李铭华、陈磊编写,全书由水利部南京水利水文自动化研究所方卫华校核并统稿。本书参阅了大量的研究文献及各阶段相关研究成果,在此对研究合作方河海大学、南京水利科学研究院、长江勘测规划设计研究院有限责任公司、南京市水利规划设计院股份有限公司、长江委长江科学院、南京市水利建筑工程总公司一公司等参与相关阶段研究的项目组成员表示衷心的感谢。

由于本书涉及面广、知识点、多实践性强,因此编写难度大,尽管作者作了精心组织和多次交流讨论,但仍难免挂一漏万,不足甚至错误之处敬请各位读者批评指正!

著者

2023 年 6 月 6 日

目录

第1章 概　述

　　我国现有一级以上堤防 20[①] 多万 km,堤防安全稳定对河流功能正常发挥、维系河流本身健康乃至人民群众健康幸福和社会稳定都具有十分重要的意义,本章将在介绍南京段典型河段岸线特征的基础上,分析影响河段岸线保护的影响因素,为后续研究提供依据。

1.1　南京河段特征分析

　　长江南京河段是长江中下游 16 个重点整治河段之一,上起猫子山,下迄三江口,全长 92.3 km。河段内洲滩发育,平面形态为宽窄相间的藕节状分汊河型,由新济洲汊道、梅子洲汊道、八卦洲汊道和栖霞龙潭弯道组成。

　　新济洲汊道段上接安徽省的马鞍山河段,上起猫子山,下至下三山,全长约 25 km,河道较顺直,河道内自上而下分布有新生洲、新济洲和新潜洲等江心洲,为多分汊型河道。近 100 多年来河道内洲滩消长频繁,河势变化较大,主要趋势为右汊发育,左汊衰退。目前新生洲、新济洲右汊为主汊。

　　梅子洲汊道段上起下三山,下至下关,长约 23 km,属弯曲型河段。河道内自上而下分布有梅子洲和潜洲,潜洲位于梅子洲尾端以左的位置。梅子洲洲体最宽处为 2.7 km,长为 12 km,洲堤保护面积约 15 km²。梅子洲左汊为主汊,宽约 1.6 km,分流比维持在 95% 左右,分沙比略大于分流比。梅子洲左汊内潜洲左汊为主汊,1971 年后分流比基本稳定在 85%。

　　八卦洲汊道上起下关、下至西坝,为鹅头型双分汊河道,上游下关和下游西坝最窄枯水河宽分别为 1.1 km 和 1.3 km。八卦洲洲体长约 10.1 km、最大宽度约 7.5 km,洲堤保护面积约 57.6 km²。自 20 世纪 40 年代以来,由于八卦洲洲头持续崩退,左汊不断衰退,由主汊逐渐转为支汊,河道萎缩淤积,且曲率不断加大,左右汊曲率比已达 1:2.2,为长江中下游所少见。左汊分流比长年变动于 12%~18% 之间。

---

　　① 全书因四舍五入,数据存在一定偏差。

栖龙弯道段上起西坝,下至三江口,为单一弯道段。1985 年兴隆洲左汊堵塞后,本河段保持稳定的微弯单一河道格局。目前主流经西坝后过渡到南岸,下行至三江口节点后,进入仪征水道。

长江南京河段河道基本特征表见表 1.1[1]。南京河段(大胜关—七乡河)河势图见图 1.1。

表 1.1　南京河段大胜关—七乡河河道基本特征表(水位:4.5 m)

河段	名称	平面形态	长度 (km)	平均面积 (m²)	平均河宽 (m)	平均水深 (m)	宽深比变化范围(B/H)
梅子洲汊道段	分汊前干流段	顺直微弯	8.0	32 454	1 589	21.04	1.38~2.57
	左汊	基本顺直	11.9	31 892	1 845	17.69	1.80~3.32
	右汊	弯曲	13.0	2 725	288	9.79	0.98~2.82
下关、浦口		基本顺直	3.1	33 030	1 160	28.80	1.00~1.40
八卦洲汊道段	分汊前干流段	基本顺直	5.4	34 514	1 424	24.20	1.10~2.50
	左汊	弯曲	21.6	8 921	788	11.30	1.00~4.90
	右汊	基本顺直	10.4	26 729	1 170	22.80	1.20~2.00
栖龙弯道	水道	微弯	25.5	34 352	1 494	23.5	1.02~5.00

1.2　研究意义

南京河段是国家批准的《长江流域综合利用规划简要报告》(以下简称《长流规》)和水利部批准的规划报告中确定的长江流域 14 个重点治理的河段之一。中华人民共和国成立以来,长江南京河段先后进行过 6 次大规模的河道整治[3,5]。

随着南京市政府"以江为轴、跨江发展、呼应上海、辐射周边"的城市发展战略的逐步实施,区域经济的发展对长江河势及岸线的稳定提出了更高的要求。南京市水利局"十一五"规划提出 2010 年目标:长江干堤防洪标准全面达到 100 年一遇,河势得到有效控制,重要节点岸线稳定,到 2020 年,长江干流堤防得到进一步完善,河势得到基本控制。

适时总结中华人民共和国成立以来长江南京河段护岸工程经验教训、认识河势演变规律、研究护岸工程型式,为长江南京河段下一阶段岸线治理工作提供技术服务及指导,对于南京沿江及其腹地经济发展无疑具有十分重大的意义,同时对实现江苏两个"率先"的战略目标,亦具有十分重大的意义。

1.3　研究内容

1.3.1　八卦洲汊河道河床演变进行及整治方案

鉴于八卦洲河段的重要性、演变过程的复杂性和稳定改善左汊分流比的紧迫性,迫切需要采取工程措施,遏制八卦洲左汊缓慢衰退的趋势,适当改善左汊水域条件,以支撑南京市区域经济的可持续发展。

为此,进行八卦洲汊道河道整治工程定床、动床河工物理模型试验研究,其中定床试验部分主要研究内容如下:

(1) 洪、中、枯典型流量条件下,八卦洲汊道段自然状态下河道的水流动力特征;

(2) 对可研报告编制单位提出的各种增加左汊分流比、稳定河势的单类方案和组合方案进行定床水流特性试验,观测各方案的整治效果,比选、优化、推荐较优方案供动床模型试验研究。

动床试验部分主要研究内容如下:

(1) 天然情况下,八卦洲汊道经过典型水文年和系列水文年冲淤调整后,洪、中、枯各级流量下左右汊分流比、典型断面流速分布变化等;

(2) 实施整治工程情况下,八卦洲汊道经过典型水文年和系列水文年冲淤调整后,工程部位、重点河段、码头前沿、左汊航槽等区域河床冲淤变化,河道主流、滩槽格局变化,洪、中、枯各级流量下左右汊分流比、典型断面流速分布变化、水面比降变化,根据工程局部流态及河床冲淤调整成果,提出保持洲头导流堤和右汊潜坝安全施工方案及结构稳定的建议;

(3) 综合定、动床模型试验,提出整治方案优化建议,推荐可行的整治方案。

1.3.2　崩岸成因及护岸成套技术研究

在分析影响崩岸河道、河势水文、泥沙及演变规律的基础上,深入分析了长江南京河段崩岸类型及对应的护岸方法,并对包括生态护岸在内的各种典型护岸水槽试验进行了研究,采用概化模型试验对窝崩破坏进行研究,并以大胜关河段为例进行了护案设计。

现有河岸的防护型式采用的有平顺抛石、石笼、沙枕、沉排等传统技术,以及模袋混凝土、铰链混凝土排等新材料、新技术。现行水下护坡（脚）大多是采用抛石方法，随着"建设资源节约型、环境友好型社会"的提出，石料的短缺和对环境的破坏进一步制约了抛石护岸的使用。相比抛石，沙肋排具有整体性好、河床变形适应性好、抗淘刷能力强等特点，但受到护坡坡度等条件的局限；沙袋具有取料方便、经济环保的特点，却存在漏沙、水下容重偏小的缺点。随着护岸要求的提高，提出切合南京河段岸线特点的护岸技术显得尤为重要。为此，本书将进行如下内容的研究工作。

（1）南京河段水文、地质资料调查：收集南京河段历史及近期水文泥沙、河床地形资料及已有河床演变分析成果资料，尤其加强对岸前水流、岸坡和坡脚的地貌地质特性资料的调查；

（2）南京河段护岸型式与效果：收集中华人民共和国成立以来长江南京河段 6 次较大规模整治工程的资料，包括护岸前河段的水流条件、所采取护岸工程的型式、护岸工程的效果，总结经验教训，分析南京河段目前存在问题，提出下一阶段河道治理目标；

（3）国内外其他河流护岸型式调查、分析：对国内外各种护岸工程型式进行调查，了解各种护岸型式的适用条件和存在问题，结合南京河段的水流、地质等特点，提出南京河段典型岸段的护岸结构型式；

（4）环境友好型沙袋抛投护岸水槽试验：试验采用长 41 m、宽 0.8 m、高 1 m 的变坡直水槽，在水槽中进行了不同数量大、中、小沙袋组合以及沙袋下有无垫层等防护效果的试验工作；

（5）两种生态护岸技术水槽试验：试验在长 35 m、宽 4 m 的水槽中进行，在水槽中进行了十字形方体护岸结构和多层四面六边框架结构的时均流场和紊流场的测量工作；

（6）根据三江口窝崩实测地形资料，建立 1∶200 的窝崩概化模型，在模型中进行了窝崩口门潜锁坝、布帘坝、上（下）游导堤等方案的试验研究，以及窝崩体内不同间距的四面六边框架、树冠及其窝内工程方案和口门工程方案组合等方面的研究工作。

第 2 章　八卦洲汊道河床演变分析

2.1　八卦洲汊道现状和主流走向

　　长江南京八卦洲河段上起长江大桥,下迄西坝,属鹅头型分汊河道,全长 18.8 km,八卦洲汊道河势见图 2.1。八卦洲汊道分 3 段:分流段、汊道段和汇流段。其中分流段从下关至洲头逐渐展宽,长 5.4 km,平均河宽 1 160 m,平均水深 28.8 m;汊道段右汊为主汊,长 10.4 km,平均河宽 1 170 m,平均水深 22.8 m,左汊为支汊,长 21.6 km,平均河宽 788 m,平均水深 11.3 m。左汊长度是右汊的 2.1 倍,外形由 4 个河弯组成,即进口段、南化河弯、皇厂河弯和出口弯道。

　　主流从浦口下关节点逐渐偏左下行,对准左汊进口,在洲头分两支进入左右汊。右支越过洲头挑向右岸幕燕风光带岸段,由燕子矶头折向对岸的天河口一带,通过天河口导流岸段折向右岸的新生圩,再从新生圩与左汊汇流一起顶冲左岸的西坝一带。左支主流进入左汊通过右岸进口导流,进入南化河弯顶和皇厂河弯顶折向对岸七里洲,进入汇流段。汇流段,从右汊右岸新生圩过来的主流与左汊汇流贴左岸西坝下行,从拐头挑向右岸进入龙潭弯道。

2.2　八卦洲汊道历史演变

　　南京河段河道流向与长江下游破碎带走向基本一致,左岸的山岗有龙洞、晋王等山矶,下接六合诸山,迄于仪征的周家山,右岸有上三山、下三山、幕府山、乌龙山、摄山等山矶。两岸群山相距 7～15 km,历史上的江流变迁总未越出两岸山岗。宏观分析南京河段历史演变过程,其演变特征可概况如下。

2.2.1　河道束窄

　　由有关资料分析(见图 2.1),远在上古至秦汉时期,南京河段左右岸线可见两侧山岗,河宽约 7～15 km。随着长江流域人类活动增加,流域产沙猛增,在潮汐与径流共同作用下,江中沙洲丛生,沙滩变迁靠岸,导致了左右岸岸线向江中淤长发展。下三山—幕府山江段,到明末清初时,左岸岸线向南推进约 5 km,基本形成目前的大致形态。幕府山—乌龙山江段,在历史上也有大幅度外淤现象,而江段中部的两岸变迁较小,但大江中出现沙洲,与目前相较,江宽大幅度缩束。根据历史资料记载,乌龙山—三江口宽约 10～15 km。1367 年后,左岸附近工部洲沙群兼并,与左岸淤连,岸线大幅度南移,致使江宽束窄 10 km 左右。仪征水道南岸曾经沿宁镇山脉一带山脚,北岸沿六合到仪征一带山脚至扬州城南,水面宽阔、沙屿颇多,随着长江口不断向外海延伸,下游镇扬河段逐渐过渡到河口段,再转变为近口段,仪征水道河宽束窄演变为目前的大致形态。

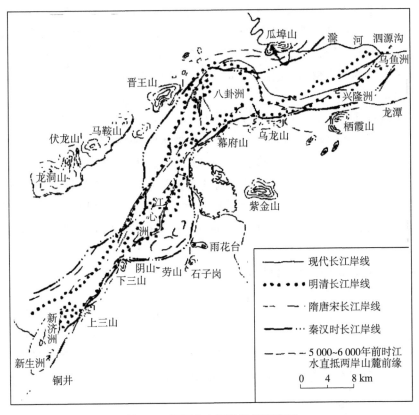

图 2.1 长江南京河段岸线演变图

2.2.2　向单洲双分汉发展

南京八卦洲河段总体表现为沙洲堆积,河道由多洲多汉向单洲双分汉发展,具体情况如下。

据记载,上古至秦汉时期,南京河段江面上沙洲较少,到隋唐宋时期,江面上陆续出现众多沙洲,经过历史演变,九袱洲沙群和工部洲沙群先后与左岸淤连。南京城西南的白鹭洲沙群与右岸淤连成为陆域。八卦洲汉道形成的历史可追溯到公元 219 年,当时大江中出现沙洲,经过长期水沙塑造,公元 1821 年有七里洲、草鞋夹、八卦洲、大河沙等沙洲。1821—1908 年上述沙洲合并为八卦洲。1874 年开始有人定居,八卦洲汉道的外形在宏观上初步稳定下来。21 世纪 40 年代以前,八卦洲的左汉为主汉,江面宽阔,水深较大,是一个平顺的大弯道,被称为宝塔水道。右汉为支汉,江面狭窄,水深较浅,河道弯曲,被称为草鞋夹。后来,由于汉道上游河床变化,主流变迁,八卦洲洲头不断崩退,左汉道逐渐衰退,河道向弯曲方向发展,河长增加,河槽淤浅、束窄,分流比减小,至 21 世纪 40 年代初,左汉由主汉转化为支汉。与此同时,右汉相应发展,河道趋直,河长减小,河槽冲刷扩大,分流比增大,由支汉转化为主汉,见图 2.2。

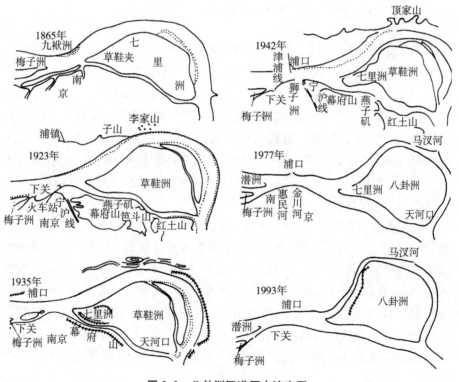

图 2.2　八卦洲汉道历史演变图

2.3 八卦洲汊道近期河床演变

为了解八卦洲汊道的近期河床演变,2009 年 5 月长江水利委员会水文局长江下游水文水资源勘测局、2011 年 9 月长江勘测规划设计研究院有限责任公司和南京市水利规划设计院有限责任公司依据历史和最新的实测资料,对八卦洲汊道的历史和近期演变进行了较为深入系统的研究,统计分析了汊道各项水力要素的变化,归纳总结了影响八卦洲汊道河势稳定的主要因素及近期变化的内在规律。为进一步了解近年来的变化,特别是 2003 年三峡水库运行之后八卦洲河段的河床演变情况,本书在上述分析的基础上,着重对八卦洲河段 1983—2011 年实施集资整治工程后和三峡工程建成后的河床演变情况进行分析。为了便于分析,将八卦洲河段分为分汊前干流段、八卦洲左汊、八卦洲右汊和汇流段。

2.3.1 分汊前干流段

下关—八卦洲头全长 5.4 km,河宽从 1 150 m 展宽到 2 160 m,从上到下可分为下关浦口束窄段和分汊前干流段。

1) 平面变化

下关浦口束窄段的上段为梅子洲汊道汇流段,1976 年以后,梅子洲头实施了整治工程,潜洲左汊分流占梅子洲左汊的比例基本稳定在 85% 左右。同时,主流过渡到潜洲左汊后,其顶冲点也基本稳定在九袱洲附近。潜洲左、右汊主流汇合后一直处于居中偏右的位置,经下关段挑流后左偏进入下游八卦洲汊道,下关段深槽槽尾一直指向偏左侧,从而使八卦洲汊道分流段主流一直偏向八卦洲左汊。下关浦口束窄段实施沉排护岸工程较早,且 1998 年大水后又得到了加固,从 1959 年以来下关浦口束窄段岸线变化较小,深泓走向及深槽平面位置变化较小。

分流点及洲头的变化:分汊前干流段在 1985 年洲头未护之前,分流点下移,洲头崩退,左右岸向江中淤积,河道朝窄深方向发展,1952—1979 年分流点平均每年下移 62 m;1979—1983 年分流点平均每年下移 35 m;1983 年大水后,洲头崩坍较多,分流点下移速度增加。1985 年洲头守护以后,洲头的崩势得到控制,分流点呈上提下挫变化,下移速度减缓,在一定范围内变动。1998 年大洪水使鱼嘴局部出现损坏,洲头 -15 m 平台冲刷扩大,0 m 以上出现局部冲刷坑,洲头深槽下切扩大,经及时抛石抢险后,这些变化基本得到控制。由 2003—2011 年的实测资料对比分析可知,洲头 0 m 线有冲有淤,未发生明显变化,洲头基本稳定。

左右岸 0 m 岸线变化:1983—1989 年间,受洲头后退的影响,左岸 0 m 岸线向河中淤涨,约淤涨了 100 m,右岸 0 m 岸线也向河中有所淤涨,淤涨变幅小于左岸,约淤涨了 30 m;1989—2003 年间,左岸 0 m 岸线仍呈向河中淤涨态势,但速率小于 1983—1989 年间,约淤涨了 70 m,右岸 0 m 岸线有冲有淤,变幅不大;2003—2011 年间,左右岸 0 m 岸线有冲有淤,未发生明显变化。

−20 m 深槽的变化:1983 年,−20 m 槽尾部距离洲头较远,约 1.7 km,至 1989 年,槽尾已下移至左汊进口附近,但范围较小,深槽间距约 200 m。1998 年大水后,分流段−20 m 深槽范围明显扩大,并继续向左汊方向发展,至洲头后右转与右汊−20 m 深槽贯通。至 2003 年,−20 m 深槽表面上变化不大。2003—2011 年间,−20 m 深槽左侧变化较小,右侧有冲有淤,在洲头附近与右汊−20 m 深槽时而贯通、时而断开。

深泓变化:1983—1989 年深泓线沿程平均约左移 200 m。随着深泓的左移,深槽左移并且槽尾指向八卦洲左汊。1989—2011 年间,深泓呈现左右摆动的过程,但变幅不大,深泓趋于稳定。

2) 横断面变化

分流段进口断面[①] BGZ1(见图 2.3):该断面在 1983—1998 年间变化幅度较大,总体趋势表现为河槽冲刷扩大,最深点由 1983 年的−31.5 m 左右增至 1998 年的−33 m 左右。1998—2011 年间,断面总体呈淤积减小状态,最深点基本稳定,最深点保持在−30 m。

分流段出口断面 BGZ2(见图 2.4):1983—1998 年间,断面左侧逐渐刷深。1998—2011 年间,断面有冲有淤,变幅不大。

2.3.2　八卦洲左汊

八卦洲左汊属支汊,近期演变的特点是:河宽束窄,河床淤积,边滩淤长,浅滩碍航。20 世纪 80 年代后,衰退速度减缓。为便于分析将左汊分为:进口段(57～66♯断面)、南化弯道段(66～76♯断面)、马汊河浅滩段(76～84♯断面)、皇厂弯道段(84～94♯断面)、出口段(94～100♯断面)等五段。

1) 平面变化——岸线和深泓变化

进口段:该段左岸为黄家洲边滩,右岸(洲头的左侧)为深槽。该段深泓

---

① 2.3 节所述断面均为横断面。

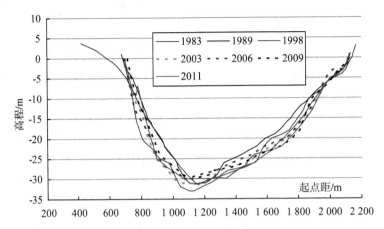

图 2.3　八卦洲分流段进口横断面变化图(BGZ1,长江大桥下)

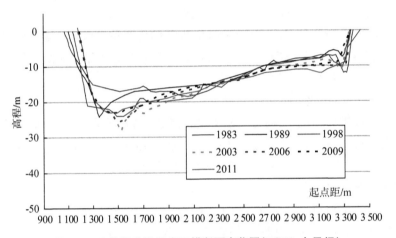

图 2.4　八卦洲分流段出口横断面变化图(BGZ2,上元门)

线傍靠右岸,岸线左淤右冲,1986 年洲头及其左右缘护岸工程实施后,右岸冲刷得到遏制,深槽河床转为垂向冲刷下切为主。1983—2003 年间,黄家洲 0 m 边滩最大淤积展宽约 460 m,导致河道弯曲半径进一步减小,右岸沿程受洲头护岸的保护,变幅较小。2003—2011 年间,边滩边缘局部地段仍有不同程度的微淤,说明左汊缓慢衰退的趋势依然存在。

　　南化弯道段:该段的南化弯顶在 1956 年时就进行了沉排护岸,以后又陆续进行抛石加固,因而该段弯顶附近并未发生大的崩坍,弯顶处深泓线摆动幅度也较小。在弯顶处横向变化趋小的情况下,水流纵向下切河床,对应的凸岸边滩淤长。弯顶处断面河宽由 1983 年的 670 m 束窄到 1989 年的

500 m。南化弯顶上游 0 m 岸线与进口段一样左侧淤积,1983—2003 年间左岸平均淤积约 180 m,右岸变幅较小;弯顶下游是右侧淤积,1983—2003 年间右岸平均淤积约 80 m。1983—2003 年间,弯顶及下游深泓摆动较小,上游有所右移,平均约右移 160 m。2003—2011 年间,0 m 岸线和深泓线变幅较小。

马汊河浅滩段:该段为南化弯道与皇厂弯道的过渡段,河道宽浅,水流分散,深泓曾经摆动频繁,目前深泓居中,进入皇厂弯道段。左右岸岸线变化不大,1983—2003 年间,右岸 0 m 岸线略有外移,平均约 80 m。

皇厂弯道段:该段 0 m 岸线左冲右淤,深泓贴左岸下行。因该段左岸有相对良好的自然抗冲边界件,深泓横向左移受到限制,2001 年以后又进行了护岸工程的守护。1983—2003 年间,右岸沿程平均右淤 138 m。2003—2011 年间,岸线和深泓变化不大。

出口段:深泓线出皇厂弯道逐渐由左岸向右岸过渡,顶冲出口右岸。弯顶及下游深泓摆动幅度较小。

2) 平面变化——−10 m 深槽变化

1985—1989 年间,进口段的 −10 深槽右移,移动幅度约 50 m,1989—2003 年间,右移幅度减小,平均约 26 m。皇厂弯道段,−10 m 深槽头部后退,1983—1989 年间后退了约 300 m,1989—2003 年间,又后退了约 500 m。2003—2011 年间,−10 m 深槽总体上表现为有冲有淤,以微淤为主。

3) 横断面变化

左汊进口 BGZL1 横断面(图 2.5):1983—1989 年间,断面整体右移,1989 年后左汊进口段经过抛石护岸后,断面变形趋势明显减缓,趋于稳定,但局部变化仍然存在,1998 年至今主要表现为深槽下切,在 1998 年时最深点高

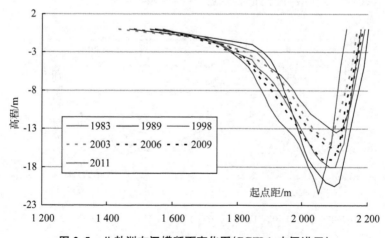

图 2.5　八卦洲左汊横断面变化图(BGZL1,左汊进口)

程约为−13.5 m,2003 年断面最深点高程下降至−15 m,2006 年下降至−16 m,2011 年最深点高程已下降至−18 m,表明左汊进口近岸深槽河床下切比较严重,护岸工程的加固与维护仍显重要。

上坝 BGZL3 横断面(图 2.6):1983—1998 年间断面变化不大。1998—2003 年间断面整体右移,经过 2003 年开始实施的二期整治工程,上坝断面的形态逐渐趋于稳定。

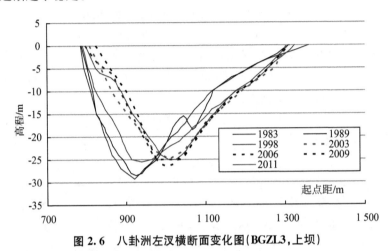

图 2.6 八卦洲左汊横断面变化图(BGZL3,上坝)

二桥上 BGZL4 横断面(图 2.7):该断面在 1983—1998 年间变化幅度较大,平均过水面积总体呈减小趋势。1998 年大水之后,断面略有冲刷,1998 年断面最深点为−7.5 m,2009 年下降至−8 m,2011 年最深点未发生明显变化,2006—2011 年间河道右侧近岸深槽逐渐消失。

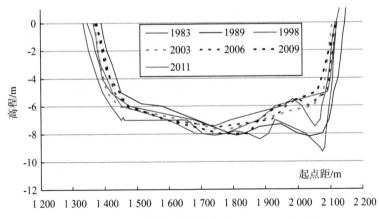

图 2.7 八卦洲左汊横断面变化图(BGZL4,二桥上)

皇厂河 BGZL5 断面(图 2.8)：该断面总体呈淤积减小状态。其中 1983—1998 年间变化幅度较大，断面最深点高程由 1983 年－15.3 m 抬高至 1993 年的－8.6 m，1998 年以后该断面淤积减小趋势渐缓，1998—2006 年该断面略发生冲刷扩大，其中 1998—2003 年间断面最深点高程因冲刷下降 1.1 m，2003—2006 年间下降 1.3 m，2006—2011 年间呈现淤积减小态势，最深点抬高 2.1 m。

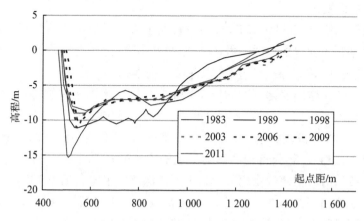

图 2.8　八卦洲左汊横断面变化图(BGZL5,皇厂河)

通江集 BGZL7 断面(图 2.9)：该断面在 1983—1989 年间呈淤积减小趋势，1989 年断面最深点约为－11 m，1989—1998 年间冲刷扩大，1998 年以后左岸变化幅度趋缓，局部深槽仍有较大变化，主要表现为：1998—2006 年深槽

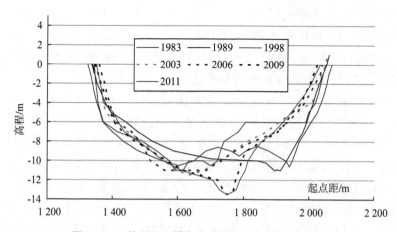

图 2.9　八卦洲左汊横断面变化图(BGZL7,通江集)

最深点高程由－10.5 m 下降至－11.5 m,2006—2009 年下降至－13.5 m,
2009—2011 年无明显变化。

2.3.3　八卦洲右汊

八卦洲右汊为顺直河型,全长约 10.6 km,1985 年洲头鱼嘴工程实施后,
河势逐渐趋于稳定。

1) 平面变化

岸线变化:1989—2011 年,八卦洲右汊主流转折部位先后进行了护岸整
治工程,增强了河岸的抗冲能力,0 m 岸线基本稳定。

深泓变化:1989—2011 年,右汊深泓线基本稳定。

－30 m 深槽的变化:右汊内－30 m 槽分别位于洲头左侧、燕子矶前沿、
天河口和新生圩,洲头－30 m 槽 1989—2009 年间冲刷扩大,2011 年有所淤
积萎缩。2003 年洲头深槽与燕子矶深槽贯通,最窄处也有近 90 m,槽体左缘
扩大 60～80 m 不等,尾部向右摆动。燕子矶－30 m 槽 1983—1989 年间槽尾
上提约 560 m,其他部位变化不大。天河口深槽的主要变化为 1983—1989 年
间淤积萎缩,1989—1998 年间又冲刷扩大,1998 年后变化较小。新生圩
－30 m 深槽除 2003 年整体向左移外,其他时段变化不大。

2) 横断面变化

右汊在发展过程中,断面整体呈冲刷扩大。1985 年洲头、天河口、新生
圩、燕子矶等实施护岸工程以后,右汊的各主流顶冲点下挫停顿,其横断面形
态趋于稳定,但深槽仍有下切,过渡段横断面形态也趋于稳定。

燕子矶 BGZR1 断面(图 2.10):1983—1998 年间,断面主要表现为左侧
逐渐刷深,同时右岸深槽冲刷下切,1983 年时断面最深点高程为－35.5 m,
1998 年降低到－42 m,1998—2003 年断面左侧仍呈冲刷态势,深槽下切态势
得到遏制。2003 年后横断面形态趋于稳定。

二桥上 BGZR2 断面(图 2.11):该断面 1983—1989 年间深槽发生淤积减
小,－35 m 深槽因淤积而缩小,对岸的笆斗山边滩有所冲刷;1989—1998 年
间断面冲刷扩大,－35 m 深槽冲刷扩大,右岸一侧河床因冲刷而开始出现了
局部－25 m 深槽,1998—2003 年间断面最深点高程淤高至－34 m,2003—
2011 年间,右侧河床－25 m 深槽仅在 2009 年消失,其余年份均存在。

新生圩 BGZR3 断面(图 2.12):该断面相对于右汊上游其他顶冲段变化
幅度略小。1983—1998 年间,左岸边滩冲刷扩大,1998 年后,该断面逐渐趋
于稳定,断面略有冲淤,变化不明显。

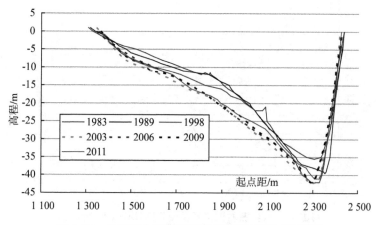

图 2.10　八卦洲右汊横断面变化图（BGZR1,燕子矶）

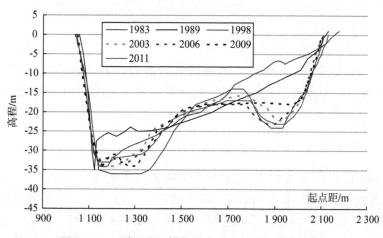

图 2.11　八卦洲右汊横断面变化图（BGZR2,二桥上）

2.3.4　汇流段

　　该段主要的演变特征为：1985 年上游八卦洲汊道宏观河势趋向稳定后，八卦洲汊道汇流段的变化进一步趋小，但本段为人工守护的险工区，近些年出现了－50 m 深槽，岸坡较陡，仍须加以必要的关注。

　　1）平面变化—岸线和深泓变化

　　随着上游河势的日益稳定以及 1983 年西坝节点护岸工程的实施，乌龙山

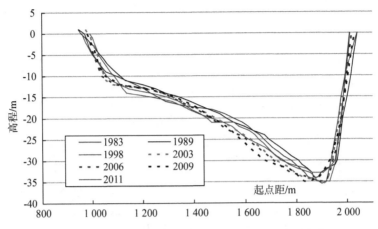

图 2.12 八卦洲右汉横断面变化图(BGZR3,新生圩)

边滩淤长态势得到遏制,1989—2011 年间汇流段左右岸线有冲有淤,总体趋于稳定,未发生明显变化。1989—2011 年间汇流段深泓线亦基本稳定。

2)横断面变化

以西坝 LCS1 断面为例分析(图 2.13):该断面在 1989 年以前呈左冲右淤规律,断面整体左移;1998 年大水导致左岸岸线发生冲刷,岸线左移明显;2003—2007 年实施的二期整治工程对西坝段进行了维新和加固,稳定了岸线,2006—2011 年间无明显变化。

2.3.5 八卦洲左、右汉冲淤变化

20 世纪 80 年代中期以前,左汉萎缩较快,集资整治工程实施后,左汉淤积、萎缩速率趋缓(见图 2.14),主要原因有三。一是 1985 年左右洲头实施了分水鱼嘴工程,分水鱼嘴的走向使得分流段水流能够相对顺畅地进入左汉口门。同时,左汉内的迎流顶冲段也实施了护岸工程,岸线崩退的趋势受到了遏制,左汉未再进一步向弯曲型发展;二是 20 世纪 90 年代以来长江连续出现小沙年份,长江下游河道出现普遍的冲刷;三是八卦洲左汉内局部地段实施了公益性采砂和航道疏浚工程,减小了河道局部阻力,延缓了左汉分流比的衰退速度。据统计,左汉内近 6 年,河槽累计疏浚量约 250 万 m^3,主要集中于南化、华能、南钢、扬子等企业码头附近水域。

右汉河长随洲头崩退缩短,河道平面形态由多河曲组成的微弯河型向顺直河道发展,右汉的演变遵循顺直河道演变的一般规律,即深泓自上而下蠕动,滩槽随之缓慢向下发展。集资整治工程实施后,右汉内的深槽和浅滩基

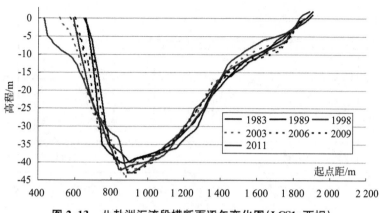

图 2.13　八卦洲汇流段横断面逐年变化图(LCS1,西坝)

本稳定下来,河势逐渐趋于稳定,右汊总体处于冲淤相对平衡态势(见图 2.15)。

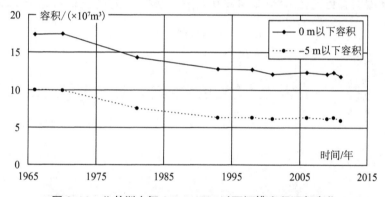

图 2.14　八卦洲左汊 0 m、−5 m 以下河槽容积逐年变化

　　汊道分流比的大小主要取决于两汊过水面积之比。图 2.16 为 1983—2011 年左、右汊(0 m)河槽容积比,由图可见:左、右汊 0 m 河槽容积比总体呈现逐年减小趋势,其中 1993 年以前减小幅度相对较大,据统计,左、右汊容积比由 1981 年的 74.6% 减至 1993 年的 62.2%,减幅达 12.4%;1993 年集资整治工程竣工后,左汊淤积萎缩速率减缓,汊道演变进入相对稳定的状态,容积比减小的趋势有所减缓,1993—2001 年间由 62.2% 减至 57.6%,减幅为 4.6%;2003 年三峡水库运行后,左、右汊容积比减小的趋势进一步减缓,2006—2009 年间由 57.3% 减至 57.1%,减幅仅为 0.2%;2009—2010 年间,左、右汊河道冲刷,容积比有小幅回升,由 57.1% 增长至 57.3%,增幅为

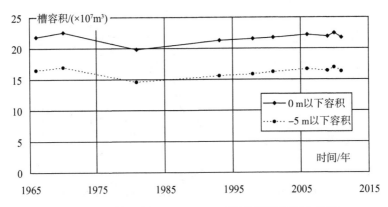

图 2.15　八卦洲右汊 0 m、−5 m 以下河槽容积逐年变化

0.2％;2010—2011 年间,河道处于淤积过程,左、右汊容积比继续减小,由 57.3％减小至 56.5％,减幅达 0.8％,减幅大于 2003—2009 年间,可见,左汊淤积萎缩的态势仍在继续,如容积比再持续减小,左汊的衰退将进一步加剧。

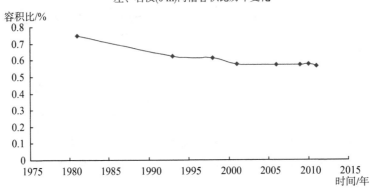

图 2.16　八卦洲左、右汊(0 m)河槽容积比历年变化图

2.4　八卦洲左右汊分流比变化

　　八卦洲汊道在近期演变的过程中的总体趋势是缓慢的右兴左衰。反映这种变化趋势的一个主要指标就是分流比的变化。自 1957 年开始对八卦洲汊道进行分流、分沙测验,至 2011 年 9 月,累计达到近 80 测次。据统计,1957 年,左汊汛期和枯期实测分流比分别为 26.0％和 22.0％,到 20 世纪

80 年代中期实施八卦洲头分水鱼嘴工程前,汛枯期分流比分别降到 19.5% 和
16.0% 左右,年均降幅约为 0.22%。分水鱼嘴工程实施后,左汊分流比减小
的趋势有所减缓,到 2003 年三峡水库蓄水前,汛枯期分流比分别为 17.0% 和
13.9% 左右,年均降幅约为 0.13%。2003 年以来的近期分流比测验资料表
明,汛期分流比维持在 15% ~ 19% 之间,分流比减小的趋势已接近停滞;而枯
季分流比的变化范围在 12.4% ~ 14.8% 之间,平均分流比为 13.27%,
2003 年以来仍有年均 0.15% 的降幅,2011 年 5 月实测最新值为 12.4%。结
合 1985 年以来的分流比测验资料及水下地形资料分析,八卦洲头分水鱼嘴工
程对延缓八卦洲左汊的衰退、对稳定八卦洲汊道河势起到了重要的作用。同
时也表明,虽然左汊分流比减小有所改善和减缓,但分流比减小的趋势依然
存在,特别是低水位情况。左汊分流比历年变化见图 2.17。

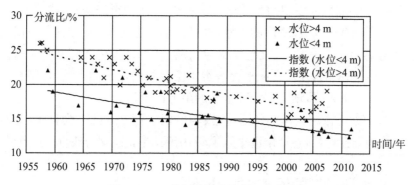

图 2.17　八卦洲左汊分流比历年变化图

2.5　八卦洲汊道演变趋势

（1）经过多年整治,梅子洲汊道已形成了两汊分流比相对稳定、主流走潜
洲左汊的河势格局。

（2）南京河段集资整治工程的实施基本遏制了洲头下移的趋势,使左汊
分流比下降速率趋缓;受上游河势格局的影响,分流段主流位置偏靠左岸。

（3）由于左汊为弯曲鹅头型汊道的支汊,左汊河道长度约为右汊的两倍,
左汊河道阻力大大高于右汊,若不及时进行整治,左汊分流比仍将呈现缓慢
减小的变化趋势。

（4）八卦洲右汊内燕子矶、天河口、新生圩等险工段整治后,稳定了右汊
滩槽格局,消除了 1998 年大水后八卦洲汊道出现的不利于河势稳定的隐患。

在维持已有护岸工程对河势控制作用的前提下,右汊将继续保持目前基本稳定的滩槽格局。

2.6 八卦洲左汊衰退的主要原因

研究分析表明,影响八卦洲左汊衰退的主要原因有以下几点。

(1) 左汊入流条件:随着上游河势的调整和变化,八卦洲洲头大幅度后退,左汊进口段口门黄家洲边滩淤长,导致分流点不断下移,使得左汊入流角度不断增加,引起左汊进流条件的恶化。

(2) 过水面积:受自然河道演变和人类活动影响,左汊过水面积逐渐减小。

(3) 阻力系数:左汊阻力系数远大于右汊,从平面形态来看,左汊为弓形,左右汊道水流存在几近90度的夹角,局部阻力系数远大于右汊;左右汊道流程长度比左:右达到2:1,且左汊内存在浅区和卡口,左汊河道的河床沿程阻力大于右汊,同时,左汊道内沿程各类水工设施的建设和运行,特别是沿岸群体码头工程的建设,增大了沿程水流的阻力作用。

(4) 左汊出流条件:从河势看,左汊与右汊汇流方式几乎为直角,受右汊较快水流的顶托作用,左汊出流受到阻碍,引起左汊出口水位抬高、阻力增大。

2.7 八卦洲汊道的治理需求分析

八卦洲左汊逐渐衰退,河道淤浅,岸线水域可利用能力大大降低,航道通过能力明显减弱,原有码头生产效率降低,船舶运输能力降低。只有通过整治,稳定并改善左汊分流比,才能从根本上改变严重制约沿岸经济发展的水域条件。

(1) 港口:企业依赖港口转运,港口水域条件不能满足大型船只靠泊。通过治理,进一步稳定并改善左汊分流比,逐步提升港口及附近水域的等级,恢复左汊"良港"独特的、经济的、快速的运输能力。

(2) 岸线:岸线利用不合理问题非常突出,通过汊道治理和岸线规划,重新对岸线利用加以科学布局,整合有限的岸线资源,使岸线利用效率最大化。

(3) 航运:左汊逐步淤浅,使航道尺度受到严重限制,目前只能航行2 000 t级驳船,而且还得分别从上下游两端绕行和转驳。通过整治工程(包括疏浚)增加左汊分流,改善航道尺度并提高通航等级,发挥航道自然通畅水深优势。

（4）取排水：现有取排水口 7 个，排水（污）口 12 个，随着沿江经济的辐射式发展，生活用水和工业用水数量及水质要求不断提高，通过治理增加左汊分流，增强河道自净能力，改善汊道水生态环境。

（5）河势稳定：南京河段虽然经历多次整治工程，河势总体基本稳定，但对八卦洲河势稳定有影响作用的龙首新济州河道尚未得到系统整治，且八卦洲左汊分流比逐步衰减的态势没有得到遏制。因此，必须通过新济州和八卦洲汊道的治理，稳定新济州并进一步改善八卦洲河势，遏制直至扭转其缓慢衰退的趋势，以保持八卦洲河势的长期稳定。

2.8　本章小结

本章分析了八卦洲汊道的现状、主流走向、左右汊分流比、演变历史和趋势，分段描述了分汊前干流段、左汊、右汊及汇流段的冲淤变化情况，在此基础上，总结出了八卦洲左汊衰退的主要原因和治理需求。

第3章 定床模型设计制作及验证

3.1 模型设计

3.1.1 模型范围和几何比尺

根据试验任务要求,选定八卦洲汊道整治河工模型的模拟范围,上边界为大胜关,下边界至九乡河,模拟河段总长度约 43 km。

根据研究任务和实际条件,选定模型平面比尺 $\lambda_L = 480$,垂直比尺 $\lambda_H = 120$,模型变率 $\eta = 4$。

3.1.2 水流运动相似条件

定床河工模型除应满足几何相似条件外,还应满足水流运动相似,根据水流运动方程,可得水流运动相似条件:

重力相似 $\qquad\qquad\qquad \lambda_v = \lambda_H^{\frac{1}{2}}$ $\qquad\qquad$ (3.1)

阻力相似 $\qquad\quad \lambda_v = (1/\lambda_n) \times (\lambda_H^{\frac{6}{7}} / \lambda_L^{\frac{1}{2}})$ $\qquad$ (3.2)

水流运动时间相似 $\qquad \lambda_v = \lambda_L / \lambda_t$ $\qquad\qquad$ (3.3)

水流连续性相似 $\qquad \lambda_Q = \lambda_v \lambda_L \lambda_H$ $\qquad\qquad$ (3.4)

紊流限制 $\qquad\qquad Re_m \geqslant 1\,000$ $\qquad\qquad$ (3.5)

模型变率限制 $\qquad \eta = \lambda_L / \lambda_H \leqslant (1/6 \sim 1/10)(B/H)_P$ $\quad$ (3.6)

上式中,λ_v 为流速比尺,λ_Q 为流量比尺,Re_m 为模型雷诺数,$(B/H)_P$ 为原型河道宽深比。

根据实测资料,在流量为 15 600 m³/s 下,模型左汊内的断面平均流速 $v_m \approx 0.04$ m/s,$h_m \approx 0.075$ m,水温 20°时 $\upsilon = 0.1 \times 10^{-5}$ m²/s,计算得模型雷诺数 $Re_m = v_m h_m / \upsilon = 3\,000 > 1\,000$,故模型处于紊流平方区。模型左汊平

均河宽约为 700 m,平均水深约 9 m,模型变率 η 需小于 7.4,故模型变率满足要求。

确定定床模型各项比尺列于如表 3.1 所示:

表 3.1　模型相似比尺

比尺	表达式	取值
平面比尺	λ_L	480
垂直比尺	λ_H	120
变率	η	4
流速比尺	λ_v	10.95
糙率比尺	λ_n	1.11
流量比尺	λ_Q	630 976
水流时间比尺	λ_t	43.82

3.2　模型制作及运行控制

3.2.1　模型制作

工程河段模型的河床地形依据 2011 年 7 月最新河道测图(1:10 000)制作,八卦洲头局部地形采用 2011 年 2 月实测河道地形图(1:2 000)制作。河道平面走向采用导线坐标法控制,河床地形采用断面板法控制,河床地形变化复杂的河段,控制断面适当加密,模型相邻两控制断面间距平均取 60 cm,并对照原型河道地形测图等高线的位置及走向进行三维控制。模型高程误差控制在 1.0 mm 以内,平面位置误差控制在 1.0 cm 以内。经核对,模型制作精度符合《河工模型试验规程》(SL 99—95)要求。

3.2.2　运行控制

本模型试验控制设备采用了新近研制的实体模型自适应控制系统,该控制系统基于 ZIGBEE 的无线网络实现了实体模型数据的无线测控,利用节点无线路由技术,提高了系统抗干扰能力,保证了实验数据的可靠性。系统可同时采集 5 000 个流速点,1 024 个水位点,同步控制 256 个边界口门,并利用数据库保存实验数据和试验工况,试验时自动调取试验工况数据,进行边界控制,并采集相应流速、水位等数据,有效保证了试验数据与试验工况的对应性。试验开发了动态比较电压流速采集技术,大幅提高了光电旋桨流速在复杂条件(强光、发光二极管老化、水质浑浊)下的脉冲计数,保证了试验数据的可靠性。通过实时显示断面流速分布图,方便研究人员及时判断数据的准确性。该控制系统已应用于多个河工模型试验,实践表明:该系统性能稳定可靠,试验重复性好,成果精度高,能较正确地复演水流的运动。

3.3　模型验证试验

3.3.1　验证水文条件

为满足模型验证试验和规范要求,长江下游水文水资源勘测局于2011年5月13—14日和9月27—28日分别进行了中、枯水两次水文测验,测验内容包括:河段水面比降、潮位过程、典型断面流速分布和八卦洲汊道分流比。并收集了2007年8月8—9日的洪水水文测验资料作为洪水验证资料,测验内容有:河段水面比降、典型断面流速分布、水体含沙量分布、河床质取样及八卦洲汊道分流、分沙比。

1) 2011年5月13—14日枯水水文测验资料

测验流量:15 290~15 600 m³/s。

潮位测量:从华能电厂至陡山,共15个潮位站。

稳定时段流速流向测量:布置了14个测流断面,包括大胜关进口,梅子洲左右汊,潜洲左右汊,四号码头,八卦洲左右汊进口,左汊南化、通江集,右汊二桥下、港池、龙潭河口和陡山。水力因子见表3.2。

2) 2011年9月27—28日中水水文测验资料

测验流量:27 310~27 950 m³/s。潮位和稳定时段流速流向测量位置与枯水相同,断面测点位置有所不同,水力因子见表3.2。

3) 2007年8月8—9日中水水文测验资料

测验流量:48 370 m³/s。

潮位测量:从南京水位站至三江口,共11个潮位站。

稳定时段流速流向测量:布置了10个测流断面,包括上元门进口,八卦洲左右汊进口、出口,西坝,七乡河和三江口。水力因子见表3.2。

表 3.2　水文测验水力因子表

季节	测验时期	断面	水位（m）	流量（m³/s）	断面面积(m²)	水面宽（m）	平均水深（m）	平均流速（m/s）	分流比（%）
枯水 2011	5—13	M1	1.88	15 500	28 900	1 426	20.3	0.54	
	5—13	M2	1.86	675	2 030	362	5.6	0.33	4.3
	5—13	M3	1.87	14 900	25 600	1 500	17.1	0.58	95.7
	5—13	M4	1.84	13 300	21 300	952	22.4	0.62	88.6
	5—13	M5	1.84	1 710	4 250	448	9.5	0.40	11.4
	5—13	B1	1.78	15 400	26 700	1 166	22.9	0.58	
	5—13	B2	1.72	13 400	22 200	935	23.7	0.60	87.6
	5—13	B3	1.76	1 890	6 390	791	8.1	0.30	12.4
	5—14	B5	1.67	1 920	6 130	769	8.0	0.31	
	5—14	B6	1.61	1 920	6 790	542	12.5	0.28	12.5
	5—14	B4	1.68	13 400	22 800	1 012.7	22.5	0.59	87.5
	5—14	B7	1.65	15 600	29 300	1 447	20.3	0.53	
	5—14	B8	1.62	15 300	27 600	1 186	23.3	0.55	
	5—14	B9	1.57	15 600	28 000	1 422	19.7	0.56	
中水 2011	9—27	M1	3.97	27 200	32 300	1 499	21.6	0.84	
	9—27	M2	3.95	1 360	2 860	398	7.2	0.48	5.0
	9—27	M3	3.91	25 600	30 900	1 560	19.8	0.83	95.0
	9—27	M4	3.84	22 500	24 200	968	25.0	0.93	88.4
	9—27	M5	3.84	2 960	5 210	483	10.8	0.57	11.6
	9—27	B1	3.81	27 300	29 900	1 166	25.6	0.91	
	9—27	B2	3.71	23 600	25 300	948	26.7	0.93	86.4
	9—27	B3	3.78	3 710	7 960	740	10.8	0.47	13.6
	9—28	B5	3.89	3 800	7 990	795	10.1	0.48	
	9—28	B6	3.84	3 850	8 030	573	14.0	0.48	
	9—28	B4	3.89	24 100	25 600	1 016	25.2	0.94	
	9—28	B7	3.84	28 000	33 600	1451	23.2	0.83	
	9—28	B8	3.80	28 100	31 300	1 277	24.5	0.90	
	9—28	B9	3.65	28 000	30 500	1 467	20.8	0.92	

季节	测验时期	断面	水位(m)	流量(m³/s)	断面面积(m²)	水面宽(m)	平均水深(m)	平均流速(m/s)	分流比(%)
洪水2007	8—8	八1	6.292	48 400	39 700	1 938	20.5	1.22	
	8—8	八左1	6.292	9 370	10 500	1 041	10.1	0.89	19.4
	8—8	八右1	6.292	39 000	29 100	1 023	28.4	1.34	80.6
	8—8	八左2	6.017	8 950	10 200	805	12.7	0.88	18.1
	8—8	八右2	6.017	40 400	27 200	1 012	26.9	1.49	81.9
	8—8	A	6.017	48 400	34 600	1164	29.7	1.40	
	8—9	B	6.066	50 500	36 500	1 234	29.6	1.38	
	8—9	C	6.066	48 700	37 000	1 399	26.4	1.32	
	8—9	七乡河	5.847	49 200	40 000	1 456	27.5	1.23	
	8—9	三江口	5.847	48 700	35 600	1 433	24.8	1.37	

3.3.2 模型加糙

根据 3 次水文测验结果计算河床糙率见表 3.3。

表 3.3 河床糙率计算表

测次	流量(m³/s)	河段位置			
		上游主槽	八卦洲左汊	八卦洲右汊	下游主槽
枯水	15 290	0.027	0.035	0.031	0.031
中水	27 310	0.029	0.025	0.028	0.027
洪水	48 370	0.028	0.025	0.028	0.034

由上述资料分析、计算得到的试验河段河床综合糙率在 0.017~0.035 之间,河段平均综合糙率 $n=0.025$,根据阻力相似准则和试验河段河道的形状阻力、沿程河床的形态阻力及床面阻力,并兼顾流态及流速分布的相似性,加

糙方法如下。

主槽:梅子洲左汊、单一河道和八卦洲右汊采用粒径为 2.0~2.5 cm 的鹅卵石,以粒径的 6 倍中心间距进行梅花形加糙。

支汊:梅子洲右汊和八卦洲左汊采用粒径为 1.0~1.5 cm 的白石子,以粒径的 10 倍中心间距进行梅花形加糙。

滩地:选用透水性好、水流阻力较大的塑料草,以 15 cm 间距按梅花形布置,以模拟洲滩地上的植被和部分农作物对行洪的阻力。

在验证过程中,为使洪、中、枯水流量下,洲滩、边滩、主槽的流速分布、沿程平面流态和水面线与原型相似,对模型局部糙率进行适当调整,使模型的水面线、断面流速分布与原型实测值相接近。

3.3.3 水面线验证

模型洪、中、枯三级流量的水面线验证结果见表 3.4。由表 3.4 可知,模型与原型水位中枯水最大偏差一般在 0.05 m 以内,洪水最大偏差在 0.07 m 之内。模型与原型水面线变化趋势和上、下水尺落差基本一致,表明模型中各级流量下水位的沿程变化与原型相似性较好。

3.3.4 流速分布验证

在水面线验证相似的基础上,对断面流速分布进行了验证,由验证结果可知,模型中洪、中、枯流量级下各断面的垂线平均流速及分布变化趋势和量值与原型基本吻合,各断面流速最大偏差均在原型流速的 10% 以内。可见,模型断面流速分布与原型基本相似。

3.3.5 分流比验证

各级实测流量条件下东西河分流比和中支、东支分流比验证成果见表 3.5。由表 3.5 可知,各级流量条件下分流比最大偏差在 1% 以内,模型分流比与原型基本相似。

通过验证试验,模型取得了在水面线、断面流速分布和分流比与原型基本相似的结果,符合《河工模型试验规程》(SL 99—95)要求,表明模型设计正确,制作准确,控制系统及量测设备稳定、可靠,能较好地模拟研究河段的水流运动特性,在此基础上可以进行工程方案试验研究。

表3.4 模型水面线验证成果表

单位：m

时间	11年5月13日			11年5月14日			11年9月27日			11年9月28日			07年8月8日		
流量	Q=15 290 m³/s			Q=15 600 m³/s			Q=27 310 m³/s			Q=27 950 m³/s			Q=48 370 m³/s		
水尺	原型	模型	水位偏差	原型	模型	水位偏差	原型	模型	水位偏差	原型	模型	水位偏差	原型	模型	水位偏差
华能电厂	1.87	1.86	-0.02	1.981	1.98	-0.01									
南京水文站	1.87	1.86	-0.01	1.971	2.00	0.02	3.971	3.93	-0.04	4.191	4.20	0.01			
西钢闸	1.85	1.83	-0.02	1.941	1.95	0.01	3.945	3.91	-0.04	4.165	4.15	-0.01			
枫林村	1.86	1.88	0.02	1.929	1.93	0.00	3.913	3.91	0.00	4.133	4.18	0.05			
南京潮位站	1.74	1.73	-0.01	1.818	1.83	0.01	3.818	3.77	-0.05	4.028	4.04	0.01	6.388	6.41	0.02
四号码头	1.73	1.69	-0.04	1.785	1.78	0.00	3.791	3.74	-0.05	4.001	3.98	-0.02	6.37	6.31	-0.06
燕子矶	1.67	1.71	0.04	1.738	1.73	-0.01	3.688	3.70	0.01	3.908	3.91	0.00	6.142	6.20	0.05
二桥下	1.64	1.67	0.03	1.704	1.71	0.00	3.637	3.67	0.04	3.857	3.88	0.02			
港池	1.62	1.62	0.00	1.676	1.66	-0.02	3.581	3.58	-0.01	3.811	3.82	0.00	5.974	6.05	0.07
棉花码头	1.83	1.80	-0.03	1.922	1.93	0.01	3.835	3.86	0.03	4.065	4.12	0.05			
黄家圩	1.71	1.69	-0.02	1.778	1.82	0.04	3.757	3.74	-0.02	3.977	3.98	0.01			
南化	1.64	1.67	0.03	1.698	1.69	-0.01	3.633	3.67	0.04	3.863	3.92	0.05	6.163	6.20	0.04
通江集	1.57	1.60	0.03	1.64	1.65	0.01	3.587	3.58	-0.01	3.807	3.81	0.01	6.041	6.00	-0.04

表 3.5　分流比验证成果

测验 日期	流量 （m³/s）	分流比（%）					
		左汊			右汊		
		原型	模型	差值	原型	模型	差值
11 年 5 月 13 日	15 290	12.40	12.54	−0.14	87.60	87.46	0.14
11 年 9 月 27 日	27 310	13.57	13.52	0.05	86.43	86.48	−0.05
07 年 8 月 8 日	48 370	19.31	18.76	0.55	80.69	81.24	−0.55

第4章 动床模型试验及验证

4.1 模型设计

4.1.1 模型范围和几何比尺

根据试验任务要求,确定八卦洲汊道整治河工模型的模拟范围,上边界为大胜关,下边界至九乡河,模拟河段总长度约 43 km,其中动床范围为南京大桥上游 2 km 至南京四桥上游 1.5 km,模拟河长约 20 km。

根据研究任务和实际条件,选定模型平面比尺 $\lambda_L = 480$,垂直比尺 $\lambda_H = 120$,模型变率 $\eta = 4$。

4.1.2 水流运动相似条件

河工模型除应满足几何相似条件外,还应满足水流运动相似,根据水流运动方程,可得水流运动相似条件为:

重力相似 $$\lambda_v = \lambda_H^{\frac{1}{2}} \tag{4.1}$$

阻力相似 $$\lambda_v = 1/\lambda_n \times (\lambda_H^{\frac{6}{7}}/\lambda_L^{\frac{1}{2}}) \tag{4.2}$$

水流运动时间相似 $$\lambda_v = \lambda_L/\lambda_t \tag{4.3}$$

水流连续性相似 $$\lambda_Q = \lambda_v \lambda_L \lambda_H \tag{4.4}$$

紊流限制 $$Re_m \geqslant 1\,000 \tag{4.5}$$

模型变率限制 $$\eta = \lambda_L/\lambda_H \leqslant (1/6 \sim 1/10)(B/H)_P \tag{4.6}$$

上式中,λ_v 为流速比尺,λ_n 为糙率比尺,λ_Q 为流量比尺,Re_m 为模型雷诺数,$(B/H)_P$ 为原型河道宽深比。

根据实测资料,在流量为 15 290 m³/s 时,模型左汊内的断面平均流速 $v_m \approx 0.04$ m/s,$h_m \approx 0.075$ m,水温 20℃时 $\upsilon = 0.1 \times 10^{-5}$ m²/s,计算得模型雷诺数 $Re_m = v_m h_m/\upsilon = 3\,000 > 1\,000$,故模型处于紊流平方区。模型左汊平均河宽约为 700 m,平均水深约为 9 m,模型变率 η 需小于 7.4,故模型变率满

足要求。

4.1.3　泥沙运动相似条件

动床模型除满足几何相似和水流运动相似条件外,还需满足泥沙运动相似。本河段为长江下游感潮河段,径流是主要造床动力,河床冲淤变化应同时考虑悬移质和推移质运动的相似。河道近底层的泥沙运动对河床变形起主导作用。

泥沙运动及河床变形相似条件如下:

泥沙起动相似:

$$\lambda_{V_0} = \lambda_V \tag{4.7}$$

泥沙沉降相似:

$$\lambda_\omega = \lambda_V \times \left(\frac{\lambda_H}{\lambda_L} \right) \tag{4.8}$$

紊动悬浮相似:

$$\lambda_\omega = \lambda_V \times \left(\frac{\lambda_H}{\lambda_L} \right)^{\frac{1}{2}} \tag{4.9}$$

含沙量相似:

$$\lambda_S = \lambda_{S^*} \tag{4.10}$$

输沙量相似:

$$\lambda_P = \lambda_{P^*} \tag{4.11}$$

河床变形相似:

$$\lambda_{t_2} = \frac{\lambda_{\gamma_0} \times \lambda_L}{\lambda_{S^*} \times \lambda_V} \tag{4.12}$$

式中:λ_ω 为泥沙沉速比尺,λ_{V_0} 为起动流速比尺,λ_S 为含沙量比尺,λ_{S^*} 为水流挟沙能力比尺,λ_P 为输沙量比尺,λ_{P^*} 为输沙能力比尺,λ_{t_2} 为河床冲淤变形时间比尺,λ_{γ_0} 为淤积物干容重比尺。

4.2　模型糙率

4.2.1　定床糙率

根据三次水文测验推算,试验河段河床综合糙率在 0.017~0.035 之间,河段平均综合糙率 $n = 0.025$,根据阻力相似准则和试验河段河道的形状阻力、沿程河床的形态阻力及床面阻力,并兼顾流态及流速分布的相似性,加糙方法如下。

主槽:梅子洲左汊、单一河道和八卦洲右汊采用粒径为 2.0~2.5 cm 的鹅卵石,以粒径的 6 倍中心间距进行梅花形加糙。

支汊:梅子洲右汊和八卦洲左汊采用粒径为 1.0~1.5 cm 的白石子,以粒径的 10 倍中心间距进行梅花形加糙。

滩地：选用透水性好、水流阻力较大的塑料草，以 15 cm 间距按梅花形布置，以模拟洲滩地上的植被和部分农作物对行洪的阻力。

4.2.2 动床糙率

根据水槽试验和以往模型试验经验，木屑模型沙糙率一般为 $n=0.017$，加上沙波和河床形态阻力，动床模型综合糙率可取 0.019，$\lambda_n = 0.025/0.019=1.316$，满足阻力相似 $\lambda_v=1/\lambda_n \times (\lambda_H^{\frac{6}{7}}/\lambda_L^{\frac{1}{2}})=9.24$，根据模型试验规程的要求，动床模型试验允许部分傅汝德数偏离，最大不超过 30%，本试验的偏差：

$$\Delta_F = \left(\frac{\lambda_V}{\sqrt{\lambda_H}}-1\right) \times 100\% = -15.6\% \tag{4.13}$$

满足规范要求。动床模型流速比尺取 $\lambda_v=9.24$。

4.3 模型选沙

由天然泥沙特性可知，泥沙颗粒密实容重 $(\gamma_s)_P=2\,650\ \text{kg/m}^3$，淤积干容重 $(\gamma_0)_P=1\,460\ \text{kg/m}^3$。由于木屑具有起动流速小、冲淤变化反映灵敏、沙粒糙率大、颗粒形状和水下休止角与天然沙接近等优点，且适用于冲刷与淤积并存的河床变形模型试验[7-11]，故本次试验选择木屑作为模型沙，其颗粒密实容重 $(\gamma_s)_m=1\,150\ \text{kg/m}^3$，淤积干容重 $(\gamma_0)_m=250\ \text{kg/m}^3$。

4.3.1 大通站悬移质与床沙中值粒径

大通站多年平均悬移质中值粒径[12]（1987—2010 年）为 0.010 mm，床沙平均中值粒径见表 4.1，由表可见，从 1977 至 2003 年，大通站床沙中值粒径逐渐增加，2004—2006 年间又有小幅下降，1995—2006 年间床沙平均中值粒径约为 0.181 mm。

表 4.1　大通站各时期床沙中值粒径[12]

年份	1977—1980	1981—1994	1995—2006	
			1995—2003	2004—2006
中值粒径(mm)	0.159	0.175	0.186	0.175

4.3.2　2007 年 8 月和 2011 年 9 月水文测验泥沙分析

1）床沙

2007 年 8 月水文测验布置状况见图 4.1,本次测验分别在分流前干流段八 1 断面、右汊进口八右 1 断面、右汊出口八右 2 断面、左汊进口八左 1 断面、左汊出口八左 2 断面和汇流段 A、B、C 断面共取了 49 个床沙沙样,床沙中值粒径变化见图 4.2。由图 4.2 可见,分流前干流段、右汊进口、右汊出口和汇流段 A、B、C 断面的床沙中值粒径相近,平均中值粒径为 0.185 mm;左汊进口八左 1 断面深槽附近的床沙中值粒径与干流段相近,而边滩床沙的中值粒径明显小于干流段,约在 0.1 mm 附近;左汊出口八左 2 断面的深槽附近的床沙中值粒径与左汊进口八左 1 断面边滩床沙的中值粒径相近,说明左汊床沙中值粒径沿程递减,这与左汊较弱的水动力条件有关。

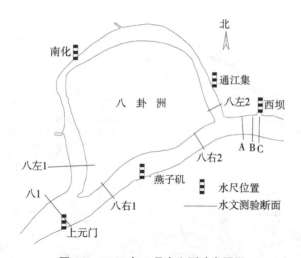

图 4.1　2007 年 8 月水文测验布置图

2011 年 9 月水文测验布置图见图 4.3,本次测验在分流前干流段 B1 断面、右汊进口 B2 断面和左汊进口 B3 断面分别取了 17 个床沙沙样,床沙中值粒径变化见图 4.4。由图 4.4 可见,干流段、右汊和左汊深槽段床沙中值粒径相近,左汊黄家洲边滩的床沙中值粒径明显小于其他部位,全河段床沙平均中值粒径约为 0.184 mm,与多年实测资料相近。

故选取床沙中值粒径为 0.18 mm,颗粒级配曲线见图 4.5。

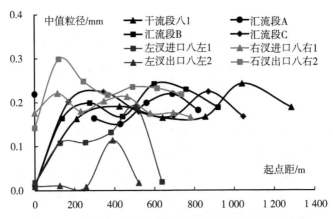

图 4.2　2007 年 8 月水文测验床沙中值粒径沿程分布图

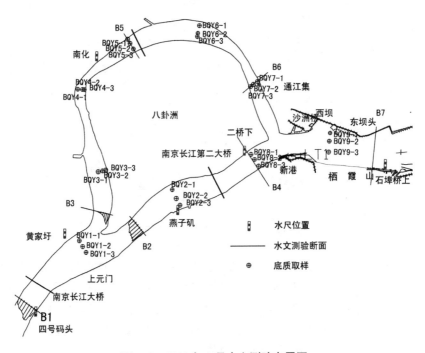

图 4.3　2011 年 9 月水文测验布置图

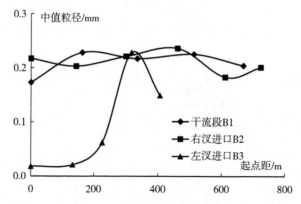

图 4.4　2011 年 9 月水文测验床沙中值粒径沿程分布图

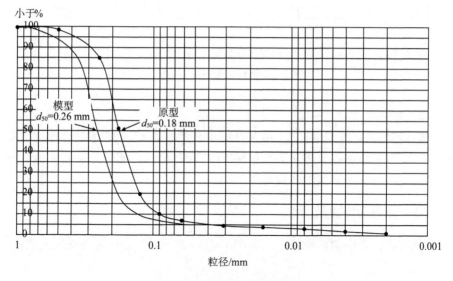

图 4.5　床沙质颗粒级配曲线

2）床沙质

根据床沙质（河流挟带的泥沙中粒径较粗的部分，且在河床中大量存在的泥沙）与冲泻质（河流挟带的泥沙中粒径较细的部分，且在河床中数量很少或基本不存在的泥沙）的定义，床沙质为床沙中大量存在的，且是悬移质中较粗的部分，根据床沙级配曲线（图 4.5），$P < 10\%$ 以内没有出现明显的拐点，我们采用 $P = 5\%$ 相应的粒径作为床沙质与冲泻质分界粒径，由曲线查得该粒径为 $dc = 0.04$ mm。据此，悬移质中 $d > dc = 0.04$ mm 的泥沙占全沙的

11%，$d < 0.04$ mm 在悬移质泥沙级配曲线中的重量百分比 $P = 89\%$。

由此，可以得到床沙质中值粒径为 0.055 mm，级配曲线见图 4.6。

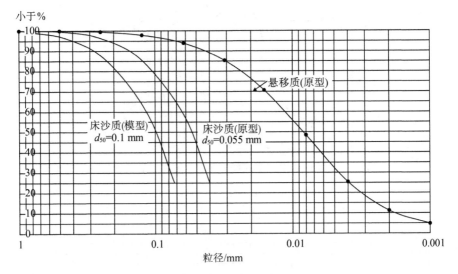

图 4.6 悬移质颗粒级配曲线

3）悬移质

根据 2007 年 8 月和 2011 年 9 月的水文测验成果，全河段悬移质中值粒径为 0.008 5 mm，结合多年平均悬移质中值粒径分析，选取悬移质中值粒径为 0.008 5 mm，颗粒级配曲线见图 4.6。

4.3.3 床沙质粒径比尺

原型床沙质中值粒径 $d_{50P} = 0.055$ mm，由滞流区泥沙沉降速度公式：

$$\omega_P = \frac{1}{24}\Delta g \frac{d^2}{\upsilon} \tag{4.14}$$

式中：$\Delta = \dfrac{\gamma_s - \gamma}{\gamma}$ 为泥沙有效重率，γ_s 为泥沙容重，γ 为水的容重；υ 为水的运动黏滞系数。

可计算得到 $\omega_P = 0.147$ cm/s。

悬移质运动相似条件，需满足泥沙沉降相似及紊动悬浮相似：

以满足泥沙沉降运动相似条件，可得：

$$\lambda_\omega = 2.739。$$

因此，$\omega_m = 0.054$ cm/s。

模型沙沉降速度可按张瑞瑾泥沙沉降速度公式计算，即

$$\omega = \sqrt{\left(13.95\frac{\upsilon}{d}\right)^2 + 1.09\frac{\gamma_s - \gamma}{\gamma}gd} - 13.95\frac{\upsilon}{d} \qquad (4.15)$$

由(4.15)可计算得到：$d_m = 0.115$ mm，因而，粒径比尺为

$$\lambda_d = 0.478$$

以紊动悬浮相似条件(4.9)，可得

$$\lambda_\omega = 5.477$$

因此，$\omega_m = 0.027$ cm/s，$d_m = 0.082$ mm，粒径比尺为

$$\lambda_d = 0.67$$

为同时满足沉降相似及紊动悬浮相似，取粒径比尺得平均，即

$$\lambda_d = 0.57$$

因而，选取床沙质中值粒径 d_m 约为 0.1 mm。

4.3.4　床沙粒径比尺

原型床沙中值粒径：$d_{50P} = 0.18$ mm

采用窦国仁公式计算原型泥沙起动流速，即

$$U_c = 0.32\left(\ln 11\frac{h}{K_s}\right)\left(\Delta gd + 0.19\frac{gh\delta + \varepsilon_k}{d}\right)^{\frac{1}{2}} \qquad (4.16)$$

式中：$\delta = 0.213 \times 10^{-4}$ cm，$\varepsilon_k = 2.56$ cm^3/s^2，$K_s = 0.5$ mm。

模型沙按唐存本起动流速公式计算，即

$$\upsilon_{cm} = \frac{3}{4}\frac{m}{m+1}\left(\frac{h}{d}\right)^{\frac{1}{m}}\left(3.2\frac{\gamma_s - \gamma}{\gamma}gd + \frac{C}{\rho d}\right)^{\frac{1}{2}}/1.15 \qquad (4.17)$$

式中：$m = 4.7\left(\dfrac{h}{d}\right)^{0.06}$，$C = 2.9 \times 10^{-4}$ g/cm，$\rho = 1.02 \times 10^{-3}$ (g·s)/cm^4，h 为水深，d 为泥沙粒径，γ_s 为泥沙容重。

根据河床演变分析，八卦洲左汊平均水深为 9.7 m，八卦洲右汊平均水深为 21.3 m，当采用 $\lambda_d = 0.69$，计算水深在 $10 \sim 20$ m 时，得到：$\lambda_{v_0} = 7.5 \sim 9.9$，平均 $\lambda_{vc} = 8.8$，动床模型流速比尺 λ_v 约为 9.24。

原型沙与模型沙起动流速计算值见表4.2。

表 4.2　起动流速计算表

原 型 沙 $d_{50}=0.18$ mm，$\gamma_s=2.65$ g/cm³，$\gamma_0=1.46$ g/cm³		模 型 沙 $d_{50}=0.26$ mm，$\gamma_s=1.15$ g/cm³，$\gamma_0=0.25$ g/cm³		起动流速比尺 λ_{v_0}
水深(m)	起动流速(cm/s)	水深(cm)	起动流速(cm/s)	
10	65.1	8.33	8.61	7.6
15	79.7	12.5	8.99	8.9
20	92.4	16.67	9.25	10.0

4.3.5　模型选沙结果

综合悬移质运动和床沙活动性相似条件，最终选沙结果为：

模型床沙中值粒径 $d_{m50}=0.26$ mm，床沙质中值粒径 $d_{m50}=0.1$ mm。

4.3.6　含沙量比尺和冲淤时间比尺

悬移质挟沙力的一般公式为

$$S_*=c\gamma_s\left(\frac{v^3}{\Delta gh\omega}\right) \tag{4.18}$$

比尺关系为

$$\lambda_{S_*}=k\lambda_{\gamma_s}\frac{\lambda_v^3}{\lambda_{\frac{\gamma_s-\gamma}{\gamma}h\omega}} \tag{4.19}$$

由验证试验确定含沙量比尺 $\lambda_{S_*}=0.36$。

$$\gamma_{0p}=1\,460 \text{ kg/m}^3，\gamma_{0m}=250 \text{ kg/m}^3$$

$$\lambda_{t_2}=\frac{\lambda_{\gamma_0}\lambda_L}{\lambda_s\lambda_v} \tag{4.20}$$

计算得到冲淤时间比尺为 $\lambda_{t_2}=900$，后经河床冲淤变形相似验证试验检验，冲淤时间比尺 λ_{t_2} 的取值是合适的。

4.4　模型比尺汇总

动床模型比尺如表4.3所示。

表 4.3 动床模型比尺汇总表

比尺名称	符 号	数值
平面比尺	λ_L	480
垂直比尺	λ_H	120
水流流速比尺	λ_V（动床采用值）	10.95(9.24)
流量比尺	λ_Q（动床采用值）	630 976(532 224)
糙率比尺	λ_n（动床采用值）	1.11(1.316)
起动流速比尺	λ_{V_0}	9.24
沉降速度比尺	λ_ω	4.108
悬沙粒径比尺	λ_{d_s}	0.57
床沙粒径比尺	λ_{d_b}	0.67
含沙量比尺	λ_S（由冲淤验证试验确定）	0.34
河床变形时间比尺	λt_2（由冲淤验证试验确定）	900

4.5 模型制作及运行控制

4.5.1 模型制作

工程河段定床模型的河床地形依据 2011 年 7 月最新河道测图 (1∶10 000)制作,八卦洲头局部地形采用 2011 年 2 月实测河道地形图 (1∶2 000)制作。河道平面走向采用导线坐标法控制,河床地形采用断面板 法控制,河床地形变化复杂的河段,控制断面适当加密,模型相邻两控制断面 间距平均取 60 cm,并对照原型河道地形测图等高线的位置及走向三维控制。 模型高程误差控制在 1.0 mm 以内,平面位置误差控制在 1.0 cm 以内。经核 对,模型制作精度符合《河工模型试验规程》(SL 99—95)要求。

动床模型范围上起长江大桥上游 2 km,下至南京炼油厂 1 号码头,包括 了八卦洲左右汊。其中干流段及八卦洲右汊天然河长约 20 km,左汊约 20.8 km,模型两岸除较高的滩地为定床外,滩地以下为动床。

4.5.2 运行控制

本模型试验控制设备采用新近研制的实体模型自适应控制系统,该控制 系统基于 ZIGBEE 的无线网络实现了实体模型数据的无线测控,利用节点无 线路由技术,提高了系统抗干扰能力,保证了试验数据的可靠性。系统可同时采集 5 000 个流速点、1 024 个水位点,同步控制 256 个边界口门,并利用数据库保存试验数据和试验工况,试验时自动调取试验工况数据,进行边界控制,并采集相应流速、水位等数据,有效保证了试验数据与试验工况的对应性。本研究开发了动态比较电压流速采集技术,大幅提高了光电旋桨流速在复杂条件(强光、发光二极管老化、水质浑浊)下的脉冲计数,保证了试验数据的可靠性,通过实时显示断面流速分布图,方便研究人员及时判断数据的准确性。该控制系统已应用于多个河工模型试验,实践表明该系统性能稳定可靠,试验重复性好,成果精度高,能较正确地复演水流的运动。

4.5.3　动床浑水加沙系统

根据动床模型设计结果和本河段水流泥沙运动的特点,本河段模拟悬移质中较粗的床沙质,因此动床加沙系统的设计考虑了同时模拟底沙和床沙质泥沙运动。加沙的地点选择在动床模型进口断面(长江大桥以上 2 km)处,加沙的方式采用配制高含沙量的含沙水流,沿进口断面均匀加沙,加沙的量以概化的时段内模型输沙总量为依据,模型沙的级配与设计要求相符,模型的放水时间依比尺 $\lambda_{t_2}=900$ 控制。

4.6　动床模型验证试验

模型验证试验的主要内容有:洪、中、枯三级流量条件下的水面线、平面流速分布、汊道分流比以及 2009 年 2 月—2011 年 6 月全河段河床冲淤变形验证,现将验证试验结果分述如下。

4.6.1　验证水文条件

为满足模型验证试验和规范要求,长江下游水文水资源勘测局于 2011 年 5 月 13—14 日和 9 月 27—28 日分别进行了中、枯水两次水文测验,测验内容包括:河段水面比降、潮位过程、典型断面流速分布和八卦洲汊道分流比。由于没有实测到洪水流量,收集了 2007 年 8 月 8—9 日的洪水水文测验资料作为洪水验证资料,测验内容有:河段水面比降、典型断面流速分布、水体含沙量分布、床沙取样及八卦洲汊道分流、分沙比。

1) 2011 年 5 月 13—14 日枯水水文测验资料

测验流量:15 290～15 600 m³/s。

潮位测量:从华能电厂至陡山,共 15 个潮位站。

稳定时段流速流向测量：布置了 14 个测流断面，包括大胜关进口，梅子洲左右汊，潜洲左右汊，四号码头，八卦洲左右汊进口，左汊南化、通江集，右汊二桥下、港池、龙潭河口和陡山。水力因子见表 4.4。

2）2011 年 9 月 27—28 日中水水文测验资料

测验流量：27 310～27 950 m³/s。潮位和稳定时段流速流向测量位置与枯水相同，断面测点位置有所不同，水力因子见表 4.4。

3）2007 年 8 月 8—9 日中水水文测验资料

测验流量：48 370 m³/s。

潮位测量：从南京水位站至三江口，共 11 个潮位站。

稳定时段流速流向测量：布置了 10 个测流断面，包括上元门进口，八卦洲左右汊进口、出口，西坝，七乡河和三江口。水力因子见表 4.4。

表 4.4　水文测验水力因子表

季节	测验日期	断面	水位(m)	流量(m³/s)	断面面积(m²)	水面宽(m)	平均水深(m)	平均流速(m/s)	分流比(%)
枯水2011	5.13	M1	1.88	15 500	28 900	1 426	20.3	0.54	
	5.13	M2	1.86	675	2 030	362	5.6	0.33	4.3
	5.13	M3	1.87	14 900	25 600	1 500	17.1	0.58	95.7
	5.13	M4	1.84	13 300	21 300	952	22.4	0.62	88.6
	5.13	M5	1.84	1 710	4 250	448	9.5	0.40	11.4
	5.13	B1	1.78	15 400	26 700	1 166	22.9	0.58	
	5.13	B2	1.72	13 400	22 200	935	23.7	0.60	87.6
	5.13	B3	1.76	1 890	6 390	791	8.1	0.30	12.4
	5.14	B4	1.68	13 400	22 800	1 012.7	22.5	0.59	87.5
	5.14	B5	1.67	1 920	6 130	769	8.0	0.31	
	5.14	B6	1.61	1 920	6 790	542	12.5	0.28	12.5
	5.14	B7	1.65	15 600	29 300	1 447	20.3	0.53	
	5.14	B8	1.62	15 300	27 600	1 186	23.3	0.55	
	5.14	B9	1.57	15 600	28 000	1 422	19.7	0.56	

季节	测验日期	断面	水位(m)	流量(m³/s)	断面面积(m²)	水面宽(m)	平均水深(m)	平均流速(m/s)	分流比(%)
中水2011	9.27	M1	3.97	27 200	32 300	1 499	21.6	0.84	
	9.27	M2	3.95	1 360	2 860	398	7.2	0.48	5.0
	9.27	M3	3.91	25 600	30 900	1 560	19.8	0.83	95.0
	9.27	M4	3.84	22 500	24 200	968	25.0	0.93	88.4
	9.27	M5	3.84	2 960	5 210	483	10.8	0.57	11.6
	9.27	B1	3.81	27 300	29 900	1 166	25.6	0.91	
	9.27	B2	3.71	23 600	25 300	948	26.7	0.93	86.4
	9.27	B3	3.78	3 710	7 960	740	10.8	0.47	13.6
	9.28	B4	3.89	24 100	25 600	1 016	25.2	0.94	
	9.28	B5	3.89	3 800	7 990	795	10.1	0.48	
	9.28	B6	3.84	3 850	8 030	573	14.0	0.48	
	9.28	B7	3.84	28 000	33 600	1 451	23.2	0.83	
	9.28	B8	3.80	28 100	31 300	1 277	24.5	0.90	
	9.28	B9	3.65	28 000	30 500	1 467	20.8	0.92	
洪水2007	8.8	八1	6.292	48 400	39 700	1 938	20.5	1.22	
	8.8	八左1	6.292	9 370	10 500	1 041	10.1	0.89	19.4
	8.8	八右1	6.292	39 000	29 100	1 023	28.4	1.34	80.6
	8.8	八左2	6.017	8 950	10 200	805	12.7	0.88	18.1
	8.8	八右2	6.017	40 400	27 200	1 012	26.9	1.49	81.9
	8.8	A	6.017	48 400	34 600	1 164	29.7	1.40	
	8.9	B	6.066	50 500	36 500	1 234	29.6	1.38	
	8.9	C	6.066	48 700	37 000	1 399	26.4	1.32	
	8.9	七乡河	5.847	49 200	40 000	1 456	27.5	1.23	
	8.9	三江口	5.847	48 700	35 600	1 433	24.8	1.37	

4.6.2 水面线验证

模型洪、中、枯三级流量的水面线验证结果见表4.5及图4.7、图4.8。由表4.5可知,模型与原型水位中枯水最大偏差一般在0.05 m以内,洪水最大偏差在0.08 m之内,由图4.9、图4.10可知,模型与原型水面线变化趋势和上、下水尺落差基本一致,表明模型中各级流量下水位的沿程变化与原型相似性较好。

表 4.5 模型水面线验证成果表

单位：m

时间	2011 年 5 月 13 日			2011 年 9 月 27 日			2007 年 8 月 8 日		
流量	$Q=15\,290\text{ m}^3/\text{s}$			$Q=27\,310\text{ m}^3/\text{s}$			$Q=48\,370\text{ m}^3/\text{s}$		
水尺	水位								
	原型	模型	水位偏差	原型	模型	水位偏差	原型	模型	水位偏差
华能电厂	1.87	1.84	−0.03						
南京水文站	1.87	1.87	0.00	3.971	3.95	−0.02			
西钢闸	1.85	1.88	0.03	3.945	3.98	0.04			
枫林村	1.86	1.89	0.03	3.913	3.94	0.03			
南京潮位站	1.74	1.76	0.02	3.818	3.78	−0.04	6.388	6.33	−0.06
四号码头	1.73	1.68	−0.05	3.791	3.74	−0.05	6.37	6.30	−0.07
燕子矶	1.67	1.63	−0.04	3.688	3.64	−0.05	6.142	6.07	−0.07
二桥下	1.64	1.62	−0.02	3.637	3.60	−0.04			
港池	1.62	1.62	0.00	3.581	3.58	0.00	5.974	6.04	0.07
棉花码头	1.83	1.81	−0.02	3.835	3.85	0.02			
黄家圩	1.71	1.74	0.03	3.757	3.78	0.02			
南化	1.64	1.67	0.03	3.633	3.68	0.05	6.163	6.24	0.08
通江集	1.57	1.59	0.02	3.587	3.60	0.01	6.041	6.01	−0.03

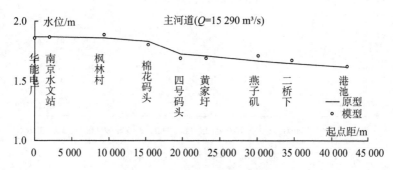

图 4.7a 枯水水面线验证图

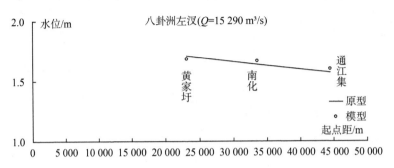

图 4.7b　枯水水面线验证图

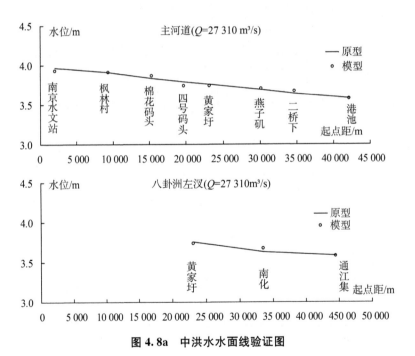

图 4.8a　中洪水水面线验证图

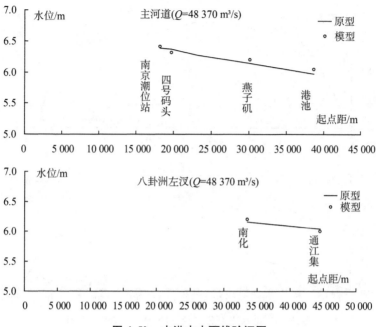

图 4.8b　中洪水水面线验证图

4.6.3　流速分布验证

在水面线验证相似的基础上,对断面流速分布进行了验证,验证结果见图 4.9、图 4.10 和图 4.11。由图可知,模型中洪、中、枯流量级下各断面的垂线平均流速及分布变化趋势和量值与原型基本吻合,各断面流速最大偏差均在原型流速的 10% 以内。可见,模型断面流速分布与原型基本相似。

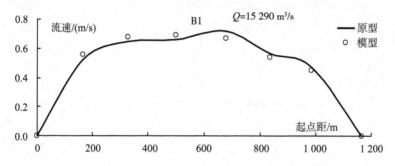

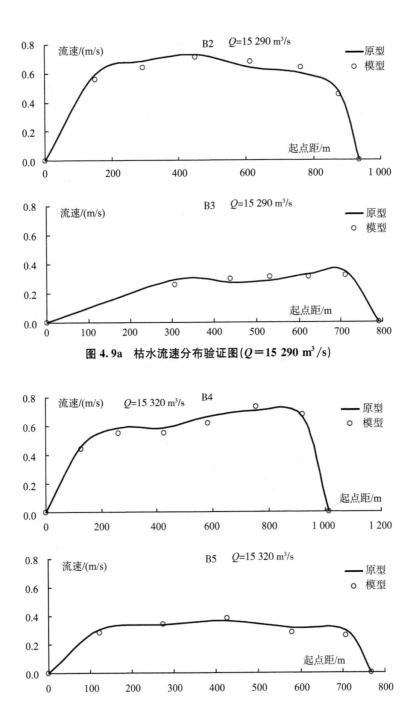

图 4.9a　枯水流速分布验证图($Q＝15\ 290\ \text{m}^3/\text{s}$)

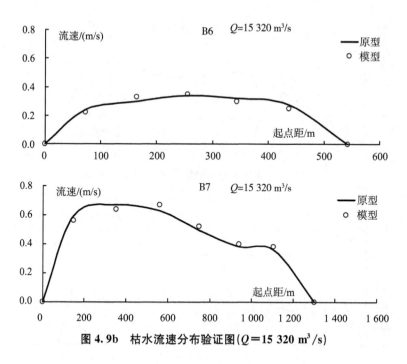

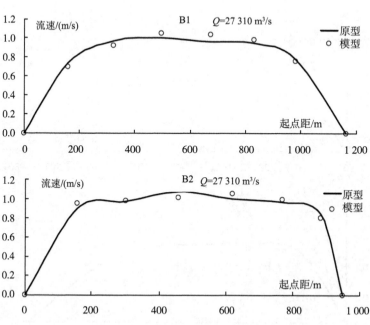

图 4.9b 枯水流速分布验证图($Q=15\ 320\ \text{m}^3/\text{s}$)

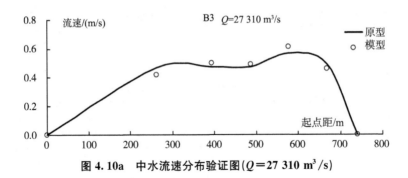

图 4.10a 中水流速分布验证图（$Q=27\ 310\ \text{m}^3/\text{s}$）

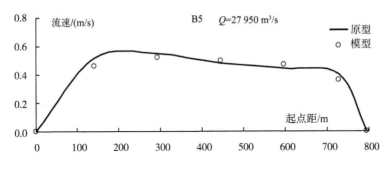

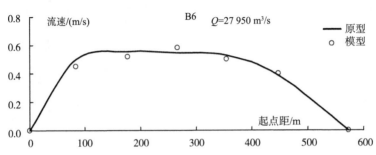

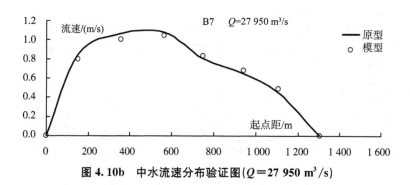

图 4.10b 中水流速分布验证图(Q＝27 950 m³/s)

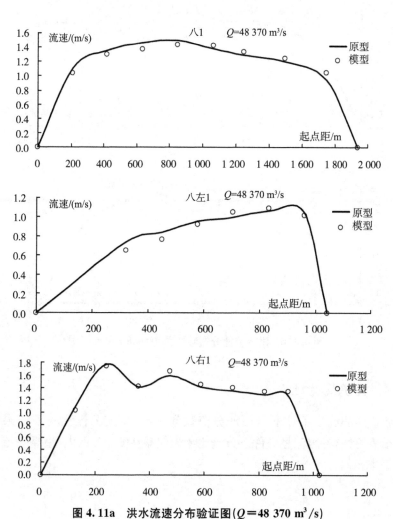

图 4.11a 洪水流速分布验证图(Q＝48 370 m³/s)

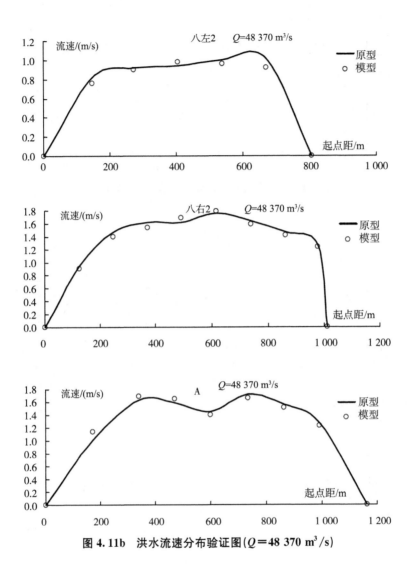

图 4.11b 洪水流速分布验证图$(Q = 48\ 370\ \text{m}^3/\text{s})$

4.6.4 分流比验证

各级实测流量条件下东西河分流比和中支、东支分流比验证成果见表 4.6,由表可知,各级流量条件下分流比最大偏差在 0.5% 以内,模型分流比与原型基本相似。

表 4.6　分流比验证成果

测验 日期	流量 （m³/s）	分流比（%）					
		左汊			右汊		
		原型	模型	差值	原型	模型	差值
11 年 5 月 13 日	15 290 m³/s	12.40	12.50	−0.10	87.60	87.40	0.10
11 年 9 月 27 日	27 310 m³/s	13.57	13.46	0.11	86.43	86.54	−0.11
07 年 8 月 8 日	48 370 m³/s	19.31	18.84	0.47	80.69	81.16	−0.47

4.6.5　河床冲淤变形验证

1）冲淤验证试验控制条件

动床模型起始地形采用 2009 年 2 月实测的 1∶10 000 地形，施放 2009 年 3 月—2011 年 6 月的概化水文泥沙过程，验证地形为 2011 年 7 月实测地形。验证试验大通站逐日平均流量过程概化见图 4.12。根据 2011 年、2007 年、2003 年及 1998 年水文测验成果，选取西坝断面水位及河段实测流量建立西坝水位-流量关系（图 4.13），由确定的流量推求西坝的水位，从而得到验证时段内西坝的水位过程，按照流量概化过程将水位过程概化（见图 4.14），作为模型尾门水位控制的依据。验证试验大通站逐日平均含沙量过程概化如图 4.17 所示。

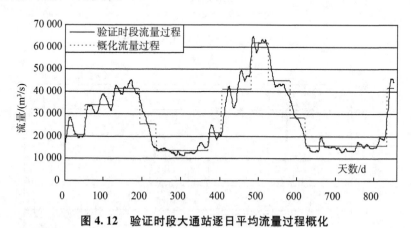

图 4.12　验证时段大通站逐日平均流量过程概化

水沙过程概化后的年径流总量和年悬移质输沙总量不变，在各级概化流量下，研究河段相应的水面比降与天然情况基本保持一致。

验证时段模型放水要素见表 4.7。

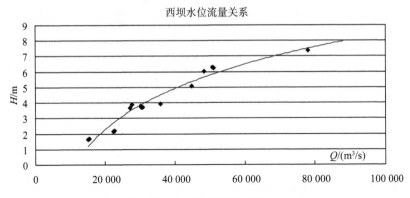

图 4.13　西坝水位与大通站流量相关关系

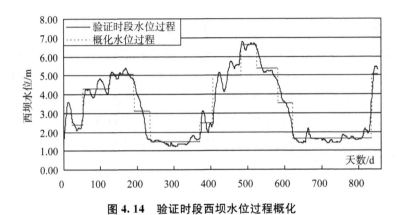

图 4.14　验证时段西坝水位过程概化

图 4.15　验证时段大通站含沙量过程概化

表 4.7　研究河段冲淤地形验证放水要素表

阶段	流量(m^3/s)	历时		模型加沙量(kg)
		原型(d)	模型(min)	
1	24 524	21	34	4.2
2	20 631	32	51	2.8
3	33 786	73	117	17.0
4	41 286	65	104	31.2
5	25 237	43	69	6.7
6	13 543	136	218	8.3
7	21 271	35	56	5.1
8	41 080	77	123	34.4
9	61 676	42	67	34.4
10	44 795	57	91	25.3
11	28 002	40	64	6.8
12	15 520	213	341	12.4
13	41 717	18	29	8.2

2）河道地形天然冲淤分析

2011 年 7 月地形与 2009 年 2 月相比,0 m 岸线变化如下:黄家洲边滩头部、八卦洲洲头和左汊内的南化弯道凹岸略有冲刷,皇厂弯道对岸有所淤积,其他部位变化不大。－10 m 线变化:上元门边滩中部有所冲刷,右汊内燕子矶对岸的边滩有冲有淤,上部略有淤积,下部有所冲刷;左汊内南化弯道深槽尾部和皇厂弯道头部有所淤积。－20 m 深槽变化:分流段深槽下部右侧有所冲刷扩大,平均约右移 140 m,在八卦洲头部附近与右汊－20 m 深槽约断开150 m;右汊进口附近,上元门边滩的尾部有所冲刷,约上提 130 m,二桥上游略有淤积,－20 m 线中部出现高于－20 m 的沙滩,燕子矶－20 m 深槽与二桥左侧－20 m 深槽有断开的趋势。－30 m 深槽变化:大桥下游深槽尾部有所冲刷下移;右汊洲头右缘深槽淤积缩小;新生圩前沿深槽也有所淤积缩小。

表 4.8 给出了验证时段内 0 m 河段河槽容积的变化过程,计算表明:2009—2011 年八卦洲汊道段河床冲淤变幅不大,总体表现为微淤,其中2009—2010 年动床范围全河段以轻微冲刷为主,2010—2011 年则以淤积为主。

表 4.8　八卦洲汊道 0 m 河槽容积历年变化

单位:万 m^3

河段	2009 年	2010 年	2011 年	2009—2010 年	2010—2011 年	2009—2011 年
左汊(进口—南化弯顶)	3 762	3 747	3 599	14.4	148.8	163.2
左汊(南化弯顶—皇厂弯顶)	4 941	4 985	4 880	−44.4	105.7	61.3
左汊(皇厂弯顶—出口)	3 347	3 498	3 348	−150.4	150	−0.4
左汊(合计)	12 050	12 231	11 826	−180.4	404.5	224.1
右汊	21 240	21 528	20 923	−288	605.4	317.4
左、右汊容积比	0.567	0.568	0.565			
分流段	10 354.6	10 750.6	10 687.7	−396	62.9	−333.1
汇流段	11 049.0	11 038.2	10 770.7	10.8	267.5	278.3

3) 河道地形冲淤验证成果

验证时段水文过程结束后,控制模型中不同水面高程,按各高程水边线用棉绳勾出等高线,逐个断面测出各等高线位置,绘出冲淤地形图,与原型 2011 年 7 月实测地形图进行对比。验证中主要分析了 0 m、−5 m、−10 m、−15 m、−20 m、−25 m 共 6 条等高线的发展变化情况,作为地形验证的主要依据。

地形冲淤验证试验共进行了 5 次,前 2 次重点确定了动床输沙比尺和冲淤时间比尺(定为 1∶900),宏观分析了局部地形冲淤易出现的问题并采取了相应加护措施加以解决,为后续试验提供良好条件;接下来在相同水文条件下进行了 3 次 2009 年 3 月—2011 年 6 月时段的重复验证试验,结果表明,模型上各主要等高线的位置和沿程变化趋势与原型 2011 年 7 月实测地形相接近,冲淤部位与原型基本相似。

为进一步分析研究河段重点部位的横断面变化情况,对 10 个代表断面的验证结果进行了分析,结果表明模型沿程滩段的地形冲淤变化与原型基本相符,模型滩槽的演变可以较好地反映原型各滩段的冲淤变化特征。

表 4.9 为八卦洲汊道 0 m 以下河床冲淤量实测与模型比较,由表可见,2009 年 2 月—2011 年 7 月间,分流段、左汊、右汊和汇流段模型冲淤量均与实测结果较为接近,分段冲淤最大误差小于 17%,全河段冲淤量差值小于 9%,说明动床模型在河道冲淤总量控制方面模拟较好。

表 4.9　八卦洲汊道 0 m 以下河床冲淤量实测与模型比较

河段	河段长（km）	冲淤量（万 m³）		差值（万 m³）	百分比（%）
		原体	模型		
分流前干流段	5.4	−333.1	−357.5	−24.4	7.33
左　汊	20.8	224.1	196.5	−27.6	−12.32
右　汊	9.5	317.4	281.8	−35.6	−11.22
汇流段	7.0	278.3	323.6	45.3	16.28
合　计	42.7	486.7	444.4	−42.3	−8.69

注：正数为淤积，负数为冲刷

　　从等高线平面形态、典型横断面形态和河段冲淤量对比等情况，可看出模型验证地形与原型地形接近，表明模型中泥沙运动与原型基本相似。

4.7　小结

　　本章综合介绍了动床模型的比尺确定、模型沙选取、模型制作及运行控制等内容，并重点描述了动床模型的验证情况，验证试验结果表明：动床模型取得的水面线、流速分布、汊道分流比和全河段河床冲淤变化特征与原型较好地保持一致，达到了有关试验规程规定的精度要求，在此基础上进行八卦洲汊道整治工程方案动床试验，成果是可信的。

第5章　八卦洲河段天然演变试验分析

为了更深入地认识和预估研究河段未来可能的演变趋势,同时为工程实施后河床演变分析提供对比资料,本书以2011年7月地形为基础,分别进行了八卦洲河段1998典型年、2005典型年和2004—2010系列年天然水沙过程条件下的河床演变试验,并检测河床冲淤调整后在洪、中、枯各级流量下左右汊分流比、典型断面流速分布变化等。

5.1　模型放水条件控制

2005典型年和2004—2010系列年模型放水条件依据相应年份大通站实测逐日水文过程进行概化,概化方法与动床模型地形验证相同。概化后的年径流总量和年悬移质输沙总量不变,各级流量下研究河段相应的水面比降基本不变。

1998典型年的流量过程按相应年份大通站实测逐日流量过程进行概化。基于三峡工程运行后研究河段输沙量大幅减小的现状(见表5.1),1998年的含沙量过程按如下方法折算:取三峡工程运行后与1998年径流量最为接近的2010年作为类比年,如以2010年平均含沙量与1998年平均含沙量的比值作为折算系数,则约为0.6;如按输沙量比值作为折算系数,则约为0.46。考虑到本试验的主要目的是改善左汊的水域条件,故相对偏保守取值,取折算系数0.6,并将1998年实测含沙量过程进行折算处理后得到1998典型年模型加沙控制条件。

表 5.1　大通水文站历年实测水沙特征值

年份	1950—2000	1998	2001	2002	2003	2004	2005	2006	2007	2008	2009	2010
径流量 (亿 m³)	9 051	12 400	8 250	9 926	9 248	7 884	9 015	6 886	7 708	8 291	7 819	10 220
含沙量 (kg/m³)	0.49	0.32	0.34	0.28	0.22	0.19	0.24	0.12	0.18	0.16	0.14	0.18
输沙量 (kg/m³)	4.33	4.01	2.76	2.75	2.06	1.47	2.16	0.85	1.38	1.30	1.11	1.85

各典型年及系列年流量、水位过程概化见图5.1~图5.6,模型放水条件见表5.2~表5.4。

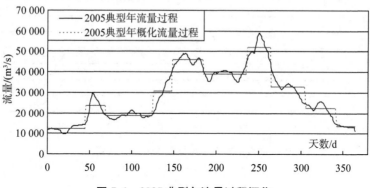

图5.1　2005典型年流量过程概化

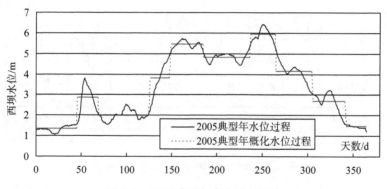

图5.2　2005典型年水位过程概化

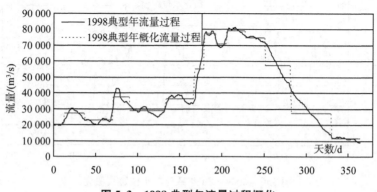

图5.3　1998典型年流量过程概化

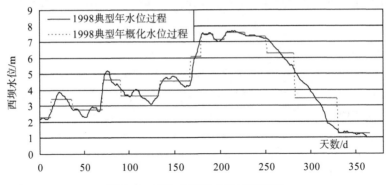

图 5.4 1998 典型年水位过程概化

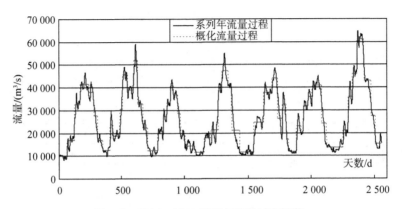

图 5.5 2004－2010 系列年流量过程概化

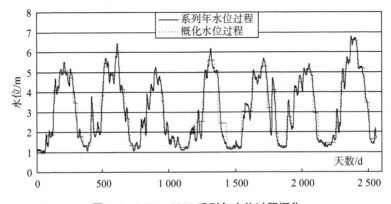

图 5.6 2004－2010 系列年水位过程概化

表 5.2　2005 典型年模型放水要素表

阶段	流量(m³/s)	历　时		模型加沙量 (kg)
		原型(d)	模型(min)	
1	12 335	45	72	2.4
2	23 578	23	37	5.5
3	18 670	57	91	6.2
4	30 509	23	37	5.4
5	45 742	36	58	18.1
6	38 913	52	83	35.6
7	52 030	27	43	35.3
8	32 754	41	66	16.2
9	22 257	37	59	5.9
10	13 542	24	38	1.8

表 5.3　1998 典型年模型放水要素表

阶段	流量(m³/s)	历　时		模型加沙量 (kg)
		原型(d)	模型(min)	
1	20 092	12	19	1.3
2	26 954	24	38	3.3
3	22 629	34	54	2.3
4	37 165	20	32	5.3
5	28 507	43	69	4.2
6	36 144	34	54	8.4
7	55 025	12	19	6.7
8	77 377	13	21	14.4
9	70 831	13	21	16.3
10	79 145	22	35	24.4
11	74 509	23	37	24.4
12	57 416	31	50	21.5
13	27 285	48	77	8.1
14	11 397	36	58	1.2

表 5.4　2004—2010 系列年模型放水要素表

阶段	流量(m^3/s)	历　时		模型加沙量（kg）
		原型（d）	模型（min）	
1	9 734	65	104	2.3
2	16 866	62	99	7.1
3	32 461	46	74	12.9
4	41 417	64	102	29.4
5	37 990	40	64	24.6
6	27 668	31	50	6.9
7	16 810	41	66	4.5
8	12 341	62	99	3.7
9	23 578	23	37	5.5
10	18 670	57	91	6.2
11	30 509	23	37	5.4
12	45 742	36	58	18.1
13	38 913	52	83	35.6
14	52 030	27	43	35.3
15	32 754	41	66	16.2
16	22 257	37	59	5.9
17	12 158	83	133	4.2
18	20 498	46	74	6.2
19	27 282	28	45	5.6
20	33 144	27	43	6.6
21	40 735	23	37	8.2
22	36 706	31	50	10.8
23	28 448	23	37	4.0
24	19 017	35	56	3.0
25	14 385	72	115	4.4
26	11 410	81	130	2.7
27	17 886	51	82	3.9

续表

阶段	流量(m³/s)	历 时		模型加沙量(kg)
		原型(d)	模型(min)	
28	21 381	59	94	6.8
29	39 614	28	45	13.4
30	47 360	47	75	36.6
31	40 915	26	42	11.0
32	20 992	65	104	8.3
33	11 447	115	184	4.6
34	24 529	79	126	10.5
35	37 691	64	102	21.6
36	44 081	43	69	27.4
37	26 250	40	64	6.7
38	32 631	26	42	8.4
39	17 380	20	32	1.4
40	11 685	65	104	1.8
41	22 960	35	56	5.4
42	20 165	20	32	1.5
43	31 892	38	61	8.3
44	35 794	32	51	7.7
45	40 813	72	115	33.6
46	24 087	39	62	5.5
47	13 498	133	213	8.1
48	20 993	41	66	5.8
49	35 842	33	53	13.5
50	45 972	39	62	18.6
51	61 060	50	80	40.5
52	42 780	55	88	22.0
53	27 323	35	56	5.8
54	15 300	51	82	3.5

5.2　河床天然演变趋势分析

5.2.1　1998 典型年后(大水大沙年)地形冲淤变化

图 5.7～图 5.10 为分流段、八卦洲头、右汊二桥上游和左汊马汊河附近的河床冲淤地形。为便于分析将左汊分为:黄家洲段(57～66♯断面)、南化弯道段(66～76♯断面)、马汊河浅滩段(76～84♯断面)、皇厂弯道段(84～94♯断面)、通江集段(94～100♯断面)等 5 段。表 5.5 为各典型年和系列年调整后 0 m 以下河槽容积的变化情况。

图 5.7　长江大桥下游地形

图 5.8　八卦洲头地形

图 5.9　左汊二桥附近地形

图 5.10　右汊二桥上游地形

表5.5　八卦洲汊道0 m河槽容积天然演变后的变化情况

单位:万 m³

河段	2011年	2005年后	冲淤变化	1998年后	冲淤变化	系列年后	冲淤变化
分流段	10 688	10 648	40	11 118	−430	10 555	133
左汊(进口黄家洲段)	1 941	1 814	127	1 840	99	1 729	212
左汊(南化弯道段)	3 561	3 516	45	3 567	−6	3 518	43
左汊(马汊河段)	1 787	1 683	104	1 699	88	1 549	238
左汊(皇厂弯道段)	2 627	2 597	30	2 647	−20	2 569	58
左汊(通江集至出口段)	1 903	1 826	77	1 823	80	1 730	173
左汊(合计)	11 819	11 436	383	11 576	241	11 095	724
右汊	20 923	20 719	204	21 243	−320	21 078	−155
汇流段	10 771	10 752	19	10 929	−158	10 898	−127
左、右汊容积比	0.565	0.552	0.013	0.545	0.020	0.526	0.039

注:正数为淤积,负数为冲刷

试验成果表明:

(1) 由于1998年水流动力强,主流趋中河道淤滩刷槽现象明显。经过1998年水沙过程作用后,八卦洲汊道滩槽位置相对稳定,但河床的冲淤幅度较大,左汊浅滩淤积较明显,右汊深槽有一定的冲刷扩大,左右汊容积比进一步减小,左汊的淤积萎缩加剧。

(2) 分流前干流段−25 m深槽沿河道左侧下延约700 m,呈现左汊进流改善的趋势;洲头右侧−25 m槽向上游有所延伸,表明洲头深槽在洪水时仍有冲刷发展趋势;上元门边滩有所淤积,其中边滩左侧−5～−10 m范围内发生淤长,边滩尾部淤积下延,−15 m、−20 m和−25 m等高线分别向下游发展约330 m、150 m和90 m。

(3) 左汊河床滩地呈现较明显的淤积态势,深槽区有一定冲刷,其中黄家洲段、马汊河段和通江集段分别淤积110万、88万、80万 m³,左汊进口、南化弯道和皇厂弯道3处深槽分别约冲刷11万、6万、20万 m³,整个左汊共淤积了241万 m³。黄家洲边滩0 m线向河道中部最大偏移接近300 m;−10 m槽宽基本在200 m以上,可以保证华能电厂万吨级专用航道8 m航深、200 m航宽的要求;二桥下游马汊河段淤积较明显,−5 m心滩在航槽内淤长,可能会对该段通航水深条件造成不利影响;通江集至出口段浅滩冲淤相对不大,

−5 m 和−10 m 槽位置及走向均无明显变化,对扬子石化专用航道的航深、航宽条件影响较小。左汊进口−20 m 深槽与上游−20 m 槽尾连通,并向下游冲刷下延约 100 m;上坝至南化弯道段冲刷较明显,上游束窄河槽的−15 m 线完全贯通,下游的−10 m 和−15 m 均略有下延;皇厂弯道段−15 m 槽也有所冲刷发展。

（4）右汊洲头右缘深槽和燕子矶深槽有所冲刷,燕子矶与天河口上下游深槽的过渡段、笆斗山边滩和新生圩对岸边滩有所淤积,整个右汊共冲刷 320 万 m³。洲头右缘深槽主体表现为冲刷发展,−20 m 和−25 m 均有所展宽,最大刷深约 3～3.5 m;幕府山至燕子矶一线近岸深槽冲刷,平均冲刷约 0.8～1 m,对岸的洲滩则呈现淤积态势,0～−15 m 等高线普遍向河道中部发展,平均淤厚约 1.2～2 m;燕子矶至二桥段−15 m 和−20 m 之间的沙脊发展,导致燕子矶河段右侧深槽至二桥左主墩深槽之间的−20 m 槽淤积断开,二桥下游的−25 m 槽也接近中断;笆斗山边滩和新生圩对岸边滩小幅淤涨,平均淤厚约 1.1～1.7 m。

（5）汇流段地形总体变化不大。

（6）左右汊河槽容积比明显下降,由 0.565 下降为 0.545,说明左汊依然趋于萎缩,右汊动力有所增强。

5.2.2 2005 典型年后(中水中沙年)地形冲淤变化

图 5.11 为左汊二桥附近的心滩淤涨情况。

试验成果表明：

图 5.11 左汊二桥附近心滩淤涨

（1）在 2005 年水沙过程中，水流动力比 1998 年明显减弱，河道宏观变化较小：左汊浅滩有一定淤积，右汊河床滩槽格局相对稳定，左右汊容积比进一步减小。

（2）分流前干流段整体表现为淤积，-25 m、-20 m 槽宽稍有束窄；上元门边滩有所淤积，主要淤积部位在-5～-10 m 范围内，边滩尾部淤积下延，-15 m 等高线向下游发展约 100 m。

（3）左汊河床滩地和深槽均呈现淤积态势，其中黄家洲段、马汊河段和通江集段分别淤积 127 万、104 万、77 万 m³，上坝至南化弯段、皇厂弯段分别淤积了 45 万、30 万 m³，左汊整体共淤积了 383 万 m³。黄家洲边滩发展，0 m 线向河道中部最大偏移接近 300 m，进口深槽普遍淤积，平均淤厚 0.2～0.4 m，-10 m 槽最窄处宽约 180 m，但不致给左侧上行船只通航条件带来明显影响；南化弯道段以淤积为主，平均淤厚约 0.5 m；二桥下游马汊河段发生明显淤积，-5 m 心滩向上游淤长约 200 m，可能会给该段通航水深条件造成不利影响；皇厂弯道深槽有所淤积，-15 m、-20 m 槽稍有缩小；通江集至出口段-5 m～0 m 浅滩有所淤积，但航槽内没有明显冲淤变化，航道通航条件基本不受影响。

（4）右汊河槽和滩地总体以淤积为主，净淤积量约为 204 万 m³。洲头右缘深槽和燕子矶深槽冲淤变化不大，燕子矶对岸的滩地向河道中部扩展，表明边滩在中水条件下呈现淤积态势，平均淤厚约 1.5～2.0 m；天河口段深槽整体表现为淤积，二桥下游的-25 m 槽宽缩窄，-25 m～-20 m 间河槽淤积下延；笆斗山边滩有所淤涨，新生圩对岸滩地略有淤积，-15 m 等高线向河道中部平均右移约 70 m。

（5）汇流段地形总体表现为微淤，各等高线范围变化不大。

（6）左右汊河槽容积比明显下降，由 0.565 下降为 0.552，说明左汊缓慢淤积的趋势仍将延续。

5.2.3 2004—2010 系列年后地形冲淤变化

图 5.12～图 5.14 为八卦洲头、右汊二桥上游和左汊马汊河附近的河床冲淤地形。

图 5.12 八卦洲头地形

图 5.13 右汊燕子矶至二桥段地形

图 5.14 左汊二桥桥位附近淤积明显

试验成果表明：

（1）经过多年水沙过程后，河段内地形冲淤交替，左汊整体呈淤积萎缩态势，尤其马汊河段淤积严重，右汊河道有冲有淤，河势相对稳定。

（2）分流前干流段−25 m 深槽淤积束窄、上提，−20 m 槽与左右汊基本连通；洲头右侧−25 m 槽向上游有所延伸，表明洲头深槽仍有冲刷发展趋势；上元门边滩−5 m 和−10 m 等高线均向河道中略有发展；右汊口门右侧的沙脊淤积下延，−15 m 等高线下延约 200 m，−20 m 和−25 m 等高线变化幅度较小。

（3）左汊河床滩地呈现较明显的淤积态势，局部深槽区略有冲刷，其中黄家洲段、马汊河段和通江集段分别淤积212 万、238 万、173 万 m³，南化弯道和皇厂弯道段分别约淤积 43 万、58 万 m³，整个左汊的河床共淤积了 724 万 m³。黄家洲边滩淤涨明显，0 m 线向河道中部偏移普遍超过 200 m，最大偏移接近 350 m；进口弯道处−10 m 等高线向航槽内最多侵入达 50 m，可能会给航道左侧上行船只通航条件带来一定影响；南化弯道上游束窄河槽的−15 m 线贯通，下游深槽冲淤变化不大；左汊二桥桥位上游左岸−5 m 边滩淤积显著，且与河道中部的心滩连通，表明左汊中部河道展宽段在长系列水文过程中呈现淤积趋势，如任其自然发展，可能对航道的通航水深造成不利影响；岳子河段近岸码头区有 1～2 m 淤积，对码头靠泊条件可能产生一定影响；皇厂弯道段有小幅冲淤调整，平均淤厚约 0.1～0.3 m；通江集至出口段左岸浅滩有一定淤涨，−5 m 和 0 m 等高线向河道中发展，−10 m 槽位置和走势变化较小，对扬子石化专用航道的航深、航宽条件影响不大。

（4）右汊河床年际间冲淤交替，系列年后净冲刷量约为 155 万 m³。洲头右缘深槽主体表现为冲刷发展，最大刷深约 1～1.5 m；幕府山至燕子矶一线近岸深槽冲刷，平均冲刷约 0.6～0.8 m，对岸的洲滩则呈现淤积态势，0～−15 m 等高线普遍向河道中部发展，平均淤厚约 1～1.5 m；燕子矶右侧深槽至二桥左主墩深槽之间的−20 m 槽淤积断开；笆斗山边滩小幅淤涨，新生圩对岸滩地也呈淤积态势，−15 m、−20 m 等高线均向河道中部偏移，−25 m 线则变化不大。

（5）汇流段深槽有小幅冲刷，滩槽格局总体变化不大。

（6）左右汊河槽容积比明显下降，由 0.565 下降为 0.526，说明左汊相对右汊持续萎缩，右汊主导地位更加明显。

5.3　自然演变后河段水力特性分析

在各典型年及系列年冲淤后的地形上,分别施测了 48 370 m^3/s、27 310 m^3/s 和 15 290 m^3/s 三级流量下左右汊的分流比、典型断面流速分布和沿程水面比降。

5.3.1　左汊分流比变化

表 5.6 和图 5.15 是河床自然演变后左汊分流比变化情况,由图表可见,与现状情况相比,各典型年条件下,左汊分流比呈小幅减小趋势,其中枯水时(Q =15 290 m^3/s),2005 典型年后的分流比由现状的 12.5% 减至 12.09%,减幅为 0.41%,1998 典型年后的分流比减至 12.23%,减幅为 0.27%。经过 2004—2010 长系列年冲淤后,左汊分流比的减幅较大,枯水时分流比由现状的 12.5% 减至 10.19%,减幅达 2.31%。上述结果表明,八卦洲左汊在各典型年条件下仍处于缓慢萎缩状态,尤其经长系列年水沙过程后,左汊的淤积萎缩加剧,枯水时左汊分流比已降至 10% 左右,势必导致左汊的通航和水域条件进一步恶化。

表 5.6　天然演变后左汊分流比变化

	左汊分流比(%)		
现状时	Q =15 290 m^3/s	Q =27 310 m^3/s	Q =48 370 m^3/s
	12.50	13.46	18.84
2005 年后	12.09	13.07	18.49
变化值	−0.41	−0.39	−0.35
1998 年后	12.23	13.21	18.62
变化值	−0.27	−0.25	−0.22
系列年后	10.19	11.26	16.88
变化值	−2.31	−2.20	−1.96

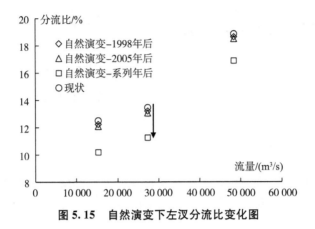

图 5.15　自然演变下左汊分流比变化图

5.3.2　典型断面流速分布变化

动床模型上典型测流断面布置同定床阶段。洪中枯三级流量时现状条件下、2005 典型年后、1998 典型年后和 2004—2010 系列年后河段典型断面流速分布变化情况。由于 2005 典型年的水动力较弱,河段地形整体变化较小,各级流量下河道沿程流速分布没有发生明显的变化,故下面仅分析 1998 典型年和 2004—2010 系列年后的流速变化。

1)1998 典型年作用后

(1)分流前干流段:洲头上游左侧的深槽下移,CS3—CS4 断面上的左侧流速略有增加,中枯水时($Q = 15\ 290\ \text{m}^3/\text{s}$ 和 $27\ 310\ \text{m}^3/\text{s}$)左汊口门流速增幅约为 0.03~0.07 m/s, $Q = 48\ 370\ \text{m}^3/\text{s}$ 时,流速增幅约为 0.06~0.13 m/s,左汊进流条件有改善趋势。

(2)左汊:口门段,黄家洲边滩淤长,滩地流速稍有减缓, $Q = 48\ 370\ \text{m}^3/\text{s}$ 时,减幅约为 0.01~0.04 m/s,相应的洲头左缘深槽流速略有增大,增幅约为 0.02~0.07 m/s,整体来看,左汊的进流没有明显改善,相反,由于黄家洲边滩的淤涨,使得左汊进口附近水流流路曲率进一步增大;口门至南化弯道之间,—15 m 深槽发展拓宽,河道过水能力增强,沿程流速略有降低(约 0.01~0.04 m/s);南化弯道与皇厂弯道之间,受马汊河心滩淤涨的影响,各级流量时水流流速普遍有所降低,降幅在 0.04 m/s 以内;通江集至左汊出口段,河道左侧滩地有所冲刷,滩上流速略有增加约 0.01 m/s,右侧—10 m 槽有所发展,流速降低约 0.01~0.05 m/s。

(3)右汊:枯水流量时沿程流速分布变化很小,总体略有增大(约 0.01~

0.02 m/s);$Q = 48\,370\ \text{m}^3/\text{s}$ 时,八卦洲头右缘深泓区域流速有所增加,增幅约为 0.04~0.15 m/s,受此影响,右汊左侧流速有一定增加,其中,燕子矶对岸边滩流速增幅约为 0.02~0.13 m/s,天河口至新生圩对岸边滩流速约增加 0.01~0.10 m/s;右汊右侧,上元门边滩尾部沙脊下延,附近流速有所减缓,减幅约 0.03~0.10 m/s,燕子矶沿岸近堤流速有增有减(变幅约－0.09~0.06 m/s),至新生圩港区附近,近岸流速变幅在－0.01~0.07 m/s 之间。

(4) 汇流段:经过汇流口水流的掺混作用后,西坝—拐头一带深槽内流速仅有轻微的变化。

2) 2004—2010 系列年作用后

经过 2004—2010 系列年作用后,河段沿程流速变化幅度比单个典型年冲淤后有所增大。

(1) 分流前干流段:八卦洲头上游左汊口门进流速度仍有增大趋势(约 0.04~0.14 m/s),但由于汊道内泄流不畅,部分水流依然从洲头绕流入右汊。

(2) 左汊:口门段,黄家洲边滩流速减幅约为 0.01~0.05 m/s,洲头左缘深槽流速增幅减小,约为 0.02 m/s;受左汊淤积萎缩的影响,左汊内沿程流速普遍降低,降幅约为 0.01~0.07 m/s。

(3) 右汊:沿程各断面流速以增加为主。八卦洲头右缘深槽流速有所增加,枯水时增幅约 0.02~0.06 m/s,中水时增幅约 0.02~0.07 m/s,平滩流量时增幅约 0.03~0.08 m/s;燕子矶对岸边滩流速增大约 0.04~0.07 m/s;天河口一带近岸流速增大 0.04~0.14 m/s,需要重点关注该段的护岸情况;新生圩对岸边滩的流速增幅约为 0.04~0.09 m/s。受上元门边滩尾部沙脊淤积下延的影响,燕子矶深槽附近的流速有所降低,降幅约为－0.03~－0.10 m/s;笆斗山边滩至新生圩港区的流速均有所增加,增幅约为 0.02~0.07 m/s。

(4) 汇流段:汇流段流速有增有减,变幅不大。

5.4　小结

对八卦洲河段天然水文条件下的地形演变、左右汊分流比变化、典型断面流速分布等进行了试验分析,成果表明:

八卦洲左汊在经历单个典型年水沙过程后,黄家洲边滩和二桥(北汊)桥位附近河道展宽段心滩明显淤长,分流比降低 0.22~0.41%,表明左汊在一般水文年条件下仍处于萎缩趋势,尤其经长系列年水沙过程后,枯水时左汊分流比已降至10.19%,势必导致左汊萎缩速度的加剧和通航条件的进一步恶化。因此,尽快采取适当工程措施遏制八卦洲左汊衰退的趋势,改善左汊水域条件已势在必行。

第6章 八卦洲汊道整治工程动床方案试验

在八卦洲河段天然演变试验研究的基础上,首先对定床推荐方案进行了1998 典型年(大水大沙年)和 2005 典型年(中水中沙年)动床冲淤试验,并根据河床地形冲淤、左右汊分流比、典型断面流速分布等测量结果,优选出动床推荐方案,而后对动床推荐方案进行长系列年水文过程(2004—2010 年和2004—2010 年+1998 年)的动床冲淤试验,以论证整治工程效果。

6.1 定床试验成果简介

(1) 八卦洲汊道整治目标:通过系统的综合治理,进一步稳定和改善八卦洲汊道河势,改善左汊入流条件,扩大左汊分流比 1.5%~2.0%,为汊道沿江经济的可持续发展提供合适的水域条件。

(2) 河床演变成果表明:引起八卦洲左汊分流比逐渐减少的 4 个主要原因是:左汊入流条件恶化;左汊过水面积逐渐减小;左汊的阻力系数大于右汊;左汊出流条件不畅。

(3) 整治思路如图 6.1 所示。

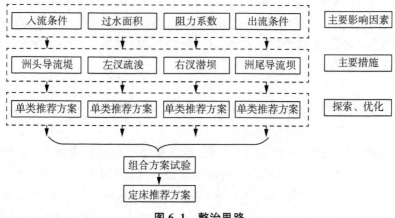

图 6.1 整治思路

（4）单类方案整治效果：

① 洲头导流堤对分流比的改善效果最明显，推荐的方案（导流堤长度550 m，方位角215°）可增加左汊枯季分流比2.45%（$Q = 15\ 290\ m^3/s$）；

② 左汊黄家洲切滩、马汊河疏浚和出口拓卡工程均只对工程附近的局部河段产生一定影响，增加左汊分流比效果有限（0.67%～0.94%），但可改善左汊航道的航宽、航深等通航条件；

③ 右汊潜坝工程（坝高－15 m方案）可以实现适当限制右汊发展的目的，能增加左汊枯水分流比1%左右，但潜坝上游局部产生壅水（0.05～0.10 m），坝址附近流速增大较明显（增幅约为30%～60%），且下游水流流态会有一定恶化，可能对通航及下游河势产生一定影响；

④ 洲尾导流坝方案通过适当改变左右汊汇流方式，可增大左汊分流比1.95%（$Q = 15\ 290\ m^3/s$），该方案会引起西坝段枯水主流线向河道中部右移约200 m，可能会对下游河段河势产生一定影响。

（5）组合方案整治效果：

① 洲头导流堤＋黄家洲切滩＋马汊河疏浚（简称"导＋切＋疏"）方案实施后，能很好地改善左汊进流条件和中部泄流能力，可使左汊内流速普遍增大，枯水分流比增加3.57%，平滩流量时分流比增加3.24%；

② 右汊潜坝＋黄家洲切滩＋马汊河疏浚（简称"潜＋切＋疏"）方案实施后，可使左汊枯水分流比增加2.58%，平滩流量时分流比增加2.02%；

③ 洲头导流堤＋右汊潜坝＋黄家洲切滩＋马汊河疏浚（简称"导＋潜＋切＋疏"）方案实施后，分流比改善效果进一步增大，枯水时可使左汊分流比增加4.02%，平滩流量时分流比增加3.54%。

以上成果是在定床模型的基础上取得的，由于工程实施后水流与河床的相互作用将使上下游河段发生自动调整，流速、流态和分流比改善效果也会随之产生一定变化，故整治工程的效果还须在动床模型上通过水沙冲淤过程进行进一步研究论证。

6.2 整治工程动床方案布置

根据定床阶段组合方案比选研究，确定整治工程动床方案为"导＋切＋疏"（洲头导流堤＋黄家洲切滩＋马汊河疏浚）、"潜＋切＋疏"（右汊潜坝＋黄家洲切滩＋马汊河疏浚）和"导＋潜＋切＋疏"（洲头导流堤＋右汊潜坝＋黄家洲切滩＋马汊河疏浚），并分别对导流堤和潜坝工程辅以相应的护脚和护底工程。

(1) 洲头导流堤:导流堤维持原方案(长度550 m,方位角215°)。导流堤顶宽5 m,左侧(上游)坡比1:3,右侧(下游)坡比1:4。顶面高程分段考虑,导流堤根部高程5 m,自坝根向上游100 m顶面高程为5 m,然后按1:100放坡至4 m,维持4 m顶面高程至坝头(平台长约350 m)。坝头平面形态为半圆弧,圆弧边缘按1:5放坡与河床衔接。

(2) 黄家洲切滩方案:挖除左汊进口处的水下沙埂(左汊进口−20 m深槽断开的区域);沿左汊进口段−20 m槽左缘边线,向左侧拓宽−20 m槽约100 m(−20 m槽左缘边线以左100 m的区域,河床高程降低至−20 m),疏浚线左缘按1:10放坡与左侧河床衔接。切滩方量约为186万m^3。

(3) 左汊中部马汊河浅区疏浚方案:结合该段航道布置,对疏浚区域进行了规划,疏浚控制高程为−10 m,底宽为200 m,疏浚区两侧按1:10放坡。疏浚方量约为340万m^3。

(4) 右汊潜坝方案:潜坝方案坝址位于右汊进口洲头下游约1 100 m。坝顶高程−15 m,坝顶宽4 m,上游坡比1:2,下游坡比1:3。

(5) 导流堤防护方案:导流堤迎流侧堤身和堤头采用抛石防护(2~3 m),下游深槽采用袋装土回填至−30 m高程,右汊口门段边滩采用软体排护底。

(6) 右汊潜坝防护方案:潜坝坝轴线向上游80 m采用1.5 m厚水下抛石做护脚,坝轴线向下游150 m采用软体排上压1.5 m厚块石做护脚。

6.3 整治工程动床方案比选试验

对"导+切+疏"和"潜+切+疏"两个方案进行2005典型年和1998典型年的地形冲淤试验,并观测河床冲淤调整后左右汊分流比、典型断面流速分布等的变化情况,进而优选出动床推荐方案。

6.3.1 "潜+切+疏"方案典型年试验结果

6.3.1.1 河床冲淤变化

2005典型年和1998典型年作用后的河床局部地形冲淤形态见图6.2、图6.3、图6.4及图6.5,沿程河段0 m以下河槽容积变化见表6.1,左汊黄家洲切滩和马汊河疏浚回淤方量和回淤率见表6.2。

图 6.2　潜坝坝址上下游淤积情况（2005 典型年）

图 6.3　潜坝下游冲坑发展情况（2005 典型年）

表 6.1　八卦洲汊道 0 m 河槽容积的变化情况

单位:万 m³

	工程后	2005 年后	冲淤变化	1998 年后	冲淤变化
分流前干流段	10 688	10 633	55	11 002	−314
左汊（进口黄家洲段）	2 127	1 994	147	1 987	154
左汊（上坝至南化弯段）	3 561	3 527	34	3 568	−7

续表

	工程后	2005 年后	冲淤变化	1998 年后	冲淤变化
左汊(马汊河段)	2 127	2 003	124	2 001	126
左汊(皇厂弯段)	2 627	2 608	19	2 657	−30
左汊(通江集至出口段)	1 903	1 834	69	1 837	66
左汊(合计)	12 344	11 965	393	12 049	309
右汊	20 923	20 988	−65	21 308	−385
汇流段	10 771	10 718	53	10 897	−126
左、右汊容积比	0.590	0.570	0.021	0.565	0.025

注:正数为淤积,负数为冲刷

表 6.2 "潜+切+疏"方案实施后左汊疏浚挖槽回淤情况

	黄家洲切滩		马汊河疏浚	
疏浚工程量(万 m³)	186		340	
水文年冲淤后	回淤方量(万 m³)	回淤率(%)	回淤方量(万 m³)	回淤率(%)
2005 典型年	58	31	50	15
1998 典型年	65	35	65	19

1) 2005 典型年后河床冲淤变化

(1) 总体变化:左汊黄家洲切滩和马汊河疏浚挖槽明显回淤,右汊潜坝上游淤积、下游冲刷,从坝址到二桥段的深槽冲刷较为明显。

(2) 分流前干流段有冲有淤,大桥下游 −25 m 槽宽稍有束窄,八卦洲头上游 1.5 km 范围 −20 m 深槽有所展宽;上元门边滩 −5～−10 m 滩区发生一定淤长。河段共淤积了 55 万 m³。

(3) 左汊河床滩地和深槽均呈现较明显的淤积态势,其中黄家洲段、马汊河段和通江集段分别淤积 147 万、124 万、69 万 m³,南化弯道和皇厂弯道段分别淤积约 34 万、19 万 m³,左汊共淤积了 393 万 m³,与天然演变时左汊淤积量 383 万 m³ 相近。左汊进口的黄家洲切滩工程,增大了局部的过水面积,使得水流挟沙能力降低,−20 m 挖槽回淤较明显,回淤方量约 58 万 m³,回淤率约 31%;黄家洲 0～−5 m 边滩仍然发展,0 m 线向河道中部平均偏移约 120～170 m;由于切滩工程的作用,进口段 −10 m 槽宽基本超过 200 m,可以保证华能电厂万吨级专用航道 8 m 航深的要求。上坝至南化弯道段以淤积为主,平均淤厚约 0.3～0.4 m。马汊河疏浚挖槽内回淤幅度相对较小,平均淤厚约 0.4 m,回淤方量约 50 万 m^3,回淤率约 15%,航道通航条件良好。岳子河附近有小幅淤积,主要集中在扬子 8# ~ 10# 码头区间,可能给码头靠泊条件带来一定影响。皇厂弯道深槽有所淤积,−15 m、−20 m 槽稍有缩小;通江集至出口段 −5 ~ 0 m 浅滩略有淤积,−10 m 槽有冲有淤,但主体没有明显变化,航道通航条件基本不受影响。

（4）右汊河床净冲淤量变化不大,约为 65 万 m^3,但潜坝上下游局部地形变化明显。潜坝上游右侧沿原沙脊淤积至坝脚前约 30 m,平均淤厚约 0.5 ~ 0.8 m;潜坝坝脚下游左侧也发生了一定淤积,平均淤厚达到 1 m,这与左侧水流翻坝后挟沙力迅速降低有关。潜坝中部下游约 400 ~ 600 m 处水流紊动相当剧烈,河床明显淘刷,图 6.3 给出了潜坝下游 −27 ~ −31 m 等高线的分布情况,表明坝轴线中部向下游 300 ~ 500 m 范围冲坑发展最大,最深处下切达到 5 m。此外,潜坝的实施对右汊下游河道的演变有一定影响,从坝址至二桥上游河道 −20 m 槽普遍展宽,左侧洲滩则呈现淤积态势,−5 m ~ −10 m 线向河道中部偏移;自二桥下游,冲刷的泥沙开始大量落淤,新生圩段深槽和左侧边滩发生淤积,河道普遍抬高 0.4 ~ 2 m,新生圩港区近岸也有 0.6 ~ 1.5 m 的落淤。

（5）汇流段地形总体表现为微淤（53 万 m^3）,且淤积幅度比天然时 19 万 m^3 稍大,说明右汊潜坝下游冲刷的泥沙部分落淤在该段。

（6）左右汊河槽容积比下降,由工程实施初期的 0.591 下降为 0.570,比现状时的 0.565 稍大。

2）1998 典型年后河床冲淤变化

（1）总体变化:分汊前干流段深槽有所冲刷,右汊潜坝上游淤积、下游冲刷,坝址至二桥段滩槽变化显著,左汊黄家洲切滩和马汊河疏浚挖槽回淤较明显。

（2）分流前干流段有冲有淤,以冲刷为主,共冲刷了 314 万 m^3。大桥下游 −25 m 深槽下延约 1.5 km,并且贴靠左汊,−20 m 槽也有所展宽;上元门边滩 −5 ~ −10 m 滩区淤涨,最大淤厚达 2.8 ~ 3.9 m。

（3）左汊河床滩地和挖槽工程处均呈现较明显的淤积态势,其中黄家洲段、马汊河段和通江集段分别淤积 154 万、126 万、66 万 m^3,上坝至南化弯道段和皇厂弯道段则稍有冲刷,分别约 7 万、30 万 m^3,左汊整体共淤积了 309 万 m^3。进口段黄家洲切滩工程,−20 m 挖槽回淤较明显,平均淤厚 2 ~ 3 m,回淤方量约 65 万 m^3,回淤率达 35%;黄家洲边滩 0 ~ −5 m 滩地继续淤涨,0 m 线向河道中最大偏移接近 300 m;由于切滩工程的作用,进口段

-10 m 槽宽基本超过 200 m,可以保证华能电厂万吨级专用航道 8 m 航深的要求。上坝至南化弯道段之间,-15 m 槽有所展宽,表明洪水年左汊的水流动力显著增强;南化弯道下游-15 m 槽冲刷小幅下延。马汊河疏浚挖槽在二桥下游 2 km 范围内回淤明显,-10 m 槽宽由 200 m 普遍缩窄至 120~160 m,回淤方量约 65 万 m³,回淤率约 19%,回淤部位主要位于挖槽的右侧,即弯道水流的凸岸侧,表现出凸岸淤长的弯道水沙运动特点;岳子河附近有小幅淤积,可能给码头靠泊条件带来一定影响。由于水流集中运行造成弯道水流动力增强,挖槽下游皇厂弯道边岸略有冲刷,需注意岸线防护,-15 m、-20 m 深槽小幅下延,左汊出口段-10 m 槽亦有所展宽,航道通航条件良好。

(4) 右汊河床净冲淤量比中水年时明显增大,约为 385 万 m³,且潜坝上下游局部地形变化更为显著。潜坝上游右侧沿沙脊走向明显淤积至接近坝脚(图 6.4、图 6.5),最大淤厚约为 2 m,潜坝坝脚下游左侧也发生了明显淤积,基本规律与 2005 典型年时类同,但淤积的范围和幅度均有增强。潜坝下游至二桥间河床发生显著变化,左侧 0 m、-5 m 洲滩呈现一定淤长,但-10 m 以下床面发生大幅冲刷下切,基本呈与潜坝同宽的河槽并向下游发展。潜坝中部坝轴线下游约 300~800 m 范围冲刷最为剧烈,最大冲深达 7~8 m。笆斗山边滩和新生圩对岸-20 m 槽发生明显淤积,-25 m 槽最大束窄约 200 m;新生圩港区近岸也有明显落淤,平均淤厚约 1~1.5 m。

图 6.4　潜坝坝址上下游冲淤情况(1998 典型年)

图6.5 潜坝下游冲坑发展情况(1998典型年)

(5)汇流段地形总体表现为小幅冲刷(126万 m^3),幅度比天然时158万 m^3 稍小,说明仍然有部分右汊冲刷的泥沙落淤在该段。西坝以下河道主槽位置和范围基本变化不大,表明单个水文年时潜坝的影响已趋微。

(6)左右汊0 m以下河槽容积比明显下降,由工程实施初期的0.591下降为0.565,与现状时的左右汊河槽容积比基本持平。

"潜+切+疏"方案的典型年地形冲淤试验结果表明:右汊潜坝的实施,不利于下游河势的稳定,尤其在中洪水条件下,潜坝下游河道会发生剧烈冲刷,冲刷的泥沙在二桥下游至新生圩一段落淤,将给八卦洲右汊的河床演变带来复杂的影响。

6.3.1.2 左汊分流比变化

分流比测量结果表明(详见表6.3、图6.6):"潜+切+疏"方案实施后可增加左汊分流比2.02%～2.58%,经历2005典型年水沙过程后,左汊分流比呈回复趋势(0.41%～0.48%),但比现状分流比仍可增大 1.61%～2.10%;经 1998 典型年水沙过程后,左汊分流比改善效果同样呈减小趋势,但减小的幅度小于 2005 年,洪、中、枯三级流量时分别减小约 0.31%、0.35%、0.37%,工程效果仍可保留 1.71%～2.21%。

表 6.3　"潜+切+疏"方案典型年后左汊分流比变化

流量	左汊分流比(%)					
	$Q=15\ 290\ \text{m}^3/\text{s}$		$Q=27\ 310\ \text{m}^3/\text{s}$		$Q=48\ 370\ \text{m}^3/\text{s}$	
工程前	12.50		13.46		18.84	
工程后	15.08	2.58	15.83	2.37	20.86	2.02
2005 年后	14.60	2.10	15.37	1.91	20.45	1.61
1998 年后	14.71	2.21	15.48	2.02	20.55	1.71

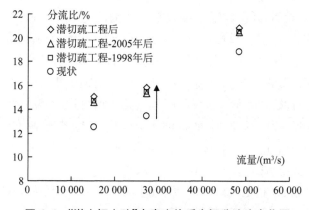

图 6.6　"潜+切+疏"方案实施后左汊分流比变化图

6.3.1.3　典型断面流速分布变化

在"潜+切+疏"方案分别经历了 2005 典型年、1998 典型年冲淤后的地形上,施测了 $Q=15\ 290\ \text{m}^3/\text{s}$、$27\ 310\ \text{m}^3/\text{s}$ 和 $48\ 370\ \text{m}^3/\text{s}$ 三级流量下的沿程典型断面流速分布和水流流态。表 6.4～表 6.12 给出了部分测流断面在典型年冲淤前后的流速分布变化,这里着重分析工程附近区域流速的变化情况。

1)典型年作用后

(1)分流前干流段:洲头上游−20 m 深槽与黄家洲切滩挖槽连通,CS3—CS4 断面上的左侧流速略有增加,中枯水时($Q=15\ 290\ \text{m}^3/\text{s}$ 和 $27\ 310\ \text{m}^3/\text{s}$)左

汉口门流速增幅约为 $0.02\sim0.08$ m/s，$Q=48\,370$ m³/s 时，流速增幅约为 $0.05\sim0.21$ m/s，左汊进流条件有改善趋势。

（2）左汊：口门段，黄家洲边滩淤长，滩地流速稍有减缓，$Q=48\,370$ m³/s 时，减幅约为 $0.01\sim0.02$ m/s，洲头左缘深槽流速略有降低，但比整治工程前仍有增大，增幅约为 $0.02\sim0.05$ m/s，整体来看，左汊的进流比整治工程前有一定改善，但经过中水年调整后，又有回复的趋势；口门至南化弯道之间，-15 m 深槽发展拓宽，河道过水能力增强，沿程流速略有降低（约 $0.01\sim0.03$ m/s）；南化弯道与皇厂弯道之间，马汊河段滩地淤长和挖槽回淤，断面流速有所减缓（$0.01\sim0.16$ m/s），但挖槽中流速仍大于工程前（$0.01\sim0.12$ m/s）；通江集至左汊出口段，河道左侧滩地流速变化不大，中枯水时略有减小约 0.01 m/s，右侧 -10 m 槽稍有发展，流速降低约 $0.01\sim0.06$ m/s。

（3）右汊：潜坝上游产生壅水，洲头右缘深泓沿线流速降低（主要是 CS5 断面的 1、2 号测点，降幅随流量的增大而增加，约为 $0.02\sim0.07$ m/s）；潜坝下游 CS6 断面，因坝体阻水导致断面两侧流速明显增强，在经历动床地形调整后有所缓解，流速降幅约 $0.06\sim0.16$ m/s，在河道中部（CS6 断面 3 号测点附近），因上游贴八卦洲体的深泓来流和翻坝水流在此交汇，局部流态紊乱，自底部向水面的垂向流显著，对河床产生剧烈淘刷，增大了河段过水面积，也在一定程度上降低了局部流速。燕子矶河段（CS7）和天河口河段（CS8），因潜坝工程后地形冲刷明显，河道流速普遍降低（约 $0.03\sim0.17$ m/s），平滩流量时近岸流速稍有增强，约 $0.03\sim0.16$ m/s。新生圩港区附近，近岸流速变幅在 $-0.07\sim0.03$ m/s 之间。

（4）汇流段：经过汇流口水流的掺混作用后，西坝—拐头一带深槽内流速仅有轻微的变化（$-0.06\sim0.02$ m/s）。

2）1998 典型年作用后

（1）分流前干流段：洲头上游深槽发展，CS3—CS4 断面上的左侧流速略有增加，中枯水时（$Q=15\,290$ m³/s 和 $27\,310$ m³/s）左汊口门流速增幅约为 $0.02\sim0.11$ m/s，$Q=48\,370$ m³/s 时，流速增幅约为 $0.05\sim0.27$ m/s，左汊进流条件有改善趋势。

（2）左汊：口门段，黄家洲边滩淤长，滩地流速稍有减缓，$Q=48\,370$ m³/s 时，减幅约为 $0.01\sim0.02$ m/s，洲头左缘深槽流速略有降低，但比整治工程前仍有增大，增幅约为 $0.04\sim0.10$ m/s，整体来看，左汊的进流比整治工程前有一定改善，但经过大水年调整后，又有小幅回减的趋势；口门至南化弯道之间，-15 m 深槽发展拓宽，河道过水能力增强，沿程流速略有降低（约 $0.01\sim$

0.03 m/s);南化弯道与皇厂弯道之间,马汊河段滩地淤长和挖槽回淤,断面流速有所减缓(0.01~0.17 m/s),但挖槽中流速仍大于工程前(0.01~0.08 m/s);通江集至左汊出口段,河道左侧滩地流速略降低约 0.01~0.02 m/s,右侧−10 m 槽有所展宽,流速降低约 0.01~0.08 m/s。

（3）右汊:潜坝上游产生壅水,洲头右缘深泓沿线流速降低,降幅随流量的增大而增加,约为 0.02~0.11 m/s;潜坝下游 CS6 断面,因坝体阻水导致断面两侧流速明显增强,在经历动床地形调整后有所缓解,流速降幅约 0.10~0.15 m/s,在河道中部(CS6 断面 3 号测点附近),因上游贴八卦洲体的深泓来流和翻坝水流在此交汇,局部流态紊乱,自底部向水面的垂向流显著,对河床产生剧烈淘刷,增大了河段过水面积,也在一定程度上降低了局部流速。燕子矶河段(CS7)和天河口河段(CS8),因潜坝工程后地形冲刷下切,河道流速普遍降低(约 0.05~0.23 m/s),平滩流量时近岸流速稍有增强,约 0.02~0.22 m/s。新生圩港区附近,近岸流速变幅在−0.07~0.03 m/s 之间。

（4）汇流段:经 1998 典型年作用后,西坝段深槽有所冲刷,主槽流速稍有减小,约 0.02~0.06 m/s。

表 6.4 "潜＋切＋疏"方案典型年后断面流速分布变化($Q = 15\ 290\ \text{m}^3/\text{s}$,单位：m/s)

测点	CS5 断面(潜坝上游 700 m)				测点	CS6 断面(潜坝下游 600 m)			
	工程前	工程后	2005 后	1998 后		工程前	工程后	2005 后	1998 后
1	0.73	0.68	0.65	0.65	1	0.63	0.76	0.66	0.61
2	0.63	0.61	0.59	0.58	2	0.69	0.64	0.49	0.39
3	0.57	0.55	0.53	0.54	3	0.73	0.58	0.37	0.32
4	0.49	0.49	0.50	0.51	4	0.62	0.60	0.45	0.40
5	0.44	0.45	0.46	0.45	5	0.59	0.59	0.43	0.36
6	0.39	0.38	0.38	0.39	6	0.50	0.58	0.52	0.48

表 6.5 "潜＋切＋疏"方案典型年后断面流速分布变化($Q = 27\ 310\ \text{m}^3/\text{s}$,单位：m/s)

测点	CS5 断面(潜坝上游 700 m)				测点	CS6 断面(潜坝下游 600 m)			
	工程前	工程后	2005 后	1998 后		工程前	工程后	2005 后	1998 后
1	1.07	1.03	1.00	0.99	1	0.98	1.16	1.05	1.02
2	0.98	0.96	0.92	0.90	2	1.04	0.99	0.73	0.66

测点	CS5 断面(潜坝上游 700 m)				测点	CS6 断面(潜坝下游 600 m)			
	工程前	工程后	2005 后	1998 后		工程前	工程后	2005 后	1998 后
3	0.83	0.81	0.78	0.78	3	0.94	0.69	0.50	0.42
4	0.73	0.72	0.72	0.71	4	0.89	0.88	0.75	0.73
5	0.66	0.65	0.63	0.63	5	0.79	0.78	0.64	0.59
6	0.56	0.54	0.53	0.54	6	0.81	0.93	0.84	0.83

表 6.6　"潜＋切＋疏"方案典型年后断面流速分布变化($Q=48\ 370\ \mathrm{m^3/s}$,单位:m/s)

测点	CS5 断面(潜坝上游 700 m)				测点	CS6 断面(潜坝下游 600 m)			
	工程前	工程后	2005 后	1998 后		工程前	工程后	2005 后	1998 后
1	1.76	1.72	1.70	1.68	1	1.70	1.95	1.82	1.85
2	1.68	1.66	1.58	1.54	2	1.74	1.68	1.22	1.21
3	1.36	1.34	1.27	1.26	3	1.36	0.92	0.76	0.61
4	1.20	1.18	1.16	1.12	4	1.44	1.44	1.36	1.40
5	1.09	1.05	0.97	0.99	5	1.21	1.16	1.06	1.07
6	0.90	0.85	0.84	0.84	6	1.43	1.64	1.48	1.53

表 6.7　"潜＋切＋疏"方案典型年后断面流速分布变化($Q=15\ 290\ \mathrm{m^3/s}$,单位:m/s)

测点	CS7 断面(燕子矶段)				测点	CS8 断面(天河口段)			
	工程前	工程后	2005 后	1998 后		工程前	工程后	2005 后	1998 后
1	0.29	0.30	0.28	0.28	1	0.53	0.53	0.50	0.48
2	0.47	0.49	0.45	0.39	2	0.45	0.43	0.42	0.41
3	0.58	0.53	0.44	0.44	3	0.53	0.49	0.46	0.42
4	0.59	0.55	0.41	0.40	4	0.60	0.58	0.51	0.50
5	0.62	0.64	0.48	0.41	5	0.60	0.59	0.54	0.54
6	0.65	0.63	0.52	0.53	6	0.47	0.46	0.44	0.40
7	0.49	0.47	0.42	0.36	7	0.51	0.47	0.45	0.48

表 6.8　"潜+切+疏"方案典型年后断面流速分布变化($Q=27\ 310\ \text{m}^3/\text{s}$,单位：m/s)

测点	CS7 断面(燕子矶段)				测点	CS8 断面(天河口段)			
	工程前	工程后	2005 后	1998 后		工程前	工程后	2005 后	1998 后
1	0.46	0.47	0.45	0.44	1	0.82	0.81	0.79	0.77
2	0.75	0.77	0.71	0.66	2	0.64	0.61	0.60	0.59
3	0.77	0.71	0.64	0.64	3	0.76	0.72	0.75	0.71
4	0.86	0.78	0.67	0.66	4	0.89	0.88	0.80	0.78
5	0.83	0.84	0.71	0.64	5	0.82	0.81	0.78	0.78
6	0.96	0.96	0.83	0.84	6	0.68	0.67	0.65	0.64
7	0.72	0.68	0.66	0.62	7	0.70	0.67	0.71	0.74

表 6.9　"潜+切+疏"方案典型年后断面流速分布变化($Q=48\ 370\ \text{m}^3/\text{s}$,单位：m/s)

测点	CS7 断面(燕子矶段)				测点	CS8 断面(天河口段)			
	工程前	工程后	2005 后	1998 后		工程前	工程后	2005 后	1998 后
1	0.79	0.80	0.79	0.75	1	1.39	1.37	1.37	1.34
2	1.30	1.33	1.24	1.20	2	1.03	0.96	0.97	0.95
3	1.16	1.05	1.04	1.05	3	1.24	1.17	1.33	1.30
4	1.39	1.25	1.19	1.20	4	1.47	1.46	1.37	1.36
5	1.23	1.24	1.16	1.10	5	1.25	1.25	1.27	1.27
6	1.58	1.63	1.46	1.46	6	1.11	1.09	1.06	1.11
7	1.16	1.11	1.14	1.13	7	1.07	1.06	1.23	1.28

表 6.10　"潜+切+疏"方案典型年后断面流速分布变化($Q=15\ 290\ \text{m}^3/\text{s}$,单位：m/s)

测点	CS11 断面(黄家洲切滩段)				测点	CS14 断面(马汊河疏浚段)			
	工程前	工程后	2005 后	1998 后		工程前	工程后	2005 后	1998 后
1	0.20	0.21	0.19	0.19	1	0.32	0.30	0.29	0.30
2	0.23	0.24	0.23	0.23	2	0.35	0.40	0.36	0.38
3	0.25	0.25	0.24	0.24	3	0.35	0.41	0.44	0.40
4	0.25	0.27	0.26	0.27	4	0.32	0.38	0.44	0.37
5	0.26	0.30	0.29	0.30	5	0.33	0.54	0.38	0.37
—	—	—	—	—	6	0.33	0.33	0.35	0.35

测点	CS11 断面（黄家洲切滩段）				测点	CS14 断面（马汊河疏浚段）			
	工程前	工程后	2005 后	1998 后		工程前	工程后	2005 后	1998 后
—	—	—	—	—	7	0.34	0.34	0.38	0.39
—	—	—	—	—	8	0.30	0.28	0.28	0.29
—	—	—	—	—	9	0.30	0.27	0.26	0.29
—	—	—	—	—	10	0.24	0.24	0.23	0.22

表 6.11　"潜＋切＋疏"方案典型年后断面流速分布变化($Q=27\ 310\ \mathrm{m^3/s}$，单位：m/s)

测点	CS11 断面（黄家洲切滩段）				测点	CS14 断面（马汊河疏浚段）			
	工程前	工程后	2005 后	1998 后		工程前	工程后	2005 后	1998 后
1	0.35	0.37	0.36	0.35	1	0.56	0.56	0.55	0.54
2	0.42	0.44	0.43	0.43	2	0.60	0.67	0.64	0.64
3	0.46	0.48	0.47	0.47	3	0.59	0.67	0.68	0.65
4	0.44	0.46	0.45	0.46	4	0.56	0.63	0.66	0.62
5	0.41	0.43	0.43	0.44	5	0.55	0.74	0.62	0.60
—	—	—	—	—	6	0.57	0.56	0.57	0.58
—	—	—	—	—	7	0.55	0.56	0.58	0.58
—	—	—	—	—	8	0.51	0.49	0.48	0.50
—	—	—	—	—	9	0.47	0.45	0.43	0.46
—	—	—	—	—	10	0.39	0.38	0.38	0.37

表 6.12　"潜＋切＋疏"方案典型年后断面流速分布变化($Q=48\ 370\ \mathrm{m^3/s}$，单位：m/s)

测点	CS11 断面（黄家洲切滩段）				测点	CS14 断面（马汊河疏浚段）			
	工程前	工程后	2005 后	1998 后		工程前	工程后	2005 后	1998 后
1	0.67	0.69	0.69	0.68	1	1.04	1.09	1.06	1.02
2	0.80	0.84	0.83	0.83	2	1.09	1.21	1.19	1.16
3	0.88	0.93	0.92	0.92	3	1.08	1.19	1.17	1.16
4	0.82	0.84	0.83	0.84	4	1.04	1.14	1.10	1.11
5	0.71	0.70	0.71	0.72	5	1.00	1.12	1.09	1.05
—	—	—	—	—	6	1.05	1.03	1.00	1.05

续表

测点	CS11 断面（黄家洲切滩段）				测点	CS14 断面（马汊河疏浚段）			
	工程前	工程后	2005 后	1998 后		工程前	工程后	2005 后	1998 后
—	—	—	—	—	7	0.98	0.98	0.97	0.97
—	—	—	—	—	8	0.92	0.90	0.90	0.91
—	—	—	—	—	9	0.81	0.80	0.78	0.80
—	—	—	—	—	10	0.70	0.67	0.67	0.67

6.3.1.4　潜坝上下游最大水力比降变化

试验中观测了潜坝上下游的最大水力比降，见表 6.13、图 6.7。

表 6.13　潜坝上下游最大水力比降变化情况

Q（m^3/s）	15 290	27 310	48 370	57 000	79 000
潜坝上下游落差（m）	0.048	0.072	0.108	0.276	0.336
局部比降（$\times 10^{-4}$）	0.96	1.44	2.16	5.52	6.72
天然河段比降（$\times 10^{-4}$）	0.07	0.11	0.23		

成果表明潜坝上游 50 m 和下游 450 m 处的落差最大，根据各级流量下实测的水位差资料，计算了不同流量时潜坝上下游的最大水力比降，结果表明：在 48 370 m^3/s 流量以下，局部比降增大幅度相对较缓；但在 48 370 m^3/s 和 57 000 m^3/s 之间（平滩流量区间），局部比降增幅急剧增大，之后随流量变化又相对平缓。

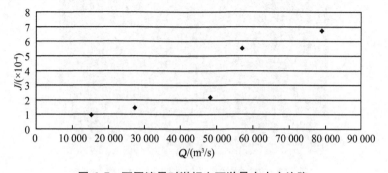

图 6.7　不同流量时潜坝上下游最大水力比降

6.3.2 "导十切十疏"方案典型年试验结果

6.3.2.1 地形冲淤变化

2005典型年和1998典型年作用后的地形冲淤变化分别见图6.8~图6.12,沿程河段0 m以下河槽容积变化见表6.14,左汊黄家洲切滩和马汊河疏浚回淤方量和回淤率见表6.15,分析结果表明:

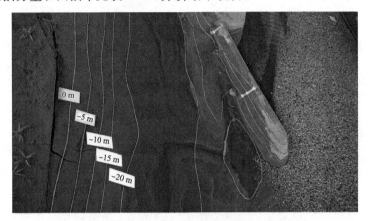

图6.8 导流堤上下游地形(2005典型年)

图6.9 软体排护底边缘冲刷区(2005典型年)

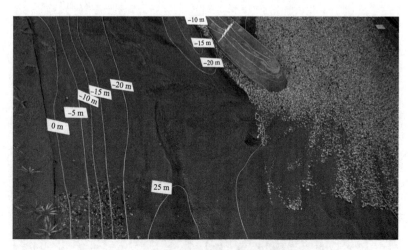

图 6.10　导流堤上游地形（1998 典型年）

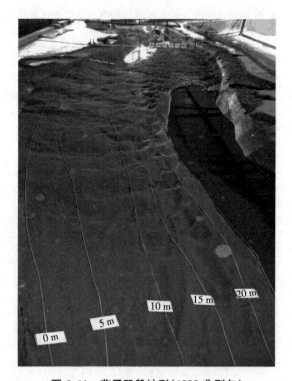

图 6.11　燕子矶段地形（1998 典型年）

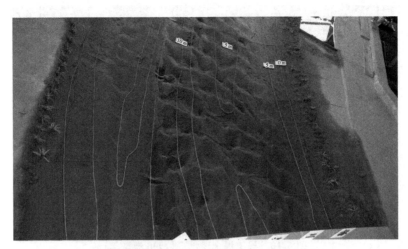

图 6.12 马汉河挖槽回淤(1998 典型年)

表 6.14 八卦洲汊道 0 m 以下河槽容积的变化情况

单位:万 m³

	工程后	2005 年后	冲淤变化	1998 年后	冲淤变化
分流段	10 688	10 643	45	10 977	−289
左汊(进口黄家洲段)	2 127	1 989	152	1 986	155
左汊(上坝至南化弯段)	3 561	3 526	35	3 568	−7
左汊(马汉河段)	2 127	1 998	129	1 994	133
左汊(皇厂弯段)	2 627	2 611	16	2 658	−31
左汊(通江集至出口段)	1 903	1 831	72	1 832	71
左汊(合计)	12 345	11 955	404	12 038	321
右汊	20 923	20 703	220	21 216	−293
汇流段	10 771	10 751	20	10 913	−142
左、右汊容积比	0.590	0.577	0.014	0.567	0.023

注:正值为淤积,负值为冲刷

表 6.15　左汊疏浚挖槽回淤情况

	黄家洲切滩		马汊河疏浚	
疏浚工程量(万 m³)	186		340	
水文年冲淤后	回淤方量(万 m³)	回淤率(%)	回淤方量(万 m³)	回淤率(%)
2005 典型年	64	34	54	16
1998 典型年	78	42	75	22

1) 2005 典型年后河床冲淤变化

(1) 总体变化:分流前干流段有所淤积,左汊疏浚挖槽回淤较明显,右汊有冲有淤,燕子矶沿岸深槽有所发展。

(2) 分流前干流段:总体表现为淤积,净淤积量约为 45 万 m³。由于导流堤工程的阻水作用,上游主流流速有所减缓,导致大桥下游－25 m 槽有淤积趋势;洲头－20 m 槽与左汊黄家洲小切滩挖槽连通,与右汊在导流堤上游沿原水下洲头方向淤积断开;上元门边滩－10～－5 m 滩区发生淤涨,右汊口门右侧虽因导流堤的实施流速增强,但由于软体排防护的作用,并未发生明显冲刷,且在防护带的上游略有淤积态势。

(3) 左汊河床滩地和深槽均呈现较明显的淤积态势,其中黄家洲段、马汊河段和通江集段分别淤积 152 万、129 万、72 万 m³,南化弯道和皇厂弯道段分别淤积约 35 万、16 万 m³,左汊整体共淤积了 404 万 m³。左汊进口的黄家洲小切滩工程,增大了局部的过水面积,使得水流挟沙能力降低,－20 m 挖槽左侧沿坡脚大幅回淤,平均淤厚约 2～3 m,回淤方量约 64 万 m³,回淤率约34%;黄家洲－5～0 m 边滩仍然发展,0 m 线向河道中部平均偏移约 120～180 m;由于切滩工程的作用,进口段－10 m 槽宽基本超过 200 m,可以保证华能电厂万吨级专用航道 8 m 航深的要求。上坝至南化弯道段以淤积为主,平均淤厚约 0.3～0.4 m。马汊河疏浚挖槽在二桥上游有一定回淤,槽宽缩窄,但淤积厚度相对不大(约 0.4～0.6 m),二桥下游回淤量较小,回淤方量约54 万 m³,回淤率约 16%,航道通航条件尚不致恶化。岳子河附近有小幅淤积,最大淤厚约 1.1～2.3 m,发生在扬子 9#码头附近,可能给码头靠泊条件带来一定影响。皇厂弯道深槽有所淤积,－15 m、－20 m 槽稍有缩小;通江集至出口段－5～0 m 浅滩稍有淤积,－10 m 槽有冲有淤,但主体位置和范围没有明显变化,航道通航条件基本不受影响。

(4) 右汊河床滩槽格局变化不大,0 m 以下河槽容积净淤积约 220万 m³。在导流堤下游、潜坝坝址所在位置附近,因处于软体排防护带的边缘,且堤头挑流与右侧主流在此交汇致使流态紊乱,河床有一定的冲刷,建议可将软体排护底的范围涵盖该处(图6.9)。由于导流堤对河道左侧水流的遮蔽作用,燕子矶对岸滩地发生淤涨,−15~0 m等高线向河道中部普遍偏移,最大淤厚约2.8~3.3 m;水流向右侧挤靠的过程中,幕府山至燕子矶沿岸深槽发展(最大冲深1.8~3 m),岸线也产生冲刷,−10~−5 m等高线最大冲刷1~2.2 m,需要重点关注该段岸线的防护。燕子矶深槽与天河口深槽之间−20 m等高线时断时通,与2011年现状地形较为接近。笆斗山边滩和新生圩对岸滩地有所淤涨,最大淤厚约为1.2~1.6 m;新生圩港区深槽稍有淤积,码头前缘淤厚一般在0.5 m以下,基本不会对航道和靠泊条件造成不利影响。

(5)汇流段地形总体表现为微淤(20万 m³),滩槽格局没有明显变化。

(6)左右汊河槽容积比下降,由工程实施初期的0.590下降为0.577,比现状时的0.565稍大,表明整治工程经中水年冲淤调整后仍可有效减缓左汊萎缩速度。

2)1998典型年后河床冲淤变化

(1)总体变化:导流堤附近因防护合理冲淤变化不大,左汊黄家洲切滩和马汊河疏浚挖槽回淤明显,右汊燕子矶至二桥段沿岸深槽发展,新生圩段略有淤积。

(2)分流前干流段总体表现为冲刷,净冲刷量约为289万 m³。大桥下游左侧−25 m深槽向下游延伸发展(图6.10),并且贴靠左汊,−20 m槽也有所展宽,呈现左汊进流改善的趋势;导流堤附近经护底、护脚等工程防护后未产生冲刷现象,上元门边滩−10~−5 m滩区发生淤涨,最大淤厚约1.5~1.8 m。

(3)左汊河床滩地和挖槽工程处均呈现较明显的淤积态势,其中黄家洲段、马汊河段和通江集段分别淤积155万、133万、71万 m³,上坝至南化弯道段和皇厂弯道段则稍有冲刷,分别约7万、31万 m³,左汊整体共淤积了321万 m³。左汊进口段,黄家洲切滩挖槽回淤明显,平均淤厚约3~3.5 m,回淤方量约78万 m³,回淤率约42%,黄家洲头有所冲刷,冲刷下行的泥沙部分淤在进口右侧深槽,部分淤积在黄家洲下游侧滩地上;黄家洲边滩−5 m~0 m滩地继续淤涨,0 m线向河道中最大偏移约270 m;由于切滩工程的作用,进口段−10 m槽宽基本超过200 m,可以保证华能电厂万吨级专用航道8 m航深的要求。上坝至南化弯道段之间,−15 m槽有所展宽,表明洪水年左汊的水流动力显著增强;南化弯道下游−15 m槽冲刷小幅下延。马汊河疏浚挖槽左侧稍有冲刷,右侧则产生回淤(图6.12),表现出较明显的弯道水流输沙特征,平均回淤厚度约1m左右,回淤方量约75万m³,回淤率约22%;岳子河附近有小幅淤积,最大淤厚约0.6~0.9m。挖槽下游皇厂弯道边岸略有冲刷,须注意岸线防护,−15m、−20m深槽小幅下延;通江集至出口段−10m槽有冲有淤,总体变化不大,不致影响该段通航条件。

(4)右汊河床冲淤调整幅度比中水年时明显增大,净冲刷量约为293万m³。在右汊进口段,导流堤下游(右汊左侧深槽)回淤较少;软体排防护段下游,护底边缘与无防护河床交界处冲刷较为明显,与2005典型年时规律类似、幅度稍大。燕子矶对岸滩地发生淤涨,−15~0m等高线向河道中部普遍偏移,最大淤厚约2.5~3.3m;水流向河道右侧挤靠的过程中,幕府山至燕子矶沿岸深槽发展(最大冲深2.4~3.9m),岸线也产生冲刷,−10~−5m等高线最大冲刷1.8~2.8m,且二桥上游右岸近岸也有一定冲刷,右主墩上下游−20m等高线有逐渐贯通的趋势,故而要对幕府山至二桥间的右岸岸线采取积极的防护措施。二桥上游中部的−20~−15m边滩与左岸洲体的大边滩淤积连通,燕子矶深槽与天河口的−20m深槽基本断开(图6.11);天河口−25m深槽范围略有缩小,下游新生圩对岸的边滩整体淤积扩大,导致二桥下游1km左右深槽−25m线断开。新生圩港区深槽稍有淤积,码头前缘淤厚一般在0.3~0.6m,基本不会对航道和靠泊条件造成不利影响。从深泓变化来看,1998典型年时整个右汊水流以偏右下行为主,不同于中枯水时先右后左再右的流路。

(5)汇流段地形总体表现为小幅冲刷(142万m³),幅度比天然演变时158万m³稍小,滩槽格局基本没有明显变化。

(6)左右汊0m以下河槽容积比下降,由工程实施初期的0.590下降为0.567,比现状时的0.565稍大,表明整治工程经大水年冲淤调整后仍可有效减缓左汊萎缩速度。

6.3.2.2　左汊分流比变化

分流比测量结果表明(详见表6.16、图6.13):"导+切+疏"方案实施后,可增加左汊分流比3.24%~3.57%,经2005典型年水沙过程后,左汊分流比呈回复趋势,比冲淤调整前减小0.37%~0.42%,但比现状分流比仍大2.87%~3.15%;经1998典型年水沙过程后,左汊分流比改善效果同样呈减小趋势,但减小的幅度小于2005年,洪、中、枯三级流量时分别减小约0.28%、0.32%、0.34%,工程效果仍可保留2.96%~3.23%。

表 6.16 "导＋切＋疏"方案典型年后左汊分流比变化

流量	左汊分流比（%）					
	$Q=15\ 290\ \text{m}^3/\text{s}$		$Q=27\ 310\ \text{m}^3/\text{s}$		$Q=48\ 370\ \text{m}^3/\text{s}$	
工程前	12.50		13.46		18.84	
工程后	16.07	3.57	16.91	3.45	22.08	3.24
2005 年后	15.65	3.15	16.51	3.05	21.71	2.87
1998 年后	15.73	3.23	16.59	3.13	21.80	2.96

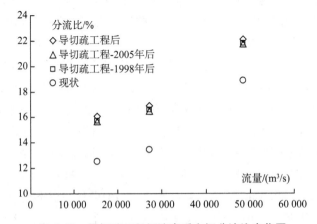

图 6.13 导切疏工程经演变后左汊分流比变化图

6.3.2.3 典型断面流速分布变化

在"导＋切＋疏"方案分别经历了 2005 典型年、1998 典型年冲淤后的地形上，施测了 $Q=15\ 290\ \text{m}^3/\text{s}$、$27\ 310\ \text{m}^3/\text{s}$ 和 $48\ 370\ \text{m}^3/\text{s}$ 三级流量下的沿程典型断面流速分布和水流流态，表 6.17～表 6.22 给出了部分测流断面在典型年冲淤前后的流速分布变化，这里着重分析工程附近区域流速的变化情况。

表 6.17 "导＋切＋疏"方案典型年后断面流速分布变化（$Q=15\ 290\ \text{m}^3/\text{s}$，单位：m/s）

测点	CS4 断面（导流堤）				测点	CS5 断面			
	工程前	工程后	2005 后	1998 后		工程前	工程后	2005 后	1998 后
1	0.31	0.27	0.27	0.28	1	0.73	0.20	0.21	0.20
2	0.38	0.38	0.37	0.37	2	0.63	0.37	0.37	0.36

续表

测点	CS4 断面（导流堤）				测点	CS5 断面			
	工程前	工程后	2005 后	1998 后		工程前	工程后	2005 后	1998 后
3	0.41	0.41	0.41	0.41	3	0.57	0.74	0.74	0.75
4	0.47	0.44	0.43	0.44	4	0.49	0.80	0.80	0.81
5	0.52	0.34	0.31	0.32	5	0.44	0.75	0.76	0.76
6	0.56	0.31	0.31	0.31	6	0.39	0.68	0.68	0.69
7	0.55	0.71	0.71	0.73		CS6 断面			
8	0.50	0.72	0.73	0.73	1	0.63	0.27	0.27	0.27
9	0.45	0.58	0.59	0.58	2	0.69	0.42	0.44	0.45
10	0.45	0.52	0.53	0.53	3	0.73	0.79	0.80	0.81
11	0.36	0.44	0.43	0.44	4	0.62	0.70	0.71	0.71
—	—	—	—	—	5	0.58	0.67	0.67	0.68
—	—	—	—	—	6	0.50	0.52	0.53	0.54

表 6.18　"导＋切＋疏"方案典型年后断面流速分布变化（$Q=27\ 310\ \mathrm{m^3/s}$，单位：m/s）

测点	CS4 断面（导流堤）				测点	CS5 断面			
	工程前	工程后	2005 后	1998 后		工程前	工程后	2005 后	1998 后
1	0.49	0.33	0.33	0.33	1	1.07	0.38	0.38	0.38
2	0.59	0.49	0.49	0.48	2	0.98	0.59	0.59	0.59
3	0.60	0.55	0.54	0.54	3	0.83	1.04	1.05	1.06
4	0.72	0.57	0.57	0.57	4	0.73	1.10	1.11	1.12
5	0.73	0.40	0.38	0.38	5	0.66	1.04	1.05	1.06
6	0.77	0.48	0.49	0.49	6	0.56	0.96	0.96	0.97
7	0.77	1.05	1.05	1.07		CS6 断面			
8	0.72	1.06	1.07	1.08	1	0.98	0.42	0.42	0.42
9	0.71	0.95	0.96	0.95	2	1.04	0.63	0.64	0.65
10	0.64	0.90	0.91	0.91	3	0.94	1.00	1.02	1.03
11	0.50	0.73	0.73	0.74	4	0.89	1.02	1.04	1.04
—	—	—	—	—	5	0.79	0.98	0.98	0.98
—	—	—	—	—	6	0.81	0.95	0.96	0.97

表 6.19 "导＋切＋疏"方案典型年后断面流速分布变化($Q=48\ 370\ \mathrm{m^3/s}$,单位：m/s)

测点	CS4 断面（导流堤）				测点	CS5 断面			
	工程前	工程后	2005 后	1998 后		工程前	工程后	2005 后	1998 后
1	0.86	0.45	0.44	0.43	1	1.76	0.74	0.73	0.74
2	1.01	0.72	0.71	0.71	2	1.68	1.02	1.03	1.03
3	0.98	0.84	0.82	0.81	3	1.36	1.64	1.66	1.66
4	1.23	0.85	0.84	0.84	4	1.20	1.70	1.73	1.73
5	1.15	0.52	0.51	0.51	5	1.09	1.63	1.64	1.65
6	1.20	0.84	0.84	0.85	6	0.90	1.52	1.53	1.53
7	1.19	1.73	1.74	1.74	CS6 断面				
8	1.15	1.74	1.76	1.77	1	1.70	0.73	0.73	0.73
9	1.22	1.70	1.71	1.71	2	1.74	1.04	1.05	1.06
10	1.01	1.66	1.66	1.67	3	1.36	1.44	1.46	1.47
11	0.77	1.33	1.33	1.35	4	1.44	1.67	1.69	1.69
—	—	—	—	—	5	1.21	1.58	1.59	1.60
—	—	—	—	—	6	1.43	1.81	1.83	1.83

表 6.20 "导＋切＋疏"方案典型年后断面流速分布变化($Q=15\ 290\ \mathrm{m^3/s}$,单位：m/s)

测点	CS11 断面（黄家洲切滩段）				测点	CS14 断面（马汊河疏浚段）			
	工程前	工程后	2005 后	1998 后		工程前	工程后	2005 后	1998 后
1	0.20	0.24	0.24	0.24	1	0.32	0.34	0.33	0.34
2	0.23	0.24	0.24	0.24	2	0.35	0.42	0.41	0.41
3	0.25	0.26	0.26	0.26	3	0.35	0.43	0.43	0.43
4	0.25	0.30	0.28	0.29	4	0.32	0.41	0.40	0.41
5	0.26	0.32	0.30	0.30	5	0.33	0.54	0.53	0.52
—	—	—	—	—	6	0.33	0.35	0.34	0.35
—	—	—	—	—	7	0.34	0.38	0.36	0.37
—	—	—	—	—	8	0.30	0.32	0.31	0.32
—	—	—	—	—	9	0.30	0.29	0.26	0.28
—	—	—	—	—	10	0.24	0.26	0.24	0.24

表 6.21 "导十切十疏"方案典型年后断面流速分布变化（$Q=27\ 310\ \text{m}^3/\text{s}$，单位：m/s）

测点	CS11 断面（黄家洲切滩段）				测点	CS14 断面（马汊河疏浚段）			
	工程前	工程后	2005 后	1998 后		工程前	工程后	2005 后	1998 后
1	0.35	0.40	0.39	0.39	1	0.56	0.59	0.59	0.59
2	0.42	0.44	0.44	0.44	2	0.60	0.71	0.69	0.70
3	0.46	0.48	0.47	0.47	3	0.59	0.70	0.70	0.70
4	0.44	0.51	0.50	0.50	4	0.56	0.67	0.66	0.67
5	0.41	0.48	0.46	0.46	5	0.55	0.74	0.72	0.72
—	—	—	—	—	6	0.57	0.61	0.59	0.60
—	—	—	—	—	7	0.55	0.57	0.56	0.58
—	—	—	—	—	8	0.51	0.54	0.53	0.53
—	—	—	—	—	9	0.47	0.48	0.45	0.47
—	—	—	—	—	10	0.39	0.42	0.39	0.39

表 6.22 "导十切十疏"方案典型年后断面流速分布变化（$Q=48\ 370\ \text{m}^3/\text{s}$，单位：m/s）

测点	CS11 断面（黄家洲切滩段）				测点	CS14 断面（马汊河疏浚段）			
	工程前	工程后	2005 后	1998 后		工程前	工程后	2005 后	1998 后
1	0.67	0.71	0.69	0.69	1	1.04	1.11	1.10	1.10
2	0.80	0.84	0.83	0.84	2	1.09	1.29	1.27	1.28
3	0.88	0.91	0.90	0.90	3	1.08	1.26	1.25	1.23
4	0.82	0.94	0.93	0.93	4	1.04	1.20	1.18	1.19
5	0.71	0.79	0.77	0.78	5	1.00	1.13	1.11	1.12
—	—	—	—	—	6	1.05	1.13	1.08	1.09
—	—	—	—	—	7	0.98	1.06	0.97	0.99
—	—	—	—	—	8	0.92	0.99	0.96	0.95
—	—	—	—	—	9	0.81	0.86	0.85	0.84
—	—	—	—	—	10	0.70	0.73	0.70	0.70

1）2005 典型年作用后

（1）分流前干流段：大桥下游主槽流速略有降低约 $0.01\sim0.08$ m/s；洲头导流堤实施后堤身附近流态发生明显变化（如图 6.14 所示），原来紧贴洲头进入右汊的主流被拦截，改在堤头挑流下泄，堤后的深槽区形成狭长的缓流区甚至回流区,在流速分布上主要表现为 CS4—CS6 断面左侧流速减小,右侧流速有所增大。经历中水年冲淤后,左汊口门段(CS4 断面 1~5 号测点)流速有所调整,总体表现为流速减缓(约 0.01~0.02 m/s),右汊口门(CS4 断面 6~11 号测点)则呈流速增强的态势,表明八卦洲前分流形势经动床调整后有向工程前状态回复的趋势。

图 6.14 八卦洲头导流堤过水情况

(2) 左汊:口门段,黄家洲边滩淤长,滩地流速稍有减缓,Q =48 370 m³/s 时,减幅约为 0.01~0.02 m/s,洲头左缘深槽流速略有降低,但比整治工程前仍有增大,增幅约为 0.02~0.11 m/s,整体来看,左汊的进流比整治工程前有一定改善,但经过中水年调整后,又有回复的趋势;口门至南化弯道之间,−15 m 深槽有所展宽,河道过水能力增强,沿程流速略有降低(0.01~0.02 m/s);南化弯道与皇厂弯道之间,马汊河段滩地淤涨和挖槽回淤,断面流速有所减缓(0.01~0.09 m/s),但挖槽中流速仍大于工程前(0.01~0.17 m/s);通江集至左汊出口段,河道左侧滩地流速略有减小约 0.01~0.02 m/s,右侧−10 m 槽变化不大,局部流速降低约 0.01~0.03 m/s。整体来看,左汊汊道内整治工程带来的分流量增大、断面流速普遍增加效果在典型年水沙过程冲淤后逐渐降低,在流速分布上表现为沿程各断面流速普遍减小,但与工程前相比,沿程流速仍呈增大态势,有利于减缓左汊的萎缩速度。

(3) 右汊:右汊汊道内,导流堤下游贴八卦洲体侧回流明显,中枯水流量时缓流范围自洲头直至燕子矶对岸滩地,最大的缓流水面宽度(潜坝坝位附近)约占全河宽的 2/5,洪水流量时因上游来流速度大且与导流堤夹角比枯水时小,堤后回流区域有一定压缩,在洲头下游 800 m 处缓流水面宽缩至距洲体 100 m 左右。从流速分布来看,CS5 断面的 1、2 号测点完全处于堤后回流范围内,流速比工程前大幅降低,经历典型年调整后基本没有明显变化,断面右侧流速则因导流堤对右汊口门的束窄作用有所增大(约 0.01～0.03 m/s);CS6 断面的流速分布与 CS5 类似,经历典型年调整后,1 号测点流速变化不大,2～6 号测点流速有所增强,近堤流速稍增大约 0.02 m/s,比工程前增大约 0.40 m/s,因此需要重视幕府山沿岸的防护问题。燕子矶附近 CS7 断面流速分布变化不大,总体呈中部流速增大态势;二桥上游 CS8 断面右侧近岸流速增强约 0.03 m/s;至下游 CS9、CS10 断面流速普遍增大约 0.01～0.03 m/s,流速分布形态基本没有变化,新生圩港区码头前缘流速增幅在 0.02 m/s 左右,不致对靠泊条件造成影响。

(4) 汇流段:自汇流口向下游,断面流速分布基本变化不大。

2) 1998 典型年作用后

(1) 分流前干流段:大桥下游主槽流速变化幅度不大,约 -0.04～0.03 m/s;洲头导流堤附近流态发生明显变化,主流在堤头挑流下泄,堤后的深槽区形成狭长的缓流区甚至回流区,在流速分布上主要表现为 CS4—CS6 断面左侧流速减小,右侧流速有所增大。经历大水年冲淤后,左汊口门段(CS4 断面 1～5 号测点)流速有所调整,总体表现为流速减缓(约 0.01～0.03 m/s),右汊口门(CS4 断面 6～11 号测点)则呈流速增强的态势,幅度同样也在 0.01～0.03 m/s,洲头分流经动床调整后有向工程前状态回复的趋势。

(2) 左汊:口门段,黄家洲边滩淤涨,滩地流速稍有减缓,Q = 48 370 m³/s 时,减幅约为 0.01～0.02 m/s,洲头左缘深槽流速略有降低,但比整治工程前仍有增大,增幅约为 0.06～0.20 m/s,表明左汊的进流比整治工程前有一定改善,但经过大水年调整后,又有小幅回减的趋势;口门至南化弯道之间,-15 m 深槽发展拓宽,河道过水能力增强,沿程流速略有降低(约 0.01～0.03 m/s);南化弯道与皇厂弯道之间,马汊河段滩地淤长和挖槽回淤,断面流速有所减缓(0.01～0.07 m/s),但挖槽中流速仍大于工程前(0.03～0.19 m/s);通江集至左汊出口段,河道左侧滩地流速变化不大,右侧 -10 m 槽有所展宽,流速稍降低约 0.01～0.03 m/s。

(3) 右汊:导流堤下游回流区域与中水年调整后类似,从流速分布来看,CS5 断面的 1、2 号测点完全处于回流范围内,流速基本没有明显变化,断面右侧流速因导流堤对右汊口门的束窄作用有所增大(约 0.02～0.03 m/s);

CS6 断面的流速分布与 CS5 类似,经历典型年调整后,1 号测点流速变化不大,2～6 号测点流速有所增强,近堤流速稍有增大,幅度均约 0.02～0.03 m/s,比工程前增大约 0.40 m/s,因此需要重视幕府山沿岸的防护问题。燕子矶附近 CS7 断面流速分布变化不大,总体呈中部流速增大态势;二桥上游 CS8 断面右侧近岸流速有所增强,约增加 0.03～0.04 m/s;下游 CS9、10 断面流速普遍增大约 0.01～0.03 m/s,流速分布形态基本没有变化,新生圩港区码头前缘流速变幅在 0.03 m/s 左右。

(4) 汇流段:经 1998 典型年作用后,西坝段深槽有所冲刷,主槽流速稍有减小,约 0.01～0.03 m/s。

6.4 典型年动床方案试验综合评价

表 6.23 为各方案动床典型年试验结果的对比分析,通过综合比较,认为"导＋切＋疏"方案对左汊的分流减淤效果较好,工程的不利影响较小,故选为推荐方案。"潜＋切＋疏"方案对左汊的分流减淤效果也较好,但工程的不利影响较大,故选为备选方案。

表 6.23　动床方案典型年试验综合评价

评价内容	天然演变	"导＋切＋疏"	"潜＋切＋疏"
冲淤变化	分流前干流段左侧深槽冲刷、上元门边滩淤积;左汊内有冲有淤,以淤积为主,1998 年和 2005 年分别淤积 241 万和 383 万 m³;右汊内 1998 年表现为冲刷,左右汊容积比由 0.565 降至 0.545,2005 年为淤积,容积比降为 0.552;汇流段变化不大;总体河势相对稳定,左汊不断淤积萎缩	分流前干流段左侧深槽有冲有淤、上元门边滩淤积;左汊内有冲有淤,以淤积为主,1998 年和 2005 年分别淤积 321 万和 404 万 m³;右汊内 1998 年表现为冲刷,左右汊容积比由 0.590 降至 0.567,2005 年为淤积,容积比降为 0.577;汇流段变化不大;总体河势相对稳定,工程起到了一定的效果	分流前干流段左侧深槽有冲有淤,上元门边滩淤积;左汊河床冲淤交替,以淤积为主,1998 年和 2005 年分别淤积 309 万和 393 万 m³;右汊潜坝上游淤积,下游至燕子矶附近冲刷明显,冲刷下行的泥沙落淤在二桥至新生圩一带,导致右汊河势不稳定,1998 年左右汊容积比由 0.590 降至 0.565,2005 年容积比降为 0.570;汇流段相对稳定
切滩和疏浚区回淤	—	切滩区的回淤率为 34%～42%;疏浚区的回淤率为 16%～22%	切滩区的回淤率为 31%～35%;疏浚区的回淤率为 15%～19%

续表

评价内容	天然演变	"导十切十疏"	"潜十切十疏"
左汊分流比变化情况	枯水流量下,左汊分流比由现状的 12.5% 降为 12.09%～12.23%,降幅为 0.27%～0.41%;平滩流量下,左汊分流比由现状的 18.84% 降为 18.49%～18.62%,降幅为 0.22%～0.35%	枯水流量下,左汊分流比由工程初期的 16.07% 降为 15.65%～15.73%,降幅为 0.34%～0.42%;平滩流量下,左汊分流比由工程初期的 22.08% 降为 21.71%～21.80%,降幅为 0.28%～0.37%	枯水流量下,左汊分流比由工程初期的 15.08% 降为 14.6%～14.71%,降幅为 0.37%～0.48%;平滩流量下,左汊分流比由工程初期的 20.86% 降为 20.45%～20.55%,降幅为 0.31%～0.41%
流速分布变化情况	左汊进口附近滩地流速有所降低,深槽流速略有增大;右汊流速有增有减,变幅不大	左汊进口附近流速有所降低;右汊左岸流速有所降低,右岸流速有一定增大,一直影响到二桥附近	左汊进口附近流速有所增大;右汊潜坝上下游及燕子矶段流速均有降低,二桥上下游附近流速有所增大
存在问题和建议	左汊继续淤积萎缩,分流比进一步减小,迫切需要实施整治措施,以改善左汊的水域条件	燕子矶前沿深槽有所冲刷,须采取一定的防护;洲头右缘受过堤水流紊动的影响,可能会产生一定冲刷,须采取适当的防护;上元门至燕子矶沿线近岸流速有所增大,须加强防护;整体护底范围较大,可在护底范围专项补充试验中进行适当调整	在潜坝下游至燕子矶段河床冲刷变形剧烈,对右汊的河势影响较大;二桥下至新生圩河床淤积较明显,对港区的运行和安全不利
评价结果	—	对左汊的分流减淤效果较好,工程的不利影响较小,选为推荐方案	对左汊的分流减淤效果较好,工程的不利影响较大,选为备选方案

6.5 动床推荐方案长系列试验

综合"潜十切十疏"与"导十切十疏"方案在典型年条件下的河床冲淤、分流比变化及沿程断面流速分布等各方面结果,确定"导十切十疏"方案作为动床阶段的推荐方案,并对其进行长系列水文年的冲淤试验研究。

6.5.1 地形冲淤变化

1) 2004—2010 系列年

图 6.15～图 6.18 为八卦洲头、左汊上坝段、马汊河段及右汊口门附近的河床冲淤地形,表 6.24 为沿程河段 0 m 以下河槽容积变化情况。

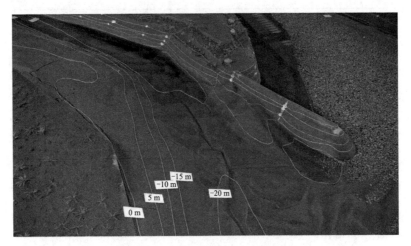

图 6.15　导流堤系列年后地形

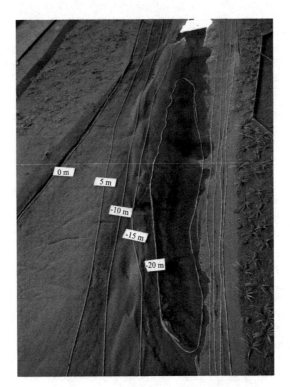

图 6.16　上坝段形成—20 m 深槽

图 6.17 马汊河挖槽系列年后地形

图 6.18 右汊口门防护带边缘冲刷

表 6.24 八卦洲汊道 0 m 以下河槽容积的变化情况

	工程后	系列年后	冲淤变化	系列＋98 年后	冲淤变化
分流段	10 688	10 523	165	10 578	110
左汊（进口黄家洲段）	2 127	1 865	276	1 854	287
左汊（上坝至南化弯段）	3 561	3 574	—13	3 579	—18

	工程后	系列年后	冲淤变化	系列＋98年后	冲淤变化
左汊（马汊河段）	2 127	1 818	309	1 796	331
左汊（皇厂弯段）	2 627	2 583	44	2 590	37
左汊（通江集至出口段）	1 903	1 741	162	1 748	155
左汊（合计）	12 345	11 581	778	11 567	792
右汊	20 923	21 072	−149	21 098	−175
汇流段	10 771	10 879	−108	10 903	−132
左、右汊容积比	0.590	0.550	0.041	0.548	0.042

注：正数为淤积，负数为冲刷

试验成果表明：

（1）经过多年水沙过程后，河段内地形冲淤交替，左汊整体呈淤积萎缩态势，黄家洲和马汊河段挖槽回淤显著，右汊河道有冲有淤，河势相对稳定。

（2）分流前干流段整体呈现淤积态势，净淤积量约为 165 万 m^3。大桥下游的−25 m 槽束窄、缩短，−20 m 槽在左汊口门前断开（见图 6.15）；导流堤与原水下洲头间因流速缓慢泥沙落淤，最大淤厚超过 1 m；上元门边滩−5 m 和−10 m 等高线均向河道中有一定发展，最大淤厚达 2.9～3.0 m；右汊口门段因普遍布置软体排护底，基本没有冲刷变形，且在护底区域的上游侧发生一定淤积。结合典型断面流速分布变化来看，该区域在工程后流速增加明显，应为右汊口门的主要输沙带，故该段护底工程能否适当减少，还须开展专门的试验进行研究讨论。

（3）左汊河床滩地和两处挖槽呈现较明显的淤积态势，局部深槽区略有冲刷，其中黄家洲段、马汊河段和通江集段分别淤积 276 万、309 万、162 万 m^3，上坝至南化弯道段约冲刷 13 万 m^3，皇厂弯道段约淤积 44 万 m^3，整个左汊的河床净冲淤量为 804 万 m^3。黄家洲切滩挖槽回淤显著，挖槽左侧最大淤厚 5.5～6.4 m，回淤率超过 80%，口门左侧黄家洲迎流段 0 m 高滩有所冲刷，但入左汊弯道后又有淤涨；−10 m 槽最窄处缩至 180 m 左右，可能会给航道左侧上行船只通航条件带来一定影响；南化弯道上游河道主槽冲刷发展，−15 m 槽普遍展宽，在上坝段因河道束窄还冲刷产生了长约 1 km、宽上百米的−20 m 槽（图 6.16）；马汊河疏浚挖槽在二桥上下游回淤明显（图6.17），且落淤的泥沙颗粒较粗，马汊河至岳子河段仍有一定回淤，但泥沙粒径渐细，再向下游，挖槽内回淤幅度渐小，总体回淤率约 55%；岳子河段扬子

8#～10#码头前缘有 1.3～2.6 m 淤积,对码头靠泊条件可能产生一定影响,须施以局部疏浚工程;皇厂弯道段有小幅冲淤调整,平均淤厚约 0.1～0.3 m;通江集至出口段左岸浅滩有一定淤涨,－5 m 和 0 m 等高线向河道中普遍发展约 50～90 m,－10 m 槽位置和走势变化较小,对扬子石化专用航道的航深、航宽条件影响不大。

(4) 右汊河床年际间冲淤交替,系列年后净冲刷量约为 149 万 m³。在导流堤下游潜坝坝位附近,因处于防护带和无防护的边界,且又位于堤头挑流与右侧主流的交汇处,水流紊乱、床面发生淘刷(图 6.18,建议增加部分护底工程,具体布置见表 6.25),并与下游幕府山、燕子矶深槽连通发展,主槽最大刷深 3.6～4.0 m,右侧边岸－10～－5 m 等高线最大冲刷约 2.0～3.2 m,需要重点关注该段岸线的防护;因堤身下游产生缓流区,燕子矶对岸滩体发生淤涨,0～－15 m 等高线均向河道中部扩展,主流偏靠右侧深槽运行;燕子矶深槽至天河口深槽之间的－20 m 等高线同样因左侧边滩的淤积发展而中断,下游的－25 m 槽局部断开;笆斗山边滩淤涨,最大淤厚 2.7～3.0 m;新生圩对岸滩地发生淤积,－15 m,－20 m 等高线均向河道中部偏移,新生圩港区深槽有所淤积,码头前缘淤厚一般在 0.9～1.4 m,因现状水深条件相对良好,故不致对航道和靠泊条件造成不利影响。

(5) 汇流段深槽有小幅冲刷(约 108 万 m³),滩槽格局总体变化不大。

(6) 左右汊河槽容积比明显下降,由工程实施初期的 0.590 下降为 0.550,与未实施整治工程系列年演变后的容积比 0.526 相比,左汊淤积萎缩的速度明显延缓。

2) 2004—2010 系列年＋1998 年

在 2004—2010 系列年水沙过程冲淤地形的基础上,继续施加了 1998 典型年水文过程,图 6.19、图 6.20 分别为八卦洲头、左汊马汊河段的河床冲淤细部地形。

表 6.25　上元门边滩软体排防护范围调整

控制点	坐标	控制点	坐标	控制点	坐标
a1	$X = 3\,556\,226.582\,6$	a4′	$X = 3\,558\,141.094\,8$	a7	$X = 3\,557\,750.947\,8$
	$Y = 383\,433.124\,8$		$Y = 385\,726.314\,9$		$Y = 383\,855.211\,6$
a2	$X = 3\,556\,970.864\,9$	a5	$X = 3\,557\,772.586\,9$	a8	$X = 3\,557\,502.405\,1$
	$Y = 384\,958.496\,6$		$Y = 384\,696.726\,6$		$Y = 383\,655.698\,6$
a3	$X = 3\,557\,676.709\,6$	a6	$X = 3\,557\,818.580\,4$	a9	$X = 3\,557\,432.052\,7$
	$Y = 385\,803.425\,5$		$Y = 383\,879.330\,9$		$Y = 383\,511.346\,4$

图 6.19　导流堤附近系列年＋98 年后地形

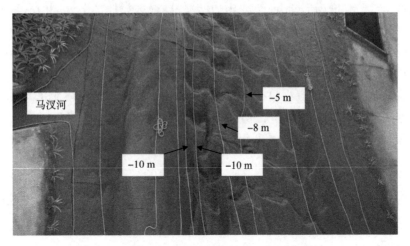

图 6.20　马汉河疏浚挖槽系列年＋98 年后回淤情况

试验成果表明:

(1) 在系列年水沙过程作用的基础上,河段内地形继续调整,左汊整体呈淤积增大态势,右汊河道有冲有淤,河势相对稳定。

(2) 分流前干流段整体呈现淤积态势,净淤积量约为 110 万 m³。大桥下游的－25 m 槽发展下延,－20 m 槽在左汊口门前断开;上元门边滩－5 m 和－10 m 等高线均向河道中略有发展,最大淤厚达 2.4~2.8 m;右汊口门前软体排防护带的上游侧仍然呈淤积态势,建议开展专门研究探讨适当的防护范围。

（3）左汊河床滩地和两处挖槽呈现较明显的淤积态势，局部深槽区略有冲刷，其中黄家洲段、马汊河段和通江集段分别淤积 287 万、331 万、155 万 m³，上坝至南化弯道段约冲刷 18 万 m³，皇厂弯道段约淤积 37 万 m³，整个左汊的河床净冲淤量为 792 万 m³。黄家洲切滩挖槽回淤显著，挖槽左侧最大淤厚 5.6～6.6 m，回淤率达 89%，口门左侧黄家洲迎流段 0 m 高滩有所冲刷，但入左汊弯道后又有淤涨；−10 m 槽最窄处缩至 180 m 左右，可能会给航道左侧上行船只通航条件带来一定影响；南化弯道上游河道主槽冲刷发展，−15 m 槽普遍展宽，上坝段冲刷产生的 −20 m 槽继续发展，长度增至 1 800 m，宽度有所束窄；马汊河疏浚挖槽在二桥下游淤积更加明显，−10 m 槽在最窄处缩至不足 30 m（图 6.20），总体回淤率约 59%；岳子河段扬子 8#～10# 码头前缘有 1.0～2.2 m 淤积，对码头靠泊条件可能产生一定影响，须施以局部疏浚工程；皇厂弯道段有小幅冲淤调整，平均淤厚约 0.1～0.3 m；通江集至出口段左岸浅滩有一定淤涨，−5 m 和 0 m 等高线向河道中发展约 30～110 m，−10 m 槽位置和走势变化较小，对扬子石化专用航道的航深、航宽条件影响不大。

（4）右汊河床年际间冲淤交替，系列年后净冲刷量约为 175 万 m³。导流堤下游潜坝坝位附近床面冲刷继续发展，并与下游幕府山、燕子矶深槽连通，主槽最大刷深 3.8～4.2 m，右侧边岸 −10 m～−5 m 等高线最大冲刷约 2.9～3.4 m，需要重点关注该段岸线的防护；因堤身下游产生缓流区，燕子矶对岸滩体发生明显淤积，−15～0 m 等高线均向河道中部扩展，平均淤厚约 2.5～3.6 m；燕子矶深槽至天河口深槽之间的 −20 m 等高线同样因左侧边滩的淤积发展而中断，下游的 −25 m 槽局部断开约 260 m；笆斗山边滩淤涨，最大淤厚 2.5～2.8 m；新生圩对岸滩地发生淤积，−15 m、−20 m、−25 m 等高线均向河道中部偏移，新生圩港区深槽有所淤积，码头前缘淤厚一般在 0.4～0.7 m，不致对航道和靠泊条件造成不利影响。

（5）汇流段深槽有小幅冲刷（约 132 万 m³），滩槽格局总体变化不大。

（6）左右汊河槽容积比继续下降，由工程实施初期的 0.591 下降为 0.548。

3）疏浚挖槽回淤方量分析

"导＋切＋疏"工程经历典型年和系列年水沙过程后，导流堤工程因采取了有力的防护措施，周围地形基本没有大的变化；而黄家洲切滩和马汊河疏浚的两处挖槽，则有明显的回淤现象。表 6.26 给出了黄家洲切滩和马汊河疏浚两处挖槽经历各典型年和系列年后的回淤方量和挖槽回淤率,计算结果表明:一般水文年(2005 典型年)过程后,黄家洲切滩挖槽回淤率达到 34%,丰水年(1998 典型年)时回淤量有所增加,回淤率约 42%;经历系列年水沙过程后,黄家洲切滩挖槽回淤达 166 万～178 万方,切滩工程效果仅余 10% 左右,这主要是因为该工程挖槽靠近左汊口门,直接承纳左汊来沙,且挖槽下段位于弯道水流转向段导致水位壅高,上游来沙较易落淤在河槽内。相对来说,马汊河疏浚挖槽回淤速度缓慢一些,单个典型年时挖槽回淤约 54 万～75 万方,经历长系列年后,回淤率达到 55%～59%。因此,要维持整治工程的效果,最好每隔 3～5 年进行一次左汊挖槽的疏浚维护。

表 6.26 左汊疏浚挖槽回淤情况

	黄家洲切滩		马汊河疏浚	
疏浚工程量(万 m^3)	186		340	
水文年冲淤后	回淤方量(万 m^3)	回淤率(%)	回淤方量(万 m^3)	回淤率(%)
2005 典型年	64	34	54	16
1998 典型年	78	42	75	22
系列年	166	89	187	55
系列+98 年	178	96	201	59

6.5.2 左汊分流比变化

分流比测量结果表明(详见表 6.27、图 6.21):经历 2004—2010 系列年水沙过程后,左汊分流比的工程效果明显衰减,比地形冲淤调整前减小 1.65%～1.89%,但比现状分流比仍可增大 1.59%～1.68%;经历 2004—2010+1998 系列年水沙过程后,左汊分流比改善效果衰减过半,洪、中、枯三级流量时分别减小约 1.92%、2.04%、2.11%,但与现状分流比相比,工程效果仍可保留 1.32%～1.46%,如结合每 3 至 5 年一次左汊疏浚维护,应可保持增加左汊 1.5%～2% 分流比的预期目标。

表 6.27 "导+切+疏"方案系列年后左汊分流比变化

	左汊分流比(%)		
流量	$Q=15\,290\ \text{m}^3/\text{s}$	$Q=27\,310\ \text{m}^3/\text{s}$	$Q=48\,370\ \text{m}^3/\text{s}$
工程前	12.50	13.46	18.84

续表

	左汊分流比（%）					
工程后	16.07	3.57	16.91	3.45	22.08	3.24
2004～2010 年后	14.18	1.68	15.11	1.65	20.43	1.59
2004～2010＋98 年	13.96	1.46	14.87	1.41	20.16	1.32

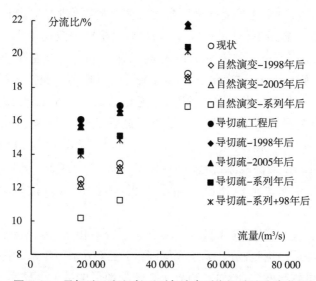

图 6.21 导切疏工程经长系列年演变后左汊分流比变化图

6.5.3 典型断面流速分布变化

在"导＋切＋疏"方案分别经历了 2004—2010 系列年、2004—2010＋1998 系列年冲淤后的地形上，施测了 $Q = 15\ 290\ \text{m}^3/\text{s}$、$27\ 310\ \text{m}^3/\text{s}$ 和 $48\ 370\ \text{m}^3/\text{s}$ 三级流量下的沿程典型断面流速分布和水流流态。表 6.28～表 6.33 给出了部分测流断面在系列年冲淤前后的流速分布变化，总体趋势与单个典型年后的调整情况类似，但流速变化幅度明显增大。

1）2004—2010 系列年作用后

（1）分流前干流段：经历多年水沙过程调整后，上元门边滩向河道内淤涨，滩上流速略有减缓，约减少 0.02～0.05 m/s，主槽流速则因水流集中有所增大（0.04～0.10 m/s）；进入洲头导流堤影响范围后，左侧河槽因堤身拦水作用流速下降，右侧则因堤头绕流挤压水体流速有所增加，主要表现为 CS3～CS4 断面左侧流速减小 0.01～0.12 m/s，右侧流速增大 0.02～0.13 m/s，表明整治工程带来的左汊入流增强效果在逐渐衰减,左汊萎缩的速度比整治工程前明显减缓。

(2) 左汊:口门段,黄家洲边滩持续淤长,滩地流速有所减缓,减幅约为0.01~0.12 m/s,洲头左缘深槽流速逐渐降低(0.04~0.10 m/s),仅比整治工程前增大 0.02~0.03 m/s;口门至南化弯道之间,-15 m 深槽发展拓宽,上坝段还重新出现-20 m 槽,河道过水能力增强,沿程流速略有降低(约0.01~0.04 m/s);南化弯道与皇厂弯道之间,马汊河段滩地淤长,疏浚挖槽回淤,断面流速普遍减缓(0.01~0.16 m/s),但挖槽中流速仍比工程前稍大;通江集至左汊出口段,河道左侧滩地向内淤积,滩上流速减小约 0.01~0.04 m/s,右侧-10 m 槽变化不大,局部流速有所降低。整体来看,左汊汊道内,整治工程带来的分流量增大、断面流速增加效果在系列年水沙过程冲淤后逐渐降低,在流速分布上表现为沿程各断面流速普遍减小,枯水流量下($Q = 15\,290$ m³/s)减幅约 0.01~0.11 m/s,中水时($Q = 27\,310$ m³/s)减幅约 0.01~0.12 m/s,平滩流量时($Q = 48\,370$ m³/s)减幅约 0.01~0.18 m/s。在马汊河段,右侧滩地流速已开始小于工程前,但疏浚挖槽内流速仍有0.12 m/s 的增幅。

(3) 右汊:右汊汊道内,CS5 断面的 1、2 号测点由工程前的深槽主流区变成完全处于堤后回流范围内,流速大幅降低,在经历系列年水沙冲淤调整后,基本没有发生明显变化,断面右侧流速则随着地形的冲淤调整呈现出增大的趋势,且增幅随流量的增大而增大,最大增幅约 0.14 m/s;CS6 断面的流速分布与 CS5 类似,1 号测点流速变化不大,2~6 号测点流速有所增强,近堤流速稍增大约 0.08 m/s,比整治工程前增大约 0.46 m/s,需要加强幕府山沿岸的防护;CS7 断面总体呈中部流速增大态势,CS8 断面右侧近岸流速明显增强,最大增幅约 0.13 m/s,需要重视燕子矶至二桥段右岸岸线的防护问题;下游CS9、CS10 断面流速普遍增大约 0.01~0.11 m/s,流速分布形态基本没有变化,新生圩港区流速增幅在 0.05~0.07 m/s 左右,不致对通航和靠泊条件造成不利影响。

(4) 汇流段:自汇流口向下游,乌龙山边滩有所发展,滩上流速小幅降低,主槽流速略有增强,断面流速分布相对变化不大。

2) 2004—2010+1998 系列年作用后

(1) 分流前干流段:在系列年水沙过程调整的基础上施加 1998 大水过程后,大桥下游主槽有所发展,流速增大约 0.05~0.11 m/s;进入洲头导流堤影响范围后,左侧河槽因堤身拦水作用流速下降,右侧则因堤头绕流挤压水体,流速有所增加,主要表现为 CS3～CS4 断面左侧流速减小 0.01～0.12 m/s,右侧流速相应增大 0.01～0.12 m/s,表明整治工程带来的左汊入流增强效果在逐渐衰减,洲头分流经动床调整后有向工程前状态回复的趋势。

(2)左汊:口门段黄家洲边滩持续淤长,滩地流速有所减缓,减幅约为0.01～0.15 m/s,洲头左缘深槽流速逐渐降低(0.04～0.11 m/s),仅比整治工程前增大 0.02 m/s 左右;口门至南化弯道之间,−15 m 深槽发展拓宽,上坝段−20 m 槽继续发育,河道过水能力增强,沿程流速略有降低(约 0.01～0.04 m/s);南化弯道与皇厂弯道之间,马汊河段滩地淤长,疏浚挖槽回淤,断面流速普遍减缓(0.01～0.18 m/s),但挖槽中流速仍比工程前稍大;通江集至左汊出口段,河道左侧滩地向内淤积,滩上流速减小约 0.01～0.04 m/s,右侧−10 m 槽变化不大,局部流速有所降低。整体来看,左汊汊道内,整治工程带来的分流量增大、断面流速增加效果在经历长系列年水沙过程冲淤后逐渐降低。

(3)右汊:导流堤下游回流区域与单个典型年调整后类似,从流速分布来看,CS5 断面的 1、2 号测点完全处于回流范围内,流速基本没有明显变化,断面右侧因导流堤对右汊口门的束窄、深槽地形的冲刷调整等作用而流速增大(约 0.04～0.13 m/s);CS6 断面的流速分布与 CS5 类似,经历 8 年冲淤调整后,1 号测点流速变化不大,2～6 号测点流速有所增强,近堤流速稍增大约0.09 m/s,比整治工程前增大约 0.47 m/s,需要加强幕府山沿岸的防护工作;燕子矶段 CS7 断面总体呈中部流速增大态势,CS8 断面右侧近岸流速明显增强,最大增幅约 0.17 m/s,需要重视燕子矶至二桥段右岸岸线的防护问题;下游 CS9、CS10 断面流速普遍增大约 0.01～0.11 m/s,流速分布形态基本没有变化,新生圩港区流速增幅在 0.05～0.07 m/s 左右,不致对通航和靠泊条件造成不利影响。

(4)汇流段:累加 1998 典型年作用后,西坝段深槽有所冲刷,主槽流速比系列年后稍有减小,约 0.01～0.03 m/s,断面流速分布形态整体变化不大。

表 6.28 推荐方案系列年后断面流速分布变化($Q=15\,290$ m^3/s,单位: m/s)

测点	CS4 断面(导流堤)				测点	CS5 断面			
	工程前	工程后	系列年后	系列+98年后		工程前	工程后	系列年后	系列+98年后
1	0.31	0.27	0.28	0.30	1	0.73	0.20	0.21	0.21
2	0.38	0.38	0.35	0.34	2	0.63	0.37	0.36	0.38

测点	CS4 断面（导流堤）				测点	CS5 断面			
	工程前	工程后	系列年后	系列＋98 年后		工程前	工程后	系列年后	系列＋98 年后
3	0.41	0.41	0.37	0.37	3	0.57	0.74	0.77	0.78
4	0.47	0.44	0.39	0.37	4	0.49	0.80	0.87	0.87
5	0.52	0.34	0.32	0.31	5	0.44	0.75	0.82	0.80
6	0.56	0.31	0.33	0.33	6	0.39	0.68	0.75	0.73
7	0.55	0.71	0.77	0.77		CS6 断面			
8	0.50	0.72	0.74	0.73	1	0.63	0.27	0.26	0.27
9	0.45	0.58	0.62	0.60	2	0.69	0.42	0.52	0.55
10	0.45	0.52	0.55	0.55	3	0.73	0.79	0.87	0.87
11	0.36	0.44	0.44	0.44	4	0.62	0.70	0.77	0.77
—	—	—	—	—	5	0.58	0.67	0.74	0.75
—	—	—	—	—	6	0.50	0.52	0.59	0.59

表 6.29　推荐方案系列年后断面流速分布变化（$Q＝27\ 310\ \mathrm{m^3/s}$，单位：m/s）

测点	CS4 断面（导流堤）				测点	CS5 断面			
	工程前	工程后	系列年后	系列＋98 年后		工程前	工程后	系列年后	系列＋98 年后
1	0.49	0.33	0.32	0.33	1	1.07	0.38	0.39	0.39
2	0.59	0.49	0.46	0.45	2	0.98	0.59	0.58	0.61
3	0.60	0.55	0.50	0.50	3	0.83	1.04	1.09	1.10
4	0.72	0.57	0.52	0.51	4	0.73	1.10	1.19	1.19
5	0.73	0.40	0.37	0.36	5	0.66	1.04	1.12	1.10
6	0.77	0.48	0.51	0.51	6	0.56	0.96	1.02	1.01
7	0.77	1.05	1.12	1.12		CS6 断面			
8	0.72	1.06	1.12	1.11	1	0.98	0.42	0.41	0.42
9	0.71	0.95	0.99	0.99	2	1.04	0.63	0.72	0.74
10	0.64	0.90	0.93	0.94	3	0.94	1.00	1.09	1.10
11	0.50	0.73	0.76	0.77	4	0.89	1.02	1.10	1.10

测点	CS4 断面（导流堤）				测点	CS5 断面			
	工程前	工程后	系列年后	系列+98年后		工程前	工程后	系列年后	系列+98年后
—	—	—	—	—	5	0.79	0.98	1.05	1.06
—	—	—	—	—	6	0.81	0.95	1.02	1.02

表 6.30　推荐方案系列年后断面流速分布变化（$Q=48\,370$ m³/s，单位：m/s）

测点	CS4 断面（导流堤）				测点	CS5 断面			
	工程前	工程后	系列年后	系列+98年后		工程前	工程后	系列年后	系列+98年后
1	0.86	0.45	0.41	0.38	1	1.76	0.74	0.74	0.74
2	1.01	0.72	0.68	0.66	2	1.68	1.02	1.04	1.06
3	0.98	0.84	0.75	0.72	3	1.36	1.64	1.73	1.74
4	1.23	0.85	0.77	0.78	4	1.20	1.70	1.84	1.83
5	1.15	0.52	0.46	0.46	5	1.09	1.63	1.71	1.72
6	1.20	0.84	0.87	0.87	6	0.90	1.52	1.58	1.58
7	1.19	1.73	1.82	1.83		CS6 断面			
8	1.15	1.74	1.87	1.86	1	1.70	0.73	0.72	0.72
9	1.22	1.70	1.74	1.76	2	1.74	1.04	1.12	1.12
10	1.01	1.66	1.70	1.73	3	1.36	1.44	1.53	1.56
11	0.77	1.33	1.40	1.43	4	1.44	1.67	1.75	1.78
—	—	—	—	—	5	1.21	1.58	1.68	1.68
—	—	—	—	—	6	1.43	1.81	1.89	1.90

表 6.31　推荐方案系列年后断面流速分布变化（$Q=15\,290$ m³/s，单位：m/s）

测点	CS11 断面（黄家洲切滩段）				测点	CS14 断面（马汊河疏浚段）			
	工程前	工程后	系列年后	系列+98年后		工程前	工程后	系列年后	系列+98年后
1	0.20	0.24	0.21	0.21	1	0.32	0.34	0.31	0.29
2	0.23	0.24	0.22	0.23	2	0.35	0.42	0.36	0.38
3	0.25	0.26	0.24	0.24	3	0.35	0.43	0.41	0.40

测点	CS11 断面(黄家洲切滩段)				测点	CS14 断面(马汊河疏浚段)			
	工程前	工程后	系列年后	系列+98年后		工程前	工程后	系列年后	系列+98年后
4	0.25	0.30	0.26	0.25	4	0.32	0.41	0.40	0.41
5	0.26	0.32	0.26	0.25	5	0.33	0.54	0.43	0.44
—	—	—	—	—	6	0.33	0.35	0.31	0.31
—	—	—	—	—	7	0.34	0.38	0.30	0.29
—	—	—	—	—	8	0.30	0.32	0.23	0.24
—	—	—	—	—	9	0.30	0.29	0.23	0.23
—	—	—	—	—	10	0.24	0.26	0.20	0.21

表 6.32　推荐方案系列年后断面流速分布变化($Q=27\ 310\ \mathrm{m^3/s}$,单位: m/s)

测点	CS11 断面(黄家洲切滩段)				测点	CS14 断面(马汊河疏浚段)			
	工程前	工程后	系列年后	系列+98年后		工程前	工程后	系列年后	系列+98年后
1	0.35	0.40	0.34	0.34	1	0.56	0.59	0.57	0.56
2	0.42	0.44	0.41	0.43	2	0.60	0.71	0.65	0.66
3	0.46	0.48	0.45	0.45	3	0.59	0.70	0.66	0.65
4	0.44	0.51	0.46	0.46	4	0.56	0.67	0.66	0.65
5	0.41	0.48	0.41	0.39	5	0.55	0.74	0.65	0.63
—	—	—	—	—	6	0.57	0.61	0.55	0.54
—	—	—	—	—	7	0.55	0.60	0.50	0.49
—	—	—	—	—	8	0.51	0.54	0.45	0.43
—	—	—	—	—	9	0.47	0.48	0.41	0.42
—	—	—	—	—	10	0.39	0.42	0.36	0.37

表 6.33　推荐方案系列年后断面流速分布变化($Q=48\ 370\ \mathrm{m^3/s}$,单位: m/s)

测点	CS11 断面(黄家洲切滩段)				测点	CS14 断面(马汊河疏浚段)			
	工程前	工程后	系列年后	系列+98年后		工程前	工程后	系列年后	系列+98年后
1	0.67	0.71	0.61	0.61	1	1.04	1.11	1.11	1.10

续表

测点	CS11 断面（黄家洲切滩段）				测点	CS14 断面（马汊河疏浚段）			
	工程前	工程后	系列年后	系列+98年后		工程前	工程后	系列年后	系列+98年后
2	0.80	0.84	0.80	0.82	2	1.09	1.29	1.21	1.21
3	0.88	0.91	0.88	0.87	3	1.08	1.26	1.15	1.15
4	0.82	0.94	0.88	0.88	4	1.04	1.20	1.17	1.14
5	0.71	0.79	0.70	0.68	5	1.00	1.13	1.07	1.02
—	—	—	—	—	6	1.05	1.13	1.02	0.98
—	—	—	—	—	7	0.98	1.06	0.90	0.89
—	—	—	—	—	8	0.92	0.99	0.88	0.80
—	—	—	—	—	9	0.81	0.86	0.76	0.78
—	—	—	—	—	10	0.70	0.73	0.66	0.68

6.6　小结

通过对 2005 典型年和 1998 典型年条件下地形冲淤演变、分流比变化、典型断面流速分布变化等各方面比较，确定"导＋切＋疏"方案作为动床阶段的推荐方案，并进一步试验研究了推荐方案整治工程效果在经历了长系列水沙过程后的时效性，结果表明：

经历单个典型年冲淤调整后，"潜＋切＋疏"方案仍可增加左汊分流比 1.61%～2.21%，但黄家洲切滩挖槽部位回淤 31%～35%，马汊河疏浚挖槽回淤 15%～19%，说明切滩和疏浚工程效果衰减较快，尤其潜坝工程在中洪水条件下会导致二桥上游河道发生剧烈淘刷、二桥下游大幅落淤，给燕子矶河段的河势稳定和新生圩港区的安全运行带来较大影响，因此建议作为本次整治工程的备选方案。

"导＋切＋疏"方案经历单个典型年冲淤调整后，左汊分流比的增加效果呈减小趋势，且中枯水年左汊分流比缩减较快，但比现状分流比仍大了 2.87%～3.15%；该方案同样存在黄家洲切滩和马汊河疏浚工程回淤较快的问题，导流堤方案也会促使右汊口门水流流速加快，导致燕子矶沿岸近堤流速加大，刷槽冲岸，但在岸线积极防护的情况下，该方案可以较好地达到增加左汊分流比、改善左汊水域条件的预期目标，故推荐作为本次整治工程的优选方案。

　　"导＋切＋疏"方案经历系列年演变过程后,左汊分流比的增加效果衰减过半,洪、中、枯三级流量时分别减小约 1.92%、2.04%、2.11%,但仍可比现状时增加左汊分流 1.32%～1.46%,如结合每 3 至 5 年一次左汊疏浚维护,应可保持增加左汊 1.5%～2% 分流比的预期目标。

第7章 八卦洲汊道整治试验方案及效果分析

通过建立八卦洲汊道整体河工物理模型,采用定、动床物理模型试验研究的手段对八卦洲汊道的洲头导流堤、右汊潜坝及左汊切滩疏浚的三类单方案及组合方案进行了研究,试验的情况及主要结果如下:

7.1 八卦洲汊道河工模型简介

7.1.1 模型范围

建立的整体河工模型上起南京长江三桥上游 3 km(新济洲尾附近),下迄龙潭水道上段的九乡河,包括梅子洲左、右汊,潜洲左、右汊以及八卦洲左、右汊。模型平面布置参见图 7.1。定、动床物理模型起始地形为 2011 年 6 月

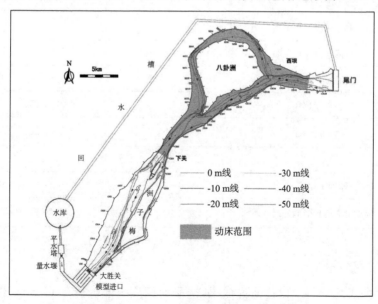

图 7.1 八卦洲汊道河工模型平面布置示意图

117

1：10 000八卦洲汊道及同期局部1：2 000水下地形。

7.1.2 模型比尺

根据模型试验场地条件,并考虑模型的相似性要求,确定模型几何比尺如下:

平面比尺为1：480,垂直比尺为1：120,模型变率 $e=4.0$,根据以上的相似条件得到流速比尺为1：10.95,流量比尺为1：630 976,糙率比尺为1：1.11。

根据初步计算得到冲淤时间比尺为 $\lambda_{t_2}=710$,后经河床冲淤变形相似验证试验,确定冲淤时间比尺 $\lambda_{t_2}=760$。模型比尺见表7.1。

表 7.1　模型比尺汇总表

比尺名称	符号	数值
平面比尺	λ_L	480
垂直比尺	λ_H	120
水流流速比尺	λ_v	10.95
流量比尺	λ_Q	630 976
糙率比尺	λ_n	1.11
起动流速比尺	λ_{v_0}	10.46
沉降速度比尺	λ_ω	3.87
悬沙粒径比尺	λ_{ds}	0.607
床沙粒径比尺	λ_{db}	0.652
干容重比尺	λ_{γ_0}	3.244
含沙量比尺	λ_S	0.187
输沙率比尺	λ_{QS}	126 366
河床冲淤变形时间比尺	λ_{t_2}	760(验证取值)

7.1.3 模型选沙

根据实测资料及以往研究成果,选取河床质中值粒径0.15 mm、悬移质中值粒径0.007 mm,作为河床质及悬移质代表粒径。根据原型床沙级配曲线,采用 $P=5\%$ 相应的粒径作为床沙质与冲泻质分界粒径,得到床沙质中值粒径为 0.09 mm。

采用自主研发的 PS 模型沙,容重调配为 1.15 t/m³,干容重为 0.45 t/m³。综合悬移质运动和床沙活动性相似条件,最终选沙结果为:模型床沙中值粒 $d_m=0.23$ mm,床沙质中值粒径 $d_m=0.15$ mm。

7.1.4 模型验证

7.1.4.1 水动力验证

采用收集到的 2011 年 5 月 13～14 日两级枯水、2011 年 9 月 27～28 日两级中水、2006 年 7 月 27 日一级中水、2007 年 8 月 8 日平滩流量共计 6 个测次的水文测验资料,对定、动床模型进行了水面线、断面流速分布、汊道分流比验证,6 次水文测验概况见表 7.2。

表 7.2 现场水文测验概况

序号	水情	流量(m³/s)	测量日期	测验内容
1	枯水一	15 290	2011-05-13	水面线、7 个断面流速、汊道分流比
2	枯水二	15 320	2011-05-14	水面线、3 个断面流速、汊道分流比
3	中水一	27 310	2011-09-27	水面线、7 个断面流速、汊道分流比
4	中水二	27 950	2011-09-28	水面线、3 个断面流速、汊道分流比
5	中水三	38 200	2006-07-27	水面线、5 个断面流速、汊道分流比
6	平滩流量	48 370	2007-08-08	水面线、8 个断面流速、汊道分流比

由验证试验结果可知,模型水面线、断面流速分布及汊道分流比与天然实测值基本一致,2011 年 5 月枯水与 2011 年 9 月中水吻合情况较好,2006 年 7 月及 2007 年 8 月验证结果稍差,这主要是由于地形不匹配所致。总体来说,所建立的八卦洲汊道段河工模型能较好地复演八卦洲汊道水流运动特征。

7.1.4.2 河床变形相似验证

以 2009 年 3 月 1:10 000 大江实测地形为起始地形,施放 2009 年 3 月～2010 年 10 月～2011 年 6 月大通站水沙过程,验证对比地形分别为 2010 年 10 月及 2011 年 6 月实测 1:10 000 大江地形。由验证结果可知,研究河段平面形态、断面冲淤变化及河段冲淤量模型与天然实测基本吻合,误差在规程规定范围之内,模型较好地模拟了八卦洲汊道段水流泥沙运动状况。

7.1.5　试验放水条件

7.1.5.1　整治效果试验

单方案试验共施放 2 级流量,组合方案试验共施放 3 级流量,模型放水要素见表 7.3。

表 7.3　模型放水要素表

序号	流量级	流量(m³/s)	尾门水位(m)
1	枯水流量	15 290	1.608
2	中水流量	27 310	3.588
2	平滩流量	48 370	5.808

7.1.5.2　建筑物防护试验

典型年:选择 1998 年和 2005 年,其中,1998 年来水过程为大通站实际过程,来沙过程减小 22%,2005 年水沙过程采用该年大通站实际来水来沙过程。

系列年 1:2004—2010 年,采用该系列年对应的大通站实测来水来沙过程。

系列年 2:2004—2010 年+1998 年,其中,2004—2010 年采用该系列年对应的大通站实测来水来沙过程,1998 年采用减沙之后的大通站来水来沙过程。

7.2　单方案试验

7.2.2　单工程方案治理思路及方案布置

八卦洲汊道河道治理工程单方案,按洲头导流堤、右汊潜坝和护底以及左汊口门切滩、疏浚、拓卡共分为三大类 32 组方案。其中:洲头导流堤为Ⅰ类方案,共 14 组,分别研究导流堤轴线布置型式、长度及堤顶高程对整治效果的影响;以限制右汊进一步发展为目的的右汊潜坝及护底方案为Ⅱ类,其中潜坝方案共 8 组,护底方案 1 组,分别研究潜坝位置及坝顶高程等对整治效果的影响;以减小左汊沿程阻力为目的的左汊切滩、疏浚及拓卡方案为Ⅲ类,共9 组,分别研究工程平面位置与底高程对整治效果的影响。各方案工程布置情况及特征参见表7.4～表7.6。

表7.4　Ⅰ类工程单方案布置概况

方案编号	导流堤轴线型式	轴线角度	堤长度(m)	堤顶高程(m)
Ⅰ₁				0.0
Ⅰ₂	直线		550	+2.0
Ⅰ₃		215°		+5.0
Ⅰ₄				0.0
Ⅰ₅	直线		750	+2.0
Ⅰ₆				+5.0
Ⅰ₇				0.0
Ⅰ₈	直线		550	+2.0
Ⅰ₉		225°		+5.0
Ⅰ₁₀				0.0
Ⅰ₁₁	直线		750	+2.0
Ⅰ₁₂				+5.0
Ⅰ₁₃	直线＋圆弧	—	595	+4.0
Ⅰ₁₄	直线	215°	550	+4.0

备注:轴线角度为按正北方向顺时针旋转而得方位角。

表7.5　Ⅱ类工程单方案布置概况

方案编号	工程型式	平面位置		堤顶高程(m)
Ⅱ₁				−17.5
Ⅱ₂		右汊上段	进口	−15.0
Ⅱ₃				−12.5
Ⅱ₄				−10.0
Ⅱ₅	潜坝	右汊上中段	进口潜坝下游0.7 km	−15.0
Ⅱ₆				−15.0
Ⅱ₇		右汊下段	南京长江二桥下游1.2 km	−12.5
Ⅱ₈				−10.0
Ⅱ₉	护底	右汊中下段	沿水流方向200 m宽,3.6 m厚	

表 7.6　Ⅲ类工程单方案布置概况

方案编号	工程型式	平面位置	面积(km²)	底高程(m)
Ⅲ₁	大切滩	左汊进口黄家洲边滩	1.37	−10.0
Ⅲ₂			1.57	−12.5
Ⅲ₃	小切滩	左汊进口浅区	0.20	−20.0
Ⅲ₄	左疏浚	左汊中段偏左侧	1.18	−10.0
Ⅲ₅				−12.5
Ⅲ₆	右疏浚＋梳齿坝	左汊中段偏右侧	1.94	−10.0
Ⅲ₇	中疏浚	左汊中段偏中	1.09	−10.0
Ⅲ₈	拓卡	左汊出口段	1.05	−10.0
Ⅲ₉			1.26	−12.5

7.2.2.1　Ⅰ类单工程方案整治思路及布置型式(洲头导流堤)

Ⅰ类工程单方案为在八卦洲洲头兴建导流堤,根据导流堤轴线布置型式、轴线角度、堤身长度及堤顶高程不同共分为 14 组。方案平面布置见图 7.2。

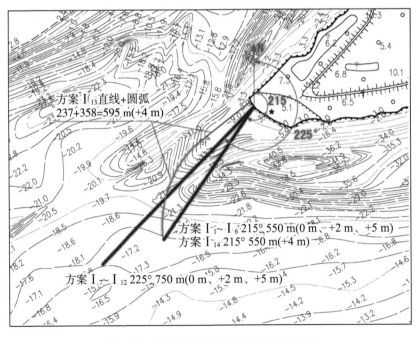

图 7.2　Ⅰ类方案导流堤布置平面示意图

1. 整治思路

八卦洲洲头上游分流区河道主流偏靠洲头左侧,由于左汊入流不畅及河道阻力过大,大部分水流在接近洲头时又自左向右转入右汊。为此,可在洲头往河道上游偏右的方向修建导流堤,将一部分进入右汊的水流导入左汊,以达到改善左汊入流条件并增加左汊分流比的效果。本研究通过探索不同导流堤轴线布置型式、角度及导流堤长度、高程等各种组合方案下的增加左汊分流比的效果,探究导流堤最佳布置方案。

2. 方案布置

(1) 方案 $I_1 \sim I_3$ 及 I_{14},导流堤轴线为直线布置,堤身轴线与正北方向的方位角为 215°,堤身长度为 550 m,堤顶高程分别为 0.0 m、+2.0 m、+4.0 m 及 +5.0 m。导流坝堤顶宽 5 m,左侧(上游)坡比 1∶3、右侧(下游)坡比 1∶4,堤顶高程为 +5.0 m 的分为一段,不足 +5.0 m 的分为前后两段。分为前后两段时,后段坝根处顶面高程为 +5.0 m,与洲头平台衔接,从坝根处按 1∶100 放坡至 0.0 m、+2.0 m 及 +4.0 m,长度分别为 500 m、300 m 与 100 m,前段做成 0.0 m、+2.0 m 及 +4.0 m 平台。坝头平面形态为半圆弧,圆弧边缘按 1∶3 放坡与河床衔接。

(2) 方案 $I_4 \sim I_6$,导流堤堤身长为 750 m,其他布置型式同方案 $I_1 \sim I_3$。

(3) 方案 $I_7 \sim I_9$,导流堤轴线为直线布置,堤身轴线与正北方向方位角为 225°,堤身长度为 550 m,其他布置型式同方案 $I_1 \sim I_3$。

(4) 方案 $I_{10} \sim I_{12}$,导流堤堤身长度为 750 m,其他布置型式同 $I_4 \sim I_6$。

(5) 方案 I_{13} 堤身轴线为直线加圆弧型式,其中堤根处为直线,长度 237 m,堤前段为圆弧(圆心坐标 Y=384 163.728 7,X=3 557 671.258 6,半径 R 约 376.5 m),长度为 358 m。坝头位置与方案 $I_1 \sim I_3$ 及 I_{14} 相同。顶面高程分段情况为:导流堤根部高程 +5.0 m,自坝根向上游 137 m 顶面高程为 +5.0 m,然后按 1∶100 放坡至 +4.0 m,维持 +4.0 m 顶面高程至坝头(平台长约 358 m),坝头平面形态为半圆弧,圆弧边缘按 1∶5 放坡与河床衔接。

7.2.2.2　Ⅱ类单工程方案整治思路及布置型式(右汊潜坝或护底)

Ⅱ类工程单方案为在八卦洲右汊修建潜坝或抛石护底,根据潜坝或护底、潜坝平面位置及坝顶高程不同共分为 9 组,其中潜坝方案 8 组,护底方案

1组。方案平面分布见图7.3,图7.4为各潜坝所在断面分布情况。

1. 整治思路

在八卦洲右汊上、中、下段(参考借鉴镇扬河段和畅洲汊道整治的经验)修建潜坝或护底工程,缩小右汊进口过流断面及增加局部阻力,适当限制右汊进一步发展,减小右汊分流比,增加左汊分流比,缓解左汊缓慢淤积压力。通过潜坝位置、高程的不同组合及护底措施,研究各种单方案整治效果试验,探索潜坝位置及坝顶高程对增加左汊分流比的敏感性。

2. 方案布置

(1)方案 $II_1 \sim II_4$ 潜坝位于右汊进口,潜坝顶高程分别为 -17.5 m、-15.0 m、-12.5 m 及 -10.0 m,潜坝顶宽均为 4 m,上游侧坡比 1:2,下游坡比 1:3。

(2)方案 II_5 潜坝位于进口潜坝下游 0.7 km,靠近燕子矶附近,顶高程为 -15.0 m,其他布置同方案 $II_1 \sim II_4$。

(3)方案 $II_6 \sim II_8$ 潜坝位于南京长江二桥下游约 1.2 km,潜坝顶高程分别为 -15.0 m,-12.5 m 及 -10.0 m,其他布置同前。

(4)方案 II_9 为在右汊中下段设置三道抛石护底工程,分别位于南京长江二桥上游 2.3 km、0.6 km 及南京长江二桥下游 1.5 km,护底宽度沿水流方向为 200 m,厚度为 3.6 m。

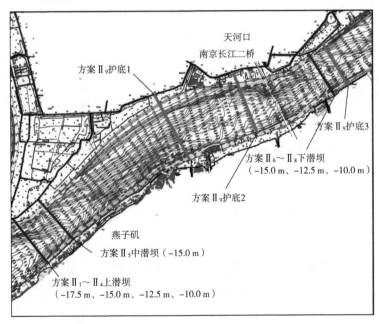

图 7.3　II 类方案潜坝及护底平面布置示意图

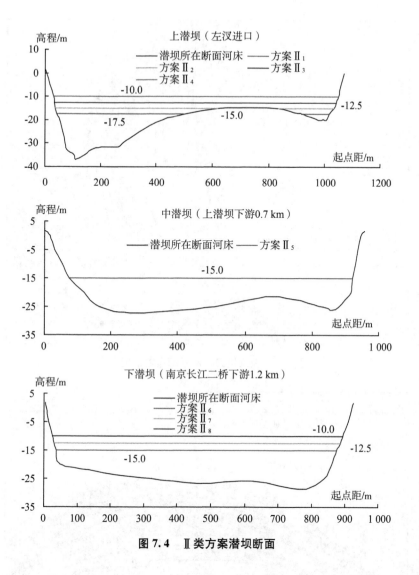

图 7.4　Ⅱ类方案潜坝断面

7.2.2.3　Ⅲ类单工程方案整治思路及布置型式（左汊切滩、疏浚及拓卡）

Ⅲ类工程单方案为在八卦洲左汊实施切滩、疏浚及拓卡工程措施，根据工程类别及切滩、疏浚、拓卡底高程不同共分为 9 组，其中切滩方案 3 组，疏浚方案 4 组，拓卡方案 2 组。方案平面分布及断面见图 7.5～图 7.8。

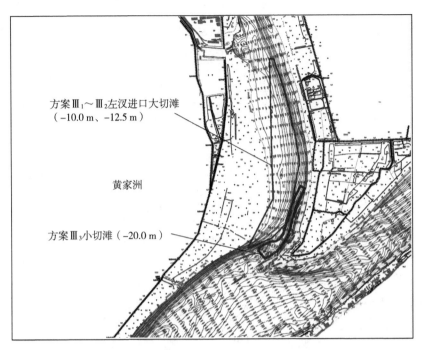

图 7.5 左汊进口切滩平面布置示意图

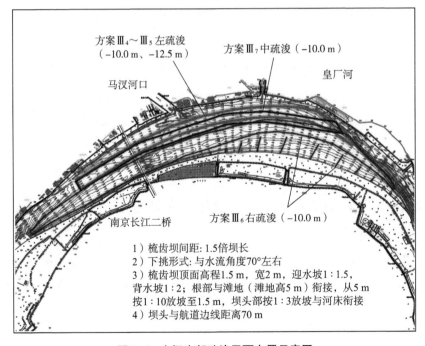

图 7.6 左汊中部疏浚平面布置示意图

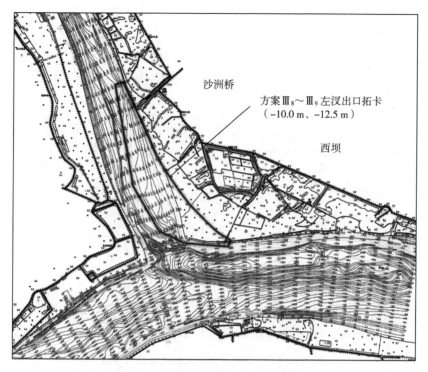

图 7.7　左汊中部疏浚平面布置示意图

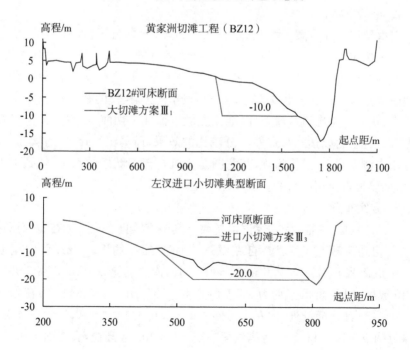

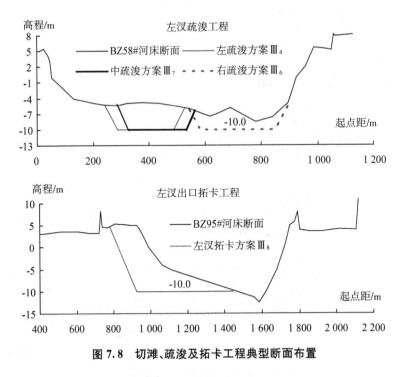

图 7.8　切滩、疏浚及拓卡工程典型断面布置

1. 整治思路

左汊口门切滩方案,旨在通过扩大八卦洲左汊口门过流断面、减小左汊口门与上游主流的夹角,达到改善左汊进流条件的目的;左汊中段疏浚措施,试图打通浅区段 -10.0 m 河槽,扩大左汊河槽容积,达到减小左汊局部阻力、从而改善左汊分流比的目的;左汊出口段拓卡方案,目的在减小左汊出口局部阻力,从而改善出口水流条件,增大左汊分流比。切滩、疏浚及拓卡意在减小左汊沿程阻力以达到增加左汊分流比的效果,而马汊河疏浚(方案 $Ⅲ_6$),在浅区段右侧布置 14 道梳齿坝,其意图是为维持疏浚航槽的水深,达到束水归槽、增加航道内流速的目的。

2. 方案布置

(1) 方案 $Ⅲ_1 \sim Ⅲ_3$ 为左汊进口切滩。其中方案 $Ⅲ_1 \sim Ⅲ_2$ 为在黄家洲边滩实施大切滩工程措施,切滩自左汊进口向上延伸约 3.8 km,平均宽度约 500 m,底高程分别为 -10.0 m 和 -12.5 m,岸边切至 0.0 m 等高线并按照 $1:10$ 放坡,切滩面积分别为 1.37 km² 和 1.57 km²。方案 $Ⅲ_3$ 为在左汊进口 -20.0 m 深槽断开处,向左汊延伸约 1.6 km,并扩大 -20.0 m 深槽宽度,切滩范围自左岸 -13.0 m 等高线至右岸 -20.0 m 等高线,底高程 -20.0 m,

128

切滩面积约 0.20 km²,边坡按 1:10 放坡。

(2) 方案Ⅲ₄～Ⅲ₇为左汊中部疏浚工程。其中方案Ⅲ₄～Ⅲ₅疏浚位置位于左汊中段偏左,上起南京长江二桥(左汊)上游约 1.2 km、下至皇厂河下游 2.0 km 附近,全长约 5.8 km、平均宽度 220 m,边坡按 1:10 放坡。Ⅲ₄底高程为－10.0 m 时疏浚面积约为 1.18 km²,Ⅲ₅底高程为－12.5 m 时疏浚面积略大。方案Ⅲ₆为左汊右侧疏浚并结合梳齿坝工程,疏浚工程自南京长江二桥上游约 2.5 km 至皇厂河下游 3.0 km,疏浚底高程－10.0 m、面积约为 1.94 km²。梳齿坝的布置:间距为 1.5 倍坝长;下挑形式与水流角度 70°左右;顶面高程 1.5 m,宽 2.0 m,迎水坡 1:1.5,背水坡 1:2;根部与滩地(滩地高 5 m)衔接,从 5 m 按 1:10 放坡至 1.5 m,坝头部按 1:3 放坡与河床衔接;坝头与航道边线距离 70 m。方案Ⅲ₇为左汊中段疏浚工程,疏浚长度与方案Ⅲ₄～Ⅲ₅相当,位置略偏河道中间,底高程－10.0 m、面积约 1.09 km²。

(3) 方案Ⅲ₈～Ⅲ₉为拓卡工程,位置位于左汊出口左岸沙洲桥至西坝边滩,左岸拓宽至＋5.0 m 等高线附近,底高程分别为－10.0 m、－12.5 m,拓卡的面积分别为 1.05 km² 与 1.26 km²。

7.2.3 单工程方案整治效果

单工程方案共进行了三大类 32 组模型试验,分析对比了各方案工程前后左汊分流比增加情况,探索了洲头导流堤、右汊潜坝、左汊切滩、疏浚及拓卡工程措施的工程平面布置型式及高程对增加左汊分流比效果影响的敏感性。

7.2.3.1 Ⅰ类单工程方案整治效果

按洲头导流堤堤身位置不同(方位角、坝根)、堤身形式不同(直线与圆弧)、堤顶高程不同(0～5 m),在两级流量条件下,对共计 14 组洲头导流堤方案进行了试验研究,表 7.7 给出了各方案工况下左汊分流比的增加情况。

表 7.7　洲头导流堤不同方案整治效果列表

方案编号	左汊分流比增加(%)	流量(m³/s)	
	平面布置	15 290	48 370
Ⅰ₁	直线、215°、550 m、0.0 m	2.23	1.83
Ⅰ₂	直线、215°、550 m、＋2.0 m	2.66	2.43
Ⅰ₃	直线、215°、550 m、＋5.0 m	2.66	2.60
Ⅰ₄	直线、215°、750 m、0.0 m	2.59	2.12

方案编号	左汊分流比增加（%）	流量（m³/s）	
	平面布置	15 290	48 370
I₅	直线、215°、750 m、+2.0 m	3.92	3.43
I₆	直线、215°、750 m、+5.0 m	3.92	3.75
I₇	直线、225°、550 m、0.0 m	1.11	0.97
I₈	直线、225°、550 m、+2.0 m	1.49	1.30
I₉	直线、225°、550 m、+5.0 m	1.49	1.40
I₁₀	直线、225°、750 m、0.0 m	2.36	1.78
I₁₁	直线、225°、750 m、+2.0 m	2.64	2.21
I₁₂	直线、225°、750 m、+5.0 m	2.64	2.44
I₁₃	直线＋圆弧、237 m＋358 m、+4.0 m	2.45	2.20
I₁₄	直线、215°、550 m、+4.0 m	2.66	2.53

由试验观察及表可见：

（1）同等工况下，215°方位角方案较225°方位角方案增加左汊分流比值更大。由表 7.8 及图 7.9 可知，215°方位角方案导流堤更偏向右汊，导流堤左、右侧面积比更大，其分水导流效果比 225°方位角的方案更好。如方位角为 215°、长度为 550 m、堤顶高程为＋2.0 m 的方案 I₂，枯水、洪水流量条件下，左汊分流比分别增加 2.66%和 2.43%；方位角为 225°、长度为 550 m、堤顶高程为＋2.0 m 的方案 I₈，枯水、洪水流量条件下，左汊分流比增加的效果分别为 1.49%和 1.30%。

（2）相同方位角、相同堤长的工况下，堤顶高程较高的方案其增大左汊分流比的效果更好，即导流堤出水方案比淹没方案的整治效果要好，这是由于当水位较高、漫过导流堤时，堤顶存在一股指向右汊的漫堤流，降低了整治效果。如方案 I₁~I₃，洪水流量条件下，堤顶高程为 5.0 m 的方案较堤顶高程为 0.0 m 的方案，其增大左汊分流比的效果要好 0.78%。

（3）相同方位角，相同堤顶高程的工况下，750 m 长导流堤的分流效果比550 m 的分流效果更好。如方案 I₃、I₆，两者效果差 1.26%。

（4）相同方案工况下，流量愈小，水位低于坝面，左汊分流比的增加值愈大；流量愈大，水位漫过堤顶面时，分流效果相对差一些，如方案 I₃，枯水流量时左汊分流比增加 2.66%，而洪水时，左汊分流比增加值为 2.60%。

（5）直线＋圆弧型式的方案 I_{13} 与相近堤轴线位置的方案 I_3 相比，其分流效果相当且略差，同时施工控制难度较大，工程区流态更加紊乱。

综上所述，直线型 215°方位角、堤顶较高的导流堤方案其分流整治效果更好，结合流态情况、工程规模和对通航条件的影响等综合因素，建议 I 类单方案中推荐方案 I_{14}，即 215°、550 m、＋4.0 m 方案。

表 7.8　不同方位角与堤长情况下导流堤左、右侧面积比

方案		断面面积（m²）	坝体面积（m²）	坝体左侧面积（m²）	坝体右侧面积（m²）	面积比
编号	布置					
I_2	215°,550 m,＋2.0 m	32 680	1 783	15 831	15 368	1.03
I_8	225°,550 m,＋2.0 m			13 754	17 182	0.80
I_5	215°,750 m,＋2.0 m	32 787	1 277	18 104	13 404	1.35
I_{11}	225°,750 m,＋2.0 m			15 664	15 725	1.00

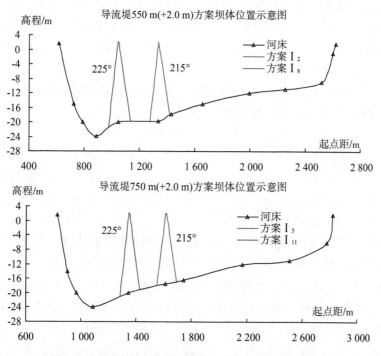

图 7.9　不同方位角导流堤位置示意图（方案 I_2 与 I_8）

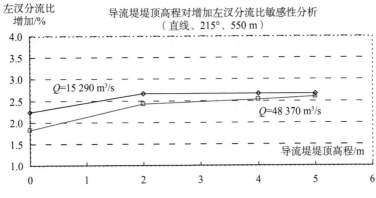

图 7.10　左汊分流比增加与导流堤堤顶高程的关系

7.2.3.2　Ⅱ类单工程方案整治效果

Ⅱ类单工程方案共计 9 组,其中右汊潜坝方案 8 组、护底方案 1 组。各方案两级流量条件下左汊分流比增加情况见表 7.9,各方案工况中潜坝阻水面积比见表 7.10,潜坝顶高程变化对增加左汊分流比影响结果见图 7.11。

由图表结果可知:

(1) 相同工况下,小流量时潜坝阻水率更高,阻水作用更大,因而小流量比大流量条件下的左汊分流比增幅更大。

(2) 同一位置的潜坝,左汊分流比的增加效果与坝顶高程呈正比,即随着顶高程的抬高,潜坝阻水面积增加,工程阻水分流作用愈加明显,左汊分流比增加值愈大,高程越高越敏感。如 $Q=15\ 290\ \mathrm{m^3/s}$ 时,上潜坝顶高程分别为 $-17.5\ \mathrm{m}$、$-15.0\ \mathrm{m}$、$-12.5\ \mathrm{m}$ 及 $-10.0\ \mathrm{m}$ 时,左汊分流比分别增加 0.72%、1.18%、2.21% 及 3.61%。

(3) 潜坝顶高程均为 $-15.0\ \mathrm{m}$ 时,左汊分流比增加的效果与潜坝所在位置的河床断面形态有关,阻水面积愈大,阻水分流效果愈好。如 $Q=15\ 290\ \mathrm{m^3/s}$ 条件下,上、中、下潜坝断面阻水面积比分别为 27.4%、34.3% 及 36.3%,左汊分流比增加值分别为 1.18%、1.85% 及 1.92%,说明中潜坝与下潜坝的工程效果相当而下潜坝略优,上潜坝效果相对较差。

(4) 下潜坝顶高程为 $-10.0\ \mathrm{m}$ 时,左汊分流比增加值最大,但坝顶及坝两侧近岸流速增幅较大,过坝水流流态紊乱,且坝顶高程过高,影响大型船舶通航安全。

(5) 左汊中下段 3 道护底方案Ⅱ₉,增加分流比效果接近 1%,整治效果一般。

综上所述,潜坝的阻水分流效果与坝身所在河床断面形态及坝顶高程有关,阻水率愈高,左汊分流比增加的效果愈好。结合流态、防洪和通航安全等因素,推荐中潜坝方案,即方案 II_5(堤顶高程 -15.0 m)。

表 7.9　右汊潜坝或护底方案整治效果列表

方案编号	左汊分流比增加(%)		流量(m³/s)	
	位置及顶高程(m)		15 290	48 370
II_1	上潜坝 (左汊进口)	-17.5	0.72	0.58
II_2		-15.0	1.18	1.01
II_3		-12.5	2.21	2.06
II_4		-10.0	3.61	3.39
II_5	中潜坝	-15.0	1.85	1.60
II_6	下潜坝 (二桥下)	-15.0	1.92	1.73
II_7		-12.5	3.62	3.45
II_8		-10.0	6.10	5.49
II_9	护底	200 m、3.6 m	0.92	0.65

表 7.10　II 类单工程方案潜坝所在断面阻水面积比($Q=15\ 290\ \text{m}^3/\text{s}$)

方案编号	位置	顶高程(m)	断面面积(m²)		阻水面积比
			工程前	工程阻水	
II_1	上潜坝	-17.5	23 411	4 717	20.1%
II_2		-15.0		6 408	27.4%
II_3		-12.5		8 769	37.5%
II_4		-10.0		11 300	48.3%
II_5	中潜坝	-15.0	22 583	7 765	34.3%
II_6	下潜坝	-15.0	22 948	8 331	36.3%
II_7		-12.5		10 427	45.4%
II_8		-10.0		12 574	54.8%

7.2.3.3　III 类单工程方案整治效果

III 类单工程方案共计 9 组,其中左汊进口切滩方案 3 组、左汊中段疏浚方案 3 组、右汊中部疏浚+梳齿坝方案 1 组、左汊出口拓卡方案 2 组。各方案两级流量条件下左汊分流比增加情况见表 7.11。由表可见:

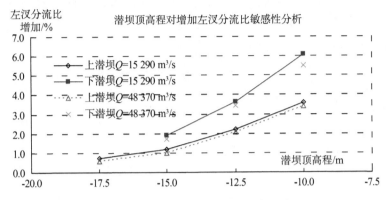

图 7.11 左汉分流比增加与潜坝顶高程关系图

（1）左汉切滩、疏浚（左、中疏浚）及拓卡工程单方案对增加左汉分流比的作用较小，各工况下为整治效果为 0.20%～0.95%。

（2）切滩、疏浚或拓卡时工程区底高程对分流比增加值影响不敏感，各种工况下 −12.5 m 底高程较 −10.0 m 底高程仅增大 0.05%～0.25%。

（3）右汉修建梳齿坝增大了右汉沿程阻力，掩盖了坝群外中疏浚的引流效果，工程后左汉分流比减小 1.41%～1.63%。

综上所述，右汉实施进口段黄家洲边滩切滩、中部疏浚和出口段拓卡后，总体来说，增加左汉分流比的效果一般，梳齿坝结合中疏浚的方案Ⅲ₆增加了左汉阻力不宜采用。结合航道需求、工程规模及整治效果因素，单工程方案推荐采用进口小切滩方案Ⅲ₃和中疏浚方案Ⅲ₄。

表 7.11 左汉疏浚、切滩、拓卡方案整治效果列表单位：百分点

方案编号	左汉分流比增加（%）		流量（m³/s）	
	位置及底高程（m）		15 290	48 370
Ⅲ₁	大切滩	−10.0	0.60	0.51
Ⅲ₂		−12.5	0.65	0.56
Ⅲ₃	小切滩	−20.0	0.25	0.20
Ⅲ₄	左疏浚	−10.0	0.68	0.57
Ⅲ₅		−12.5	0.95	0.82
Ⅲ₆	右疏浚＋梳齿坝	−10.0	−1.41	−1.63
Ⅲ₇	中疏浚	−10.0	0.61	0.55

续表

方案编号	左汊分流比增加（%）		流量（m³/s）	
	位置及底高程（m）		15 290	48 370
Ⅲ₈	拓卡	−10.0	0.41	0.34
Ⅲ₉		−12.5	0.59	0.48

7.3　组合方案试验

本书对洲头导流堤、右汊潜坝和护底以及左汊切滩、疏浚、拓卡三大类共计 32 组工程单方案的分流比调整整治效果进行了详尽的比选研究,得到了各类整治方案中相对较优的单方案。基于定床单方案试验研究成果,为获得更优的改善左汊水流动力效果的方案,本书提出了适当扩大左汊分流比、限制右汊进一步发展、改善左汊入流条件以及提高左汊通航能力为总体思路的整治工程组合方案,组合方案共计 5 组,模型从分流比调整效果、流场结构变化和水位变化等角度对组合方案进行了试验研究。

7.3.1　组合方案布置概况

各组合方案的布置概况见表 7.12 及图 7.12。具体情况如下:

组合方案一:洲头导流堤（Ⅰ₁₄）＋黄家洲切滩（Ⅲ₃）

组合方案二:洲头导流堤（Ⅰ₁₄）＋黄家洲切滩（Ⅲ₃）＋马汊河口段疏浚（Ⅲ₇）

组合方案三:右汊潜坝（Ⅱ₅）＋黄家洲切滩（Ⅲ₃）

组合方案四:右汊潜坝（Ⅱ₅）＋黄家洲切滩（Ⅲ₃）＋马汊河疏浚（Ⅲ₇）

组合方案五:洲头导流堤（Ⅰ₁₄）＋右汊潜坝（Ⅱ₅）＋黄家洲切滩（Ⅲ₃）＋马汊河疏浚（Ⅲ₇）

其中:导流堤方位角为 215°,堤身型式为直线型,堤长 550 m,堤顶宽 5 m,左侧(上游)坡比 1:3,右侧(下游)坡比 1:4,堤顶高程为＋4.0 m,即单工程方案 Ⅰ₁₄;潜坝位于燕子矶附近,顶高程为−15.0 m,坝顶宽为 4 m,上游侧坡比 1:2,下游侧坡比 1:3,即单工程方案 Ⅱ₅;黄家洲切滩底高程为−20.0 m,切滩面积为 0.20 km²,边坡按 1:10 放坡,即单工程方案 Ⅲ₃;马汊河口附近疏浚位于河道中部,底高程为−10.0 m,面积约 1.09 km²,即单工程方案 Ⅲ₇。

表 7.12　组合方案工程布置概况

方案编号	方案组合			
	洲头导流堤	右汊潜坝	左汊进口黄家洲切滩	左汊疏浚
组合方案一	215°、550 m、+4.0 m	—	小切滩（−20.0 m）	—
组合方案二	215°、550 m、+4.0 m	—	小切滩（−20.0 m）	马汊河口中（−10.0 m）
组合方案三	—	中潜坝（−15.0 m）	小切滩（−20.0 m）	—
组合方案四	—	中潜坝（−15.0 m）	小切滩（−20.0 m）	马汊河口中（−10.0 m）
组合方案五	215°、550 m、+4.0 m	中潜坝（−15.0 m）	小切滩（−20.0 m）	马汊河口中（−10.0 m）

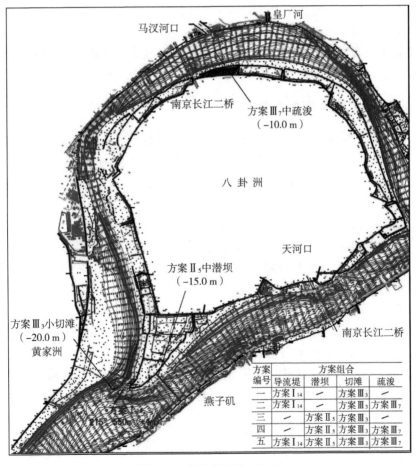

图 7.12　组合方案布置概况

7.3.2 组合方案整治效果

表7.13给出了组合方案一～组合方案五各级流量条件下的工程前后左汊分流比变化情况,图7.13绘出了各方案左汊分流比增加值与流量的关系。

表7.13 组合方案对左汊分流比增加效果

左汊分流比增加效果		流量(m³/s)		
方案编号	方案描述	15 290	27 310	48 370
组合方案一	洲头导流堤＋黄家洲小切滩	3.10%	3.00%	2.85%
组合方案二	洲头导流堤＋黄家洲小切滩＋马汊河疏浚	3.75%	3.61%	3.49%
组合方案三	右汊潜坝＋黄家洲小切滩	2.28%	2.15%	1.99%
组合方案四	右汊潜坝＋黄家洲小切滩＋马汊河疏浚	2.95%	2.81%	2.67%
组合方案五	洲头导流堤＋右汊潜坝＋黄家洲小切滩＋马汊河疏浚	5.58%	5.42%	5.19%

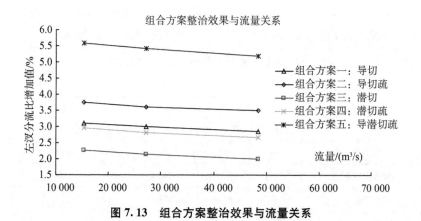

图7.13 组合方案整治效果与流量关系

(1)由图表结果可知:各种组合方案下枯水左汊分流比的增加值均在2.0%以上(最小为组合方案三2.28%),说明组合方案均能达到提高枯水左汊分流比1.5%～2.0%的整治目标。

(2)同一组合方案工程实施后,左汊分流比的增加值与流量呈反比,即从工程效果上来看,大江流量愈小,左汊分流比的增加值愈大,如组合方案二,在洪水流量时,左汊分流比增加值为3.49%,枯水流量时,增加值为3.75%,

两者相差 0.26%。

（3）在辅助方案相同的工况条件下，以洲头导流堤为主的组合方案，工程实施后分流比的增加效果优于以潜坝为主的组合方案，如组合方案二与组合方案四，两者左汊分流比增加值相差 0.80%～0.82%。

（4）以洲头导流堤为主的组合方案一与以潜坝为主的组合方案四相比，前者效果略好于后者，两者左汊分流比增加值相差 0.15%～0.19%。

（5）组合方案五增加左汊分流比的效果最好，多组流量条件下工程实施后左汊分流比增加 5.19%～5.58%；以导流堤为主的组合方案一、二和以潜坝为主的组合方案四，对左汊分流比的增加效果亦较好，工程实施后左汊分流比分别增加了 2.85%～3.10%、3.49%～3.75%、2.67%～2.95%；组合方案三的整治效果相对较差，工程实施后左汊分流比增加 1.99%～2.28%。

综上所述，综合考虑工程对左汊分流比的增加效果、左汊入流条件的改善，并结合工程对左、右汊通航条件的影响等因素，推荐组合方案二为八卦洲汊道整治方案。

7.3.3 八卦洲汊道整治推荐方案对左汊减淤效果

图 7.14 与图 7.15 分别为中水中沙年及 8 年系列水文年后左汊进口段附近河床冲淤形态；表 7.14 为工程实施后八卦洲左、右汊冲淤量统计。

表 7.14 工程实施后八卦洲左、右汊冲淤量统计

单位:万 m³

工况	左汊			右汊		
	工程前	工程后	差值	工程前	工程后	差值
中水中沙年	+90	−20	−110	+35	+175	+140
大水大沙年	+430	+188	−242	−290	−108	+182
7 年系列水文年	+640	+302	−338	−227	−135	+92
8 年系列水文年	+920	+381	−539	−370	−189	+181

由图、表、照片及试验过程观察可知，工程实施后，在典型年及系列水文年作用下，八卦洲汊道左、右汊河床冲淤变化呈现如下特征：

（1）工程后遭遇中水中沙单个典型年后，左汊河床由自然演变时小幅淤积状态转变为工程后的小幅冲刷；遭遇大水大沙单个典型年、7 年系列水文年（2004—2010 年）及 8 年系列水文组合年（2004—2010 年＋1998 年）后，左汊河床总体上仍呈现淤积态势，但淤积的量值较自然演变时大幅减少。工程后经历中水中沙年、大水大沙年、7 年系列水文年及 8 年系列水文年后,左汊减淤量分别为 110 万、242 万、338 万及 539 万 m^3,工程效果较显著。

(2)工程后遭遇大水大沙不利冲刷年份时,右汊的净冲刷量明显减小,单个大水大沙年和 8 年系列水文组合年(包含 1998 大水大沙年)后右汊净冲刷量减小约 180 万 m^3,有利于左汊分流比的维持。

(3)工程后导流堤右后方靠近洲头右缘的防护区内因防护较好,未见明显冲刷;堤头左前方防护区外出现局部冲刷坑。

图 7.14 工程实施后遭遇中水中沙年导流堤附近河床冲淤形态

图 7.15 工程实施后 8 年系列水文年后导流堤附近河床冲淤形态

第8章 八卦洲汊道整治工程建筑物防护试验

8.1 工程实施后导流堤附近流场变化

工程实施后流场变化特征如下：

（1）八卦洲分流前干流段：自浦口至长江大桥下游 2 km 的范围内，两级流量条件下，测点垂线平均流速变化仅为 0.01～0.02 m/s，说明工程实施对该区域的流场基本不产生影响。

（2）导流堤堤头前与分流区：工程实施后，导流堤堤头附近水域流速大幅增加，当流量为 15 290 m³/s 和 48 370 m³/s 时，流速分别由工程前的 0.55 m/s 和 1.23 m/s 增大至 1.27 m/s 和 2.78 m/s，增幅可达 0.72 m/s 和 1.55 m/s，可见工程后堤头迎流受冲，防护压力较大；堤头前右侧水域工程后流速有小幅增加，增幅在 0.05～0.37 m/s；堤头前左侧黄家洲边滩上流速略有增加，增幅为 0.05～0.11 m/s，堤头左前方近堤水域为流速减小区，流速减幅在 0.06 m/s～0.45 m/s。

（3）左汊：工程实施后，左汊分流比增加 3.45%～3.75%，左汊河道内流速普遍增大；当流量分别为 15 290 m³/s 和 48 370 m³/s 时，河道内流速增幅一般为 0.05～0.17 m/s 和 0.06～0.20 m/s；黄家洲切滩区、马汊河中部疏浚区流速增幅相对略小，一般在 0.04～0.12 m/s 和 0.05～0.15 m/s 之间。

（4）右汊：工程实施后，右汊的断面流速分布发生了明显的变化，总体上右汊水流动力减弱，断面上的流速分布出现左减右增的不均匀变化趋势，具体变化特征如下：

工程实施后，断面平均流速降低 0.05～0.07 m/s，但洲头导流堤阻水挑流作用显著，对右汊河道内流速场的结构调整影响较大，表现在：工程后堤身右侧后方近岸水域为坝下回流、缓流区，流态紊乱，流速大幅降低，从导流堤至天河口附近左岸近岸 800 m 以内为流速减小区，流速减幅一般在 0.2～

1.02 m/s,流速减幅最大的部位为洲头右缘深槽区域内,在大江流量为48 370 m³/s时,深槽内流速由工程前的1.68 m/s减小至0.66 m/s;因导流堤的挑流作用,从右汊进口至新生圩一带河道右侧水域为流速增大区,在$Q=$48 370 m³/s时,这一带的流速增幅可达到0.05~0.61 m/s,流速增幅最大部位于右汊进口的右侧即上元门下边滩至燕子矶一带水域,上元门下边滩、燕子矶、南京长江二桥右岸、新生圩港区的近岸流速分别增加0.41、0.38、0.06和0.05 m/s。

(5)汇流段:工程实施后,八卦洲汊道的汇流西坝至石埠桥一带的流场变化较小,河道内流速的变化值一般在0.02 m/s以内。

综上所述,推荐组合方案实施后:八卦洲汊道分流前的干流段和汇流段的流速结构基本不受工程影响;而导流堤堤头附近流速增大,流速的最大值可由工程前的1.23 m/s增大至2.78 m/s,因此必须考虑堤头附近河床防冲;左汊分流比小幅扩大,水流动力有所增强,左汊河道内流速一般增大0.05~0.20 m/s,切滩和疏浚区的流速增加值相对略小;右汊河道内,断面平均流速总体上略有降低,因导流堤阻水挑流作用,右汊流场结构发生较大的调整,断面流速分布主要表现为左减右增的不均匀变化。河道左侧为流速主要减小区,其流态较为紊乱,洲头右缘深槽内的流速最大减幅可达1.02 m/s,河道右侧为流速增加区,其最大增幅为0.61 m/s,上元门边滩下边滩至新生圩港区近岸流速增大0.05~0.41 m/s。工程后,右汊的这种流速变化趋势,给堤防安全以及右汊业已形成边滩、深槽相对稳定的总体格局造成影响,因此工程实施必须采取适当的防护工程措施,确保防洪安全及河势稳定。

8.2 导流堤附近建筑物防护试验

8.2.1 无防护工程情况下的导流堤附近河床冲刷

为了对拟建八卦洲洲头导流堤周围河床的冲刷坑形态取得初步认识,并为工程方案的安全防护设计提供初步依据,我们在动床模型上仅布置了一道550 m长、高程为+4.0 m、方位角为215°的洲头导流堤,导流堤周围不设任何抛石防护或者软体排护底措施,进行了中水中沙年水文条件下的动床方案初步试验。

图8.1为导流堤附近河床冲淤形态。试验结果表明:

(1)右汊进口上元门边滩0.0~−10.0 m线范围略有淤积,淤积厚度在

0.2~0.8 m,−5.0~−10.0 m 线外移 20~50 m。

（2）导流堤堤头外 200 m 至堤身右后方河床出现剧烈的冲刷变形。冲刷较明显的范围为宽 400~600 m、长 1 600 m。其中−20.0 m 线最大拓宽达 450 m；工程前洲头右缘−30.0 m 深槽宽为 191 m，长 1 160 m，工程一年后拓展为宽 420 m，长 1 920 m；工程前−40.0 m 深槽宽 40 m、长 350 m，工程后为宽 230 m、长 726 m；工程前洲头右缘深槽最深点高程−44.7 m，工程后出现了−50.0 m 线的深槽，最深点为−52.0 m；导流堤堤头右后侧冲刷坑的最大冲刷幅度可达 22 m。

（3）燕子矶附近的近岸深槽亦出现了一定的冲刷，特别是上深槽冲刷较明显，冲刷幅度在 1~4 m。

（4）天河口附近深槽和新生圩港区冲淤幅度较小，局部河势相对稳定。

图 8.1　导流堤附近河床冲淤形态（无护底，2005 中水中沙年）

8.2.2　典型年建筑物附近防护试验结果

依据定床试验成果和前述不护底情况下的动床方案初步试验成果，长江勘测规划设计研究院针对导流堤堤头附近的局部冲刷提出了较大范围的抛石护底和软体排护底方案，以及将洲头右侧的−30.0 m 深槽用袋装土进行填坑，其中护底面积 2.1 km^2，填坑 80 万 m^3，工程布置见图 8.2。

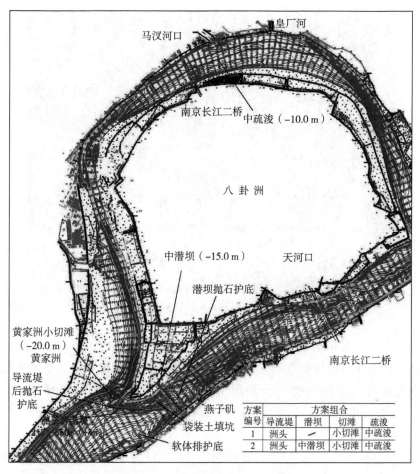

图 8.2　动床方案工程平面布置图

结合这一初步护底方案,动床模型就中水中沙(2005 年)、大水大沙(1998 年)水文条件对推荐组合方案即导流堤＋切滩＋疏浚进行了防护效果试验,具体结果分述如下:

8.2.2.1　中水中沙年试验结果

图 8.3 为经过 1 个中水中沙年后导流堤附近河床形态,由图可见:

(1)经过 1 个水文年的作用后,右汊滩槽格局未发生变化,河床处于工程后的冲淤调整期,右汊工程前后的河槽容积 175 万 m^3,其中燕子矶以上段淤积了 14 万 m^3,燕子矶以下段淤积了 161 万 m^3。

(2)右汊的主要淤积区为护底区右侧的上元门下边滩、天河口上游边滩、

图 8.3 中水中沙年作用后导流堤附近河床冲淤形态

笆斗山边滩滩头和滩尾以及新生圩港区,其淤积的幅度在 0.2～2.0 m;主要冲刷区位于导流堤堤头左前方防护区外、燕子矶近岸深槽和由矶头附近从右岸向左岸南京长江二桥主桥孔深槽间的过渡段,一般冲刷幅度在 0.2～1.8 m,燕子矶外深槽上段处于护底区末端下游,受导流堤挑流影响冲刷较明显,最大冲刷深度达 4.2 m。

(3) 导流堤右后方靠近洲头右缘的防护区内因防护较好,未见明显冲刷。

8.2.2.2　大水大沙年试验结果

图 8.4 为经过 1 个大水大沙年后导流堤附近河床冲淤形态,由图和照片可见:

(1) 经过 1 个大水大沙年的作用后,右汊滩槽格局未变,河床处于工程后较明显的冲淤调整期,河床冲淤变形的幅度相对较大,右汊工程前后的河槽容积分别为 23179 万 m^3 和 23287 万 m^3,冲刷了 108 万 m^3,其中燕子矶以上段净冲刷了 214 万 m^3,燕子矶以下段净淤积了 106 万 m^3。

(2) 护底区右侧的上元门下边滩、天河口上游边滩、笆斗山边滩以及新生圩港区为淤积区,其淤积的幅度在 0.5～3.1 m;主要冲刷区位于导流堤堤头左前方防护区外、燕子矶近岸深槽和由矶头附近从右岸向左岸南京长江二桥主桥孔深槽间的过渡段,一般冲刷幅度在 0.5～2.5 m,但由于燕子矶外深槽

图 8.4　大水大沙年作用后导流堤附近河床冲淤形态

上段处于护底区末端下游,受导流堤挑流影响冲刷较明显,—30.0 m 深槽槽首朝洲头右缘槽尾方向上提了 200 m,槽身向右拓宽 30～60 m,最大冲刷深度达 6.8 m。建议在工程方案实施时对燕子矶岸段进行适量的抛石防护,确保岸线稳定。

(3) 导流堤右后方靠近洲头右缘的防护区内因防护较好,未见明显冲刷;堤头左前方防护区外出现局部冲刷坑,最大冲深为 3.8 m,建议适当扩大导流堤堤头左前方的抛石护底范围,确保堤身稳定。

综上所述,洲头布置导流堤后,如果堤身附近不采取任何防护措施,工程运行后堤头及右后方较大范围内的河床将出现剧烈冲刷,必然会危及导流堤自身的结构安全与稳定,并对右汊进口段的局部河势稳定产生一定的影响,因此,对堤身附近河床进行相应的防护加固是十分必要的。护底初步方案基本合理,鉴于导流堤堤头前及燕子矶岸段最大冲刷深度较大,建议加强这两段的护底强度。

第9章 洲头导流堤结构型式试验研究

洲头导流坝工程是八卦洲汊道整治方案中的重要组成部分,承担着分流改善左汊水流动力的重要作用。在河道整治相关工程中,传统的堤坝建筑物常采用梯形堆石坝的型式,该种结构型式虽然起到很好的整治效果,但存在工程量巨大、局部防护难度较大的缺点,且存在减小左汊过流断面、影响分流效果的不足。因此,在保证工程结构的稳定,同时满足整治工程效果并尽量做到减小对河势影响的前提下,急需研究和寻求经济、可靠的工程结构型式及施工工艺。本专题在总结现有工程结构型式研究成果的基础上,从水流方面研究四面六边体透水框架、大圆筒作为筑坝主要材料的导流堤结构型式。

9.1 坝体结构型式现状

堤坝,是航道整治、河道治理等水利工程中常见的建筑物,传统的结构型式多为斜坡式、直立式等土石坝或抛石坝。随着经济发展、新材料推广应用、施工工艺提高,在满足坝体的工程效果及稳定性的基础上,为适应环境需要和经济性,出现了多种类型的新型坝体结构型式,如抛石混合堤、沙枕填芯混合堤、半圆体沉箱、框架及大圆筒等预制构件坝。这些新结构型式的坝体有的处于研究过程中,有的已经应用于实体工程中,按坝主体材料组成和断面型式,可分为两大类,一是堆石或沙袋坝,二是预制构件坝,后者是新型坝体结构型式主要发展方向。

9.1.1 堆石、沙袋坝

堆石坝主要有普通的全堆石坝以及抛石混合坝两种。全堆石坝采用块石抛投而成,施工便利、整体性强,但存在工程量大、断面面积大、造价高、坝体表面易受水流侵蚀等缺点,在我国河流航道整治、河道治理工程中应用非常广泛,如长江中下游的大多数已建丁坝、顺坝及鱼嘴工程。

传统的全堆石坝常因底部基础淘刷、坝面块石剥蚀易发生损毁,由此出现了抛石混合坝,设计时坝主体为散抛石,而护面和护底采用了新型式的保护方法,在长江航道整治及河道治理工程中应用较多。目前相关学者正在研究四脚椎体护面的混合型堆石或沙袋混合坝,以进一步提高坝体的稳定性,使其适用于深水大流速条件。近年来,采用袋装沙袋替代散抛石作为堤坝主体的袋装沙混合坝亦得到了较好的应用,如长江南京镇扬河段和畅洲水道口门控制潜坝工程。另外在长江下游张南下浅区及武穴水道航道整治及其他工程中运用了沙枕-模袋混凝土盖面混合坝。改进过的堆石或沙袋混合坝可以适应深水、流急等不良筑坝环境,但堤坝的断面面积仍然较大,工程量并未减少,对块石或砂砾的需求量巨大。

9.1.2　预制构件坝

随着工业化发展以及对坝体稳定性提出的更高要求,出现了大型预制构件坝,如框架坝(又称箱体坝)、大圆筒结构堤、半圆体沉箱堤等。

9.1.2.1　框架坝(箱体坝)

该种结构型式的出现是为了解决全抛石坝整体性不好的问题,同时又能克服沉箱坝水下基床平整和安放困难、造价高的问题,其结构如图 9.1 所示。框架坝是一种重力式混合坝,上部结构是开口、有底方箱式,侧墙与底部镂空,可以和相邻框架坝贯通,箱内填石。目前已用于长江武穴水道航道整治工程设计中,具有直立坝结构的紧凑、断面小、整体性好、自重轻、便于施工的优点,同时具有直立坝和斜坡坝的优良性能。

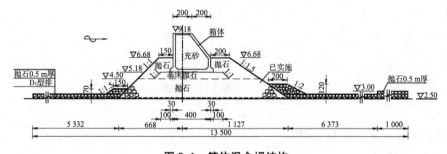

图 9.1　箱体混合坝结构

9.1.2.2　大圆筒结构堤

大直径圆筒结构是一种新型的水工结构,一般是指直径在 5 m 以上的无底、无内隔墙的薄壁圆筒,多用钢筋混凝土材料制成,如图 9.2 所示。它的工作原理在于靠其自身重量以及内部和上部填料的重量来承受外部荷载的作用,维持其稳定性。因此,其特点是"皮薄馅大",多让材料发挥作用。由于它具有施工简捷、造价低等优点,且能适应水深浪大的恶劣环境,特别是沉入式大直径圆筒结构,无需抛石基床,并可避免开挖地基,因此与传统的水工结构相比,该结构对于某些淤泥地基施工工具有不可替代的优势。沉入式大直径圆筒结构的防波堤与传统型式的抛石斜坡堤、沉箱或方块结构的直立堤相比,其结构简单,构件数量少,材料更省,造价更低。一般可以不考虑减压卸荷措施(如减压抛石棱体和卸荷板等),并且可以就地取用海沙吹填,以节省造价。同时,根据地基条件可不设基床,将大直径圆筒结构直接埋入地基土中,由此可减少施工环节,加快施工进度,工程造价进一步降低。根据资料统计,同等条件的斜坡堤造价约 7.54 万元/m,而沉入式大直径圆筒结构防波堤的造价仅为 5.94 万元/m,可节省投资约 21%。据已建码头工程统计,大直径圆筒方案相比沉箱方案和矩形空箱方案,混凝土用量分别减少 12.94% 和 43.26%。每延米码头工程费用大直径圆筒方案仅为矩形空箱方案的 70%。根据防城港二作业区码头方案比较,每延米码头工程费用大直径圆筒结构方案分别比沉箱方案和方块码头方案省 15.5% 和 14.3%。

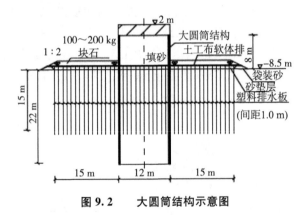

图 9.2　大圆筒结构示意图

9.1.2.3　半圆型沉箱堤

半圆型沉箱防波堤或河口导堤(简称半圆堤),是 20 世纪 80 年代末由日本首次研发的一种堤身主体由预制钢筋混凝土半圆形拱圈和底板组成,置于抛石基床上的新型防波堤结构,如图 9.3 所示。

半圆堤按堤顶高程是否出水,分为出水堤和淹没堤(潜堤)两大类。从提高消浪效果和减少底板浮托力的角度考虑,可在堤身适当开孔,按开孔情况又可分为:不开孔的基本型、迎浪侧开孔的前面消浪型、背浪侧开孔的背面消

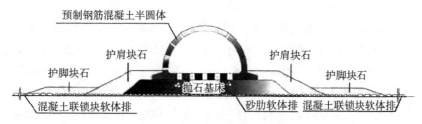

图 9.3　半圆体混合堤断面

浪型、迎浪侧和背浪侧均开孔的透过型,如图 9.4 所示。

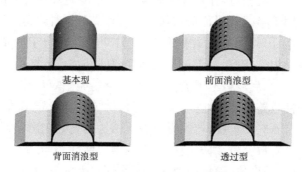

图 9.4　半圆型防波堤开孔型式

日本自 1985 年开始进行半圆型防波堤的研究实验工作,1992 年在九州东南沿岸的宫崎港建成 3 段共 36 m 长的半圆型实验堤,该堤的钢筋混凝土半圆堤的半径 R 为 9.80 m,拱圈厚 0.50 m,底板厚 2.55 m,开孔为后开孔形式,拱圈港侧的开孔率为 25%,拱圈海侧的开孔率为 1%,底板的开孔率为 10%。据了解,宫崎港的半圆型实验堤由于个数少、施工工艺复杂、造价并不低等因素,未在日本大面积推广应用。

在国内,中交第一航务工程勘察设计院(一航院)于 1995 年 3 月首次提出了半圆型混合堤结构方案,将该结构型式运用到天津港北大防波堤新建工程的初步设计中,随后,又运用在天津港南疆第五期围埝的东端防波堤工程中,此后,该结构在国内得到了广泛的研究和应用,典型的工程包括:

(1)天津港南疆防波堤,是中国第一座半圆型防波堤,于 1997 年 9 月建成,堤身全长 527 m,半圆型构件的半径为 4.50 m,底宽为 10.60 m,拱圈厚 0.55 m,底板厚 0.75 m,建成当年即经受住了 9711 号台风波浪作用的考验。

(2)天津港北大防波堤,于 2004 年 8 月建成,约 6.4 km,随后又向北建造,总长达 11.7 km,半圆型构件的半径为 4.5 m,拱圈的厚度为 0.55 m,底板厚度为 0.8 m,是世界上首座建在超软基础上的半圆型防波堤。

(3)威海金线顶岛式防波堤,防波堤纵轴线为半径 1 500 m 的圆弧,圆弧长度为 863.335 m,半圆型构件高为 8.5 m,拱圈厚 0.7 m,外径 7.2 m,底板厚 1.3 m,底宽 18.4 m,单件长度 5 m,单件重量 470 t,半圆体数量共计170 个,该半圆体为目前亚洲应用于实际工程中尺寸最大的半圆体构件。

(4)长江口深水航道一期工程,于 1998 年建造,南导堤包括其北侧的丁堤总共约 18.0 km,采用半径为 4.0 m 的半圆型构件,构件高 4.5 m,拱圈厚0.75 m,底板厚 1.25 m。

与传统的直立堤相比,作用于半圆堤上的波浪力较小,因此抗滑稳定性能好。由于作用于半圆形堤面的波浪压力,其作用方向均通过圆心,对堤身不产生倾覆力矩,因此地基应力基本为均分布状况,适合于软基的条件。圆拱结构的构件受力性能好,局部强度容易得到满足,且结构中空、简单,可全部在陆上预制,下水后浮运至现场沉放,无现浇混凝土等后续工序,因此特别适用于自然条件较差的外海地区。半圆型构件为自身稳定结构,堤身内无需填石,施工简便,石料用量省,与混凝土方块结构相比,其整体性好,可较方便地被吊起并重新安放就位,每安装一个半圆型构件即相当基本上形成一小段防波堤,不但施工速度快,而且特别适合于水深浪大的外海作业和使用条件,半圆型构件安放在基床上后,即可抵御大浪袭击,施工期的稳定性优于其他传统的防波堤型式,而且半圆型堤在海域中具有较好的景观效果,此种结构在防波堤、海岸保护的建设和航道治理中,应用前景广阔。但是,半圆型防波堤结构易发生越浪且堤内波高较大,故适用于水深较浅(一般小于 10 m)的波浪破碎区。

综上可见:传统的筑坝结构型式,一般采用以石料、沙袋等为主要材料的实体结构型式,虽然这种建筑物的工程效果明显,但其工程投资和涉水规模较大,施工周期长,工程建成后,常因底部基础淘刷、坝面块石剥蚀易发生损毁,急需寻求替代材料或结构型式;半圆堤具有堤身稳定性好、施工简便、石料用量省等优点,但适合较浅的水域;而透水框架或透水框架群,具有与水深、流速等水流条件适应强、稳定性好的优点,如果在框架中主动抛填适当的充填料或自然淤积的泥沙,其完全能够达到水下筑坝的要求;大圆筒具有能适应水深浪大的恶劣环境及施工简捷、造价低等优点。后两种新结构型式,在大水深、高流速的河流水域,具有广阔的运用前景。

9.2　四面六边体透水框架群筑坝关键技术研究

9.2.1　四面六边体框架研究进展

混凝土四面六边体透水框架由六根长度相等的预制钢筋混凝土框杆相互连接组成,呈三棱锥,目前多作为新型护岸结构应用于河道治理或航道整治工程中。南京河段新济洲汊道西江横埂、尾岸段、八卦洲洲头左缘、龙潭弯道三江口段均采用了该种护岸结构,工程的实施效果明显。

20世纪50年代,苏联最早将透水框架四面体应用于河道护岸中。在我国,四面六边体透水框架结构由西北水科所韩瀛观教授在20世纪80年代最早提出,他提出将四面六边透水框架投放在江河中,利用水流自身的动力达到减冲、促淤、保滩护岸的目的,1995年,试验取得了成功。四面六边透水框架理念提出后,多年来多位专家学者进行了相关的试验研究,研究涉及框架结构对水力特性影响,框架群减冲、促淤、护岸效果等多个方面,取得了比较丰富的研究成果。

四面六边体透水框架利用框架群同时具备透水和阻水消能的特点,对水流进行多层次、分级式消能,逐步消弱水流的冲刷能量,降低水流对堤防岸滩的冲刷作用,实现了从传统护岸技术中的集中消能到逐步分级消能的转变,减速促淤效果明显。同时,由于四面六边体框架本身是透水的,框架体与框架体之间也有很大的空隙,这就为一些底栖、浮游、附着生物提供了栖息场所,为岸滩两栖生物提供了生活通道,起到了生态防护的作用。此外,与其他结构型式相比,四面六边体结构还具有节省投资、自身稳定性好、透水、基础不易被冲刷、适合地形变化的特性,是一项值得广泛研究和大力推广的应用于河道整治的结构型式。

目前,四面六边体透水框架在工程应用中主要用于护岸工程,对其在护岸工程中的护岸效果、机理、稳定性以及经济社会效益等方面的研究也较多。但作为一种新材料,其目前的使用领域偏窄,对于利用透水框架筑坝及在其他工程中应用的研究基本空白,因此,针对使用四面六边体透水框架修建导流坝的关键技术研究是十分必要的。本章节将在理论分析的基础上,研究单个框架以及多个不同拼组方式框架的抛投落距以及抛投后的稳定性,论证透水框架群作为筑坝材料的可行性。

9.2.2 概化水槽模型设计

9.2.2.1 概化水槽模型

因八卦洲汊道整治工程布置中,拟将八卦洲头右侧深槽回填至−30.0 m,综合考虑工程后的水下地形情况、透水框架尺寸以及试验场地和仪器设备等条件,水槽模拟原体河道宽 50 m,最大水深 40 m,最大垂线平均流速按 3.0 m/s,模拟比尺 1:50,故水槽尺寸为 35.0 m×1.0 m×0.8 m(长、宽、高),为便于观察,水槽中段设置长 2~3 m 的玻璃边壁观察区,水槽具体布置见图 9.5。

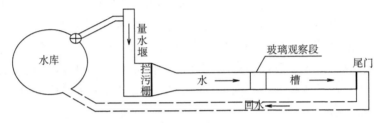

图 9.5 模型水槽布置示意图

9.2.2.2 量测系统

1. 流量控制

采用矩形薄壁堰控制流量,流量按下式计算:

$$Q = m_0 B \sqrt{2g} H^{3/2} \tag{9.1}$$

式中:Q 为流量,单位 m³/s; B 为堰顶宽,单位 m, H 为堰上水头,单位 m; m_0 为流量系数,采用巴辛(Bazin)公式计算:

$$m_0 = (0.405 + 0.002\ 7/H)[1 + 0.55(H/(H+a))^2] \tag{9.2}$$

式中:a 为矩形薄壁堰堰高,单位 m;经过多次试验率定,m_0 取 0.42。

2. 流速测量

流速测量采用南京水利科学研究院和无锡讯泰科技有限公司联合研制的最新一代"河流海岸物联网测控系统",见图 9.6。

3. 水深测量

使用粘贴在水槽观察段玻璃外壁上的刻度尺测量,精度为 1 mm。

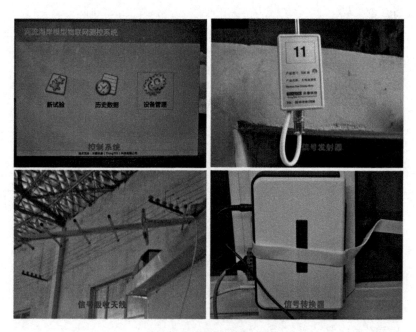

图 9.6 物联网测控系统

4. 抛投落距测量

使用固定在水槽观察段底部的刻度尺测量,精度为 1 mm。

9.2.2.3 水槽模型及透水框架相似比尺

水槽模型应遵循水流运动相似及透水框架运动相似,具体相似条件如下:

1. 模型比尺

$$\lambda_L = \lambda_H = 50 \qquad (9.3)$$

2. 重力相似

$$\lambda_V = \sqrt{\lambda_H} \qquad (9.4)$$

式中:λ_V 为流速比尺。

3. 透水框架沉降相似

框架结构(单个框架)水下重量为:

$$G = 6 \cdot (\gamma_s - \gamma) \cdot B \cdot D \cdot L \qquad (9.5)$$

153

式中：G 为框架结构水下重力；B、D、L 为组成框架杆件的宽、高、长；γ_s 为框架体的容重。

框架体抛投下沉过程中，受到水流的阻力，可看作桩柱绕流的阻力，其阻力为：

$$F_{沉降} = (3 + \sqrt{3}) \cdot C_{D沉降} \cdot \rho \cdot B \cdot L \cdot \frac{V_{沉降}^2}{2} \tag{9.6}$$

式中：$C_{D沉降}$ 为框架沉降绕流阻力系数。

当框架结构达到匀速沉降时，阻力与水下重量相等，即：

$$G - F_{沉降} = 6 \cdot (\gamma_s - \gamma) \cdot B \cdot D \cdot L - (3 + \sqrt{3}) \cdot C_{D沉降} \cdot \rho \cdot B \cdot L \cdot \frac{V_{沉降}^2}{2}$$
$$= 0 \tag{9.7}$$

可以得到框架体的沉降速度为：

$$V_{沉降} = \sqrt{\frac{2 \cdot (3 + \sqrt{3})}{C_{D沉降}}} \cdot \sqrt{\frac{\gamma_s - \gamma}{\gamma} gD} \tag{9.8}$$

上式写成比尺关系有：

$$\lambda_{V_{沉降}} = \sqrt{\frac{\lambda_{\gamma_s - \gamma}}{\lambda_{C_{D沉降}}} \lambda_L} \tag{9.9}$$

假设模型框架与原型框架的阻力系数相等，由于框架结构沉降速度比尺与水流流速比尺相同，因此可转化为：

$$\lambda_{V_{沉降}} = \lambda_V = \lambda_L^{1/2} = \lambda_{\gamma_s - \gamma}^{1/2} \cdot \lambda_L^{1/2} \tag{9.10}$$

即要求：

$$\lambda_{\gamma_s - \gamma} = 1 \tag{9.11}$$

上式说明，在满足重力相似的前提下，只要模型透水框架的容重与原型一致，模型框架满足沉降相似，且沉降比尺为水流速度比尺。

4. 模型相似比尺汇总

根据上述相似条件确定的比尺关系，计算出模型的比尺，汇总于表 9.1。

表 9.1　模型比尺汇总表

序号	比尺	符号	数值
1	水槽平面比尺	λ_L	50
2	透水框架几何比尺	λ_L	50
3	水流流速比尺	λ_V	7.07
4	水流流量比尺	λ_Q	17 678
5	透水框架沉降速度比尺	λ_ω	7.07

9.2.2.4　透水框架制作

原型透水框架杆件采用钢筋混凝土结构,混凝土强度为 C15,杆件长 1 m,杆件截面为 10 cm×10 cm 的正方形,内配 1 根 $\phi10$ 钢筋,杆件两端出露 15 cm,两两焊接形成框架,钢筋焊接长度 10 cm,其容重为 2.5 g/cm³。模型透水框架按几何比尺缩制,杆件材料采用塑料加铜粉的混合物,容重与原型钢筋混凝土一致,模型杆长 2 cm,杆件截面为 2 mm×2 mm 的正方形,模型杆件形状见图 9.7。

图 9.7　透水框架模型示意

9.2.3 透水框架及框架群抛投试验

9.2.3.1 试验条件

1. 试验水流条件

根据八卦洲河段实际流速与水深,按原型流速分别为 1 m/s、1.5 m/s、2 m/s、2.5 m/s、3 m/s,对应的水深条件分别为 10 m、15 m、20 m、25 m、30 m 进行试验,每组试验进行 10 次,取其统计平均值,结果见表 9.2。

表 9.2 试验的水流条件

原型水深(m)	几何比尺	试验水深(m)	原型流速(m/s)	流速比尺	试验流速(m/s)
10		0.2	1.0		0.141
15		0.3	1.5		0.212
20	50	0.4	2.0	7.07	0.283
25		0.5	2.5		0.354
30		0.6	3.0		0.424

2. 透水框架组合方式

针对单个透水框架、框架串、框架团及框架毯,在不同的水深条件及不同的流速条件下,进行由水面抛投入水沉降试验,试验观察透水框架在水中的沉降方式及形态,测量框架的沉降落距,并建立落距与水深、流速的关系。框架结构的组成方式见表 9.3,拼组方式见图 9.8~图 9.11。

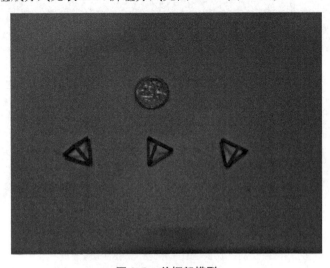

图 9.8 单框架模型

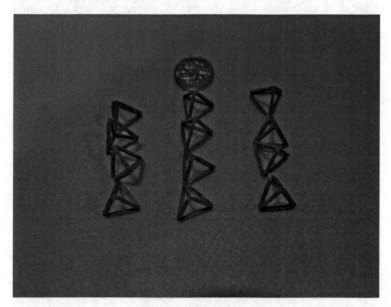

图 9.9　框架串模型

图 9.10　框架团模型图

图 9.11　框架毯模型

表 9.3　不同框架结构中框架个数汇总表

框架结构名称	框架个数			
编号	1	2	3	4
单个框架	1	1	1	1
框架串	4	8	12	20
框架团	4	8	12	20
框架毯	3×4	5×6	7×8	

9.2.3.2　透水框架抛投落距理论分析

设四面六边体透水框架的水平落距为 s，水深为 h，在沉降过程中水平运动速度 u 与水流垂线流速分布一致，沉降速度为 ω，则由指数流速分布公式有：

$$\frac{d_s}{d_t} = u = V_{\max}\left(\frac{y}{h}\right)^{1/6} \tag{9.12}$$

垂线方向上，框架沉降速度为：

$$\frac{d_y}{d_t} = \omega \tag{9.13}$$

两式联立,消去时间 t,有:

$$d_s = V_{\max} \left(\frac{y}{h} \right)^{1/6} \cdot \frac{1}{\omega} \cdot d_y \qquad (9.14)$$

将上式沿水深积分,并将垂线平均速度 $v = \frac{6}{7} V_{\max}$ 代入后有:

$$\frac{s}{h} = \frac{v}{\omega} \qquad (9.15)$$

杆件长为 l,宽和高为 d 的四面六边体透水框架在水中因受重力 W 的作用而下沉:

$$W = 6 \cdot (\gamma_s - \gamma) \cdot ld^2 \qquad (9.16)$$

在下沉过程中,要受到水流的阻力 F:

$$F = (3 + \sqrt{3}) \cdot C_D \cdot ld \cdot \frac{\rho \omega^2}{2} \qquad (9.17)$$

由以上两式联立,得:

$$\omega = \sqrt{(3 - \sqrt{3}) \cdot \frac{2}{C_D} \cdot \frac{\gamma_s - \gamma}{\gamma} gd} \qquad (9.18)$$

即为四面六边体透水框架沉速的一般公式,将沉降速度公式(9.18)代入 (9.15),并令 $k = \sqrt{\frac{1}{3 - \sqrt{3}} \cdot \frac{C_D}{2}}$ 得:

$$\frac{s}{h} = k \cdot \frac{v}{\sqrt{agd}} \qquad (9.19)$$

式中:k 为待定常数,k 的取值与透水框架的形状及沉降方式等有关;$a = (\gamma_s - \gamma)/\gamma$ 为透水框架的水下容重;s 为透水框架的落距;h 为水深;v 为抛点垂线平均流速;d 为组成透水框架体杆件的长度。

如采用与石块抛投落距公式形式,则可得到框架落距与重量的关系:

$$L_s = k_1 \cdot \frac{vh}{w^{1/6}} \qquad (9.20)$$

式中:k_1 为系数;w 为透水框架体的重量,单位 kg。

因此,只要得到系数 k_1,就可以获得框架抛投的落距。

9.2.3.3 单个框架抛投落距试验

单个透水框架抛投入水后,由于受入水姿态的影响,框架会有轻微的倾斜,少部分框架发生旋转,因此框架落点具有一定的随机性,但垂直于水流方向落点的离散度不大,一般在 5 cm 之内(原型 2.5 m 之内),顺水流方向落点离散度相对较大,一般达到 5 m 左右,框架沉落至水槽底部后的分布形态见图 9.12 和图 9.13。

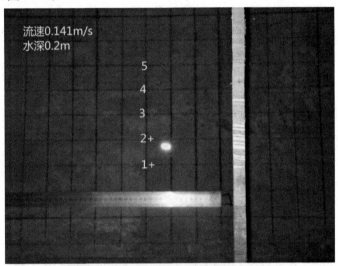

图 9.12 单个框架水槽底部分布图(1)

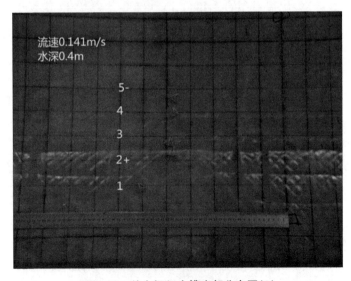

图 9.13 单个框架水槽底部分布图(2)

表9.4列出不同水深及流速条件下,单个透水框架落距及 k_1 值,图9.14～图9.18给出不同水深情况下的落距与流速的关系,可见:

表9.4 单个框架落距与水深、流速关系表

水深条件 (m)	原型流速 (m/s)	试验流速 (m/s)	试验落距 (m)	原型落距 (m)	系数 k_1
	0.933	0.132	0.116	5.78	1.306
	1.544	0.218	0.196	9.80	1.337
10	2.049	0.290	0.283	14.15	1.455
	2.830	0.400	0.372	18.60	1.384
	3.040	0.430	0.397	19.85	1.376
	0.999	0.141	0.189	9.47	1.331
	1.575	0.223	0.299	14.97	1.335
15	1.997	0.283	0.400	19.98	1.405
	2.503	0.354	0.491	24.56	1.378
	2.906	0.411	0.603	30.17	1.458
	1.056	0.149	0.248	12.42	1.239
	1.605	0.227	0.385	19.27	1.265
20	2.121	0.300	0.546	27.32	1.357
	2.604	0.368	0.622	31.11	1.258
	3.118	0.441	0.773	38.67	1.306
	1.043	0.148	0.335	16.74	1.353
	1.531	0.217	0.485	24.25	1.335
25	2.073	0.293	0.649	32.47	1.320
	2.510	0.355	0.852	42.62	1.431
	3.120	0.441	1.035	51.73	1.397
	1.039	0.147	0.350	17.51	1.183
	1.564	0.221	0.597	29.87	1.341
30	1.985	0.281	0.771	38.56	1.364
	2.471	0.350	0.935	46.73	1.328
平均					1.342

(1)在相同水深条件下,单个透水框架落距随流速增大而增大,呈线性关系;

(2)在相同流速条件下,单个透水框架落距随水深增大而增大。

根据试验数据,采用公式 9.20 形式,得到单个框架抛投系数 k_1 的范围为 1.183～1.458,平均值为 1.342。

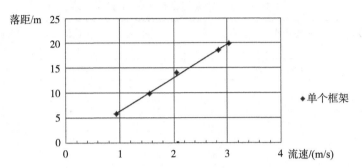

图 9.14　单个框架落距与流速关系图(水深 10 m)

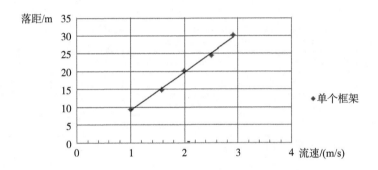

图 9.15　单个框架落距与流速关系图(水深 15 m)

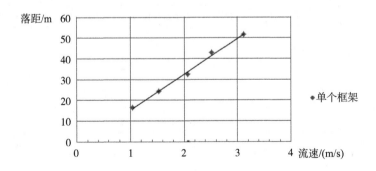

图 9.16　单个框架落距与流速关系图(水深 20 m)

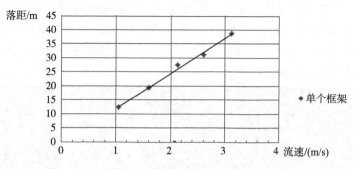

图 9.17　单个框架落距与流速关系图(水深 25 m)

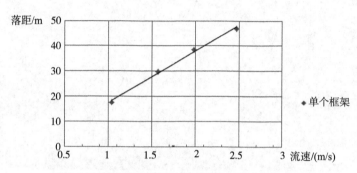

图 9.18　单个框架落距与流速关系图(水深 30 m)

9.2.3.4　框架串抛投落距试验

在使用透水框架施工时,为了提高施工效率,通常会根据施工现场条件,将多个透水框架拼组成不同的结构形式,常见的形式有框架串、框架团等。在考虑透水框架结构拼组形式的基础上,结合上述单个透水框架落距的研究,框架串落距公式修改为:

$$L_t = \eta k_1 \frac{vh}{w^{1/6}} \tag{9.21}$$

式中:k_1 为单个框架抛投系数;η 为框架拼组形式影响系数,单个框架抛投时取 1。

试验表明:框架串抛投入水后,顺水流方向基本不发生旋转,会有部分框架发生倾斜,落地后的形态会随机出现带状、团状,在下落过程中部分框架会出现垂直于水流方向的位移,其偏移及随水深、流速的关系与单个框架类似,即顺水流方向偏移方向具有一定的随机性,偏移量在 5 cm 之内(原型 2.5 m

之内),随着水深的增大,偏移有所增加,但随着流速的增大,偏移会有所减小,表明框架串的落点离散度减小,框架串抛投沉落至水槽底部后框架形态见图9.19和图9.20(图中标注+号表示向顺水流方向右侧偏移,标注-号表示向顺水流方向左侧偏移)。

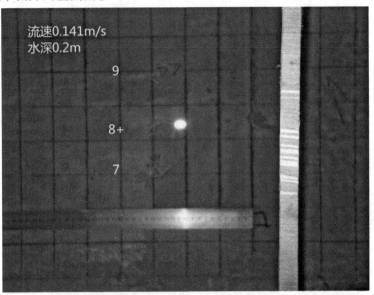

图9.19 框架串水槽底部分布图(1)(+号表示向顺水流方向右侧偏移)

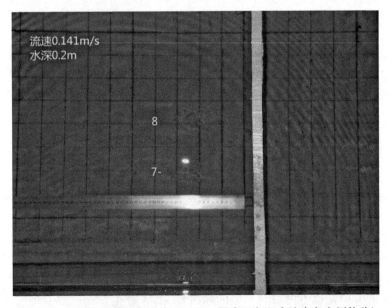

图9.20 框架串水槽底部分布图(2)(-号表示向顺水流方向左侧偏移)

表9.5～表9.9列出不同水深的框架串抛投落距,不同水深的落距与流速的关系曲线见图9.21和图9.25,由图表可见:

表9.5 框架串落距与水深、流速关系表(1)

水深条件 (m)	框架个数 (个)	试验流速 (m/s)	原型流速 (m/s)	试验落距 (m)	原型落距 (m)
10	4	0.132	0.933	0.129	6.47
		0.218	1.544	0.185	9.27
		0.290	2.049	0.281	14.06
		0.400	2.830	0.372	18.60
		0.430	3.040	0.397	19.85
	8	0.132	0.933	0.119	5.96
		0.218	1.544	0.179	8.97
		0.290	2.049	0.262	13.11
		0.400	2.830	0.348	17.40
		0.430	3.040	0.366	18.31
	12	0.132	0.933	0.109	5.44
		0.218	1.544	0.177	8.87
		0.290	2.049	0.255	12.74
		0.400	2.830	0.303	15.13
		0.430	3.040	0.362	18.10
	20	0.218	1.544	0.159	7.95
		0.290	2.049	0.254	12.70
		0.400	2.830	0.280	14.00
		0.430	3.040	0.343	17.17

表 9.6　框架串落距与水深、流速关系表(2)

水深条件 (m)	框架个数 (个)	试验流速 (m/s)	原型流速 (m/s)	试验落距 (m)	原型落距 (m)
15	4	0.141	0.999	0.193	9.66
		0.223	1.575	0.284	14.18
		0.283	1.997	0.408	20.39
		0.354	2.503	0.506	25.29
		0.411	2.906	0.556	27.79
	8	0.141	0.999	0.17	8.51
		0.223	1.575	0.275	13.76
		0.283	1.997	0.399	19.97
		0.354	2.503	0.491	24.55
		0.411	2.906	0.592	29.6
	12	0.141	0.999	0.167	8.34
		0.223	1.575	0.257	12.87
		0.283	1.997	0.378	18.91
		0.354	2.503	0.467	23.36
		0.411	2.906	0.552	27.62
	20	0.141	0.999	0.159	7.94
		0.223	1.575	0.257	12.83
		0.283	1.997	0.39	19.5
		0.354	2.503	0.493	24.67
		0.411	2.906	0.562	28.12

表 9.7 框架串落距与水深、流速关系表(3)

水深条件 (m)	框架个数 (个)	试验流速 (m/s)	原型流速 (m/s)	试验落距 (m)	原型落距 (m)
20	4	0.149	1.056	0.235	11.740
		0.227	1.605	0.382	19.120
		0.300	2.121	0.516	25.780
		0.368	2.604	0.621	31.030
		0.441	3.118	0.745	37.270
	8	0.149	1.056	0.234	11.690
		0.227	1.605	0.356	17.810
		0.300	2.121	0.499	24.940
		0.368	2.604	0.600	29.980
		0.441	3.118	0.756	37.810
	12	0.149	1.056	0.221	11.030
		0.227	1.605	0.353	17.640
		0.300	2.121	0.485	24.270
		0.368	2.604	0.607	30.360
		0.441	3.118	0.705	35.240
	20	0.149	1.056	0.216	10.780
		0.227	1.605	0.354	17.710
		0.300	2.121	0.493	24.630
		0.368	2.604	0.581	29.030
		0.441	3.118	0.703	35.170

表9.8 框架串落距与水深、流速关系表(4)

水深条件 （m）	框架个数 （个）	试验流速 （m/s）	原型流速 （m/s）	试验落距 （m）	原型落距 （m）
25	4	0.148	1.043	0.325	16.24
		0.217	1.531	0.491	24.57
		0.293	2.073	0.656	32.81
		0.355	2.51	0.807	40.37
		0.441	3.12	0.996	49.81
	8	0.148	1.043	0.303	15.17
		0.217	1.531	0.479	23.96
		0.293	2.073	0.613	30.67
		0.355	2.51	0.793	39.63
		0.441	3.12	0.989	49.45
	12	0.148	1.043	0.287	14.34
		0.217	1.531	0.455	22.73
		0.293	2.073	0.596	29.78
		0.355	2.51	0.77	38.51
		0.441	3.12	0.988	49.4
	20	0.148	1.043	0.287	14.35
		0.217	1.531	0.442	22.09
		0.293	2.073	0.627	31.37
		0.355	2.51	0.778	38.92
		0.441	3.12	0.97	48.51

表 9.9　框架串落距与水深、流速关系表(5)

水深条件 (m)	框架个数 (个)	试验流速 (m/s)	原型流速 (m/s)	试验落距 (m)	原型落距 (m)
30	4	0.147	1.039	0.324	16.22
		0.221	1.564	0.560	28.00
		0.281	1.985	0.766	38.32
		0.350	2.471	0.887	44.34
	8	0.147	1.039	0.328	16.41
		0.221	1.564	0.533	26.63
		0.281	1.985	0.756	37.78
		0.350	2.471	0.902	45.11
	12	0.147	1.039	0.325	16.25
		0.221	1.564	0.509	25.45
		0.281	1.985	0.714	35.68
		0.350	2.471	0.873	43.67
	20	0.147	1.039	0.307	15.36
		0.221	1.564	0.522	26.11
		0.281	1.985	0.710	35.48
		0.350	2.471	0.936	46.80

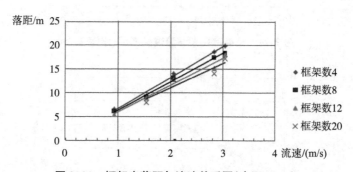

图 9.21　框架串落距与流速关系图(水深 10 m)

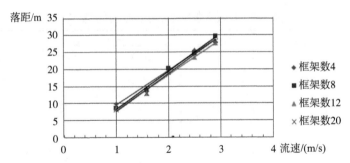

图 9.22　框架串落距与流速关系图(水深 15 m)

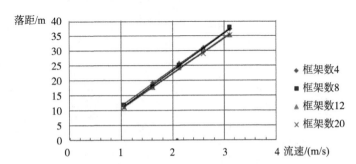

图 9.23　框架串落距与流速关系图(水深为 20 m)

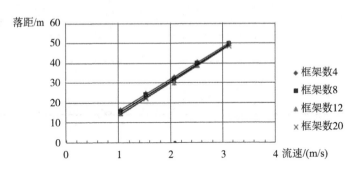

图 9.24　框架串落距与流速关系图(水深 25 m)

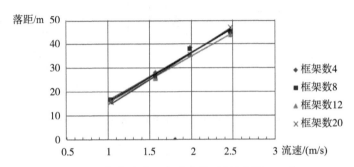

图 9.25　框架串落距与流速关系图(水深 30 m)

（1）在相同水深条件下,透水框架串落距随流速增大而增大,呈线性关系,增大的速度基本不受组成框架个数的影响;

（2）在相同流速条件下,透水框架串落距随水深增大而增大;

（3）在相同水深、流速条件下,透水框架串落距随组成框架结构的框架个数增加而略有减小;

（4）当组成框架串的框架个数较多时,环状框架串结构落距略大于普通框架串结构;

（5）根据试验数据,按公式9.21整理,透水框架串落距计算公式中拼组系数 η 的范围为 1.029~1.699,平均值为 1.361,见表9.10~表9.13。

表9.10 系数 η 求解表(1)

框架个数(个)	水深(m)	流速(m/s)	落距(m)	$k \cdot \eta$	η
4	10	0.132	6.470	1.840	1.371
		0.218	9.270	1.594	1.188
		0.290	14.060	1.821	1.357
		0.400	18.600	1.744	1.300
		0.430	19.850	1.733	1.291
4	15	0.141	9.660	1.712	1.275
		0.223	14.180	1.593	1.187
		0.283	20.390	1.806	1.346
		0.354	25.290	1.788	1.332
		0.411	27.790	1.692	1.261
4	20	0.149	11.740	1.476	1.100
		0.227	19.120	1.581	1.178
		0.300	25.780	1.613	1.202
		0.368	31.030	1.582	1.179
		0.441	37.270	1.586	1.182
4	25	0.148	16.240	1.653	1.232
		0.217	24.570	1.704	1.270
		0.293	32.810	1.680	1.252
		0.355	40.370	1.708	1.272
		0.441	49.810	1.695	1.263

续表

框架个数(个)	水深(m)	流速(m/s)	落距(m)	$k \cdot \eta$	η
4	30	0.147	16.220	1.381	1.029
		0.221	28.000	1.583	1.180
		0.281	38.320	1.708	1.273
		0.350	44.340	1.587	1.183

表9.11 系数 η 求解表(2)

框架个数(个)	水深(m)	流速(m/s)	落距(m)	$k \cdot \eta$	η
8	10	0.132	5.960	1.904	1.419
		0.218	8.970	1.731	1.290
		0.290	13.110	1.907	1.421
		0.400	17.400	1.831	1.365
		0.430	18.310	1.794	1.337
8	15	0.141	8.510	1.692	1.260
		0.223	13.760	1.735	1.293
		0.283	19.970	1.986	1.480
		0.354	24.550	1.948	1.452
		0.411	29.600	2.023	1.508
8	20	0.149	11.690	1.649	1.229
		0.227	17.810	1.653	1.232
		0.300	24.940	1.751	1.305
		0.368	29.980	1.715	1.278
		0.441	37.810	1.806	1.346
8	25	0.148	15.170	1.734	1.292
		0.217	23.960	1.865	1.390
		0.293	30.670	1.763	1.314
		0.355	39.630	1.882	1.402
		0.441	49.450	1.889	1.408
8	30	0.147	16.410	1.568	1.168
		0.221	26.630	1.690	1.260
		0.281	37.780	1.890	1.409
		0.350	45.110	1.813	1.351

表 9.12　系数 η 求解表(3)

框架个数(个)	水深(m)	流速(m/s)	落距(m)	$k \cdot \eta$	η
12	10	0.132	5.440	1.859	1.385
		0.218	8.870	1.831	1.364
		0.290	12.740	1.982	1.477
		0.400	15.130	1.704	1.270
		0.430	18.100	1.898	1.414
12	15	0.141	8.340	1.774	1.322
		0.223	12.870	1.737	1.294
		0.283	18.910	2.011	1.499
		0.354	23.360	1.983	1.478
		0.411	27.620	2.020	1.505
12	20	0.149	11.030	1.664	1.240
		0.227	17.640	1.752	1.305
		0.300	24.270	1.824	1.359
		0.368	30.360	1.858	1.385
		0.441	35.240	1.801	1.342
12	25	0.148	14.340	1.753	1.307
		0.217	22.730	1.893	1.411
		0.293	29.780	1.831	1.365
		0.355	38.510	1.956	1.458
		0.441	49.400	2.019	1.504
12	30	0.147	16.250	1.661	1.238
		0.221	25.450	1.728	1.288
		0.281	35.680	1.910	1.423
		0.350	43.670	1.878	1.399

表 9.13　系数 η 求解表(4)

框架个数(个)	水深(m)	流速(m/s)	落距(m)	$k \cdot \eta$	η
20	10	0.218	7.950	1.788	1.332
		0.290	12.700	2.152	1.603
		0.400	14.000	1.717	1.279
		0.430	17.170	1.960	1.461

框架个数(个)	水深(m)	流速(m/s)	落距(m)	$k \cdot \eta$	η
20	15	0.141	7.940	1.840	1.371
		0.223	12.830	1.885	1.405
		0.283	19.500	2.259	1.683
		0.354	24.670	2.280	1.699
		0.411	28.120	2.239	1.669
20	20	0.149	10.780	1.771	1.320
		0.227	17.710	1.915	1.427
		0.300	24.630	2.015	1.502
		0.368	29.030	1.935	1.442
		0.441	35.170	1.957	1.459
20	25	0.148	14.350	1.910	1.423
		0.217	22.090	2.003	1.493
		0.293	31.370	2.101	1.565
		0.355	38.920	2.153	1.604
		0.441	48.510	2.159	1.609
20	30	0.147	15.360	1.709	1.274
		0.221	26.110	1.931	1.439
		0.281	35.480	2.068	1.541
		0.350	46.800	2.191	1.633

9.2.3.5 框架团抛投落距试验

试验结果表明:框架团抛投入水后,顺水流方向基本不发生旋转,框架团落地后基本保持其原有形态,在下落过程中部分框架会出现垂直于水流方向的位移,这种位移的方向是随机的,位移量随着水深的增大有所增加,随着流速的增大有所减小,位移数值在 5 cm 之内(原型 2.5 m 之内),框架团抛投沉落至水槽底部后框架形态见图 9.26 和图 9.27(图中标注＋号表示向水流方向右侧偏移,标注－号表示向水流方向左侧偏移)。

表 9.14～表 9.18 列出不同水深的框架团抛投落距,不同水深的落距与流速的关系曲线见图 9.28～图 9.32,由图表可见:

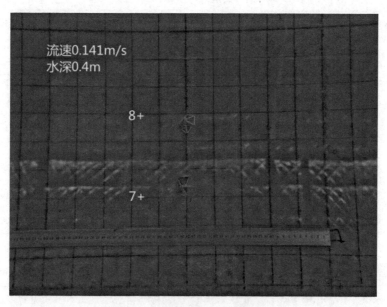

图 9.26　框架团水槽底部分布图(1)

图 9.27　框架团水槽底部分布图(2)

表 9.14　框架团落距与水深、流速关系表(1)

水深条件 （m）	框架个数 （个）	试验流速 （m/s）	原型流速 （m/s）	试验落距 （m）	原型落距 （m）
10	4	0.132	0.933	0.125	6.260
		0.218	1.544	0.174	8.700
		0.290	2.049	0.259	12.950
		0.400	2.830	0.350	17.500
		0.430	3.040	0.384	19.180
	8	0.132	0.933	0.108	5.410
		0.218	1.544	0.172	8.620
		0.290	2.049	0.227	11.370
		0.400	2.830	0.289	14.460
		0.430	3.040	0.356	17.780
	12	0.132	0.933	0.102	5.110
		0.218	1.544	0.172	8.600
		0.290	2.049	0.210	10.490
		0.400	2.830	0.286	14.320
		0.430	3.040	0.341	17.060
	20	0.218	1.544	0.169	8.450
		0.290	2.049	0.222	11.090
		0.400	2.830	0.265	13.230
		0.430	3.040	0.319	15.940

表 9.15　框架团落距与水深、流速关系表(2)

水深条件 (m)	框架个数 (个)	试验流速 (m/s)	原型流速 (m/s)	试验落距 (m)	原型落距 (m)
15	4	0.141	0.999	0.183	9.170
		0.223	1.575	0.279	13.940
		0.283	1.997	0.368	18.410
		0.354	2.503	0.476	23.800
		0.411	2.906	0.549	27.450
	8	0.141	0.999	0.175	8.730
		0.223	1.575	0.277	13.840
		0.283	1.997	0.358	17.900
		0.354	2.503	0.440	22.020
		0.411	2.906	0.522	26.090
	12	0.141	0.999	0.166	8.310
		0.223	1.575	0.246	12.290
		0.283	1.997	0.349	17.460
		0.354	2.503	0.447	22.350
		0.411	2.906	0.508	25.390
	20	0.141	0.999	0.156	7.820
		0.223	1.575	0.268	13.390
		0.283	1.997	0.349	17.470
		0.354	2.503	0.446	22.290
		0.411	2.906	0.494	24.710

表 9.16　框架团落距与水深、流速关系表(3)

水深条件 (m)	框架个数 (个)	试验流速 (m/s)	原型流速 (m/s)	试验落距 (m)	原型落距 (m)
20	4	0.149	1.056	0.234	11.69
		0.227	1.605	0.353	17.65
		0.300	2.121	0.498	24.91
		0.368	2.604	0.594	29.70
		0.441	3.118	0.677	33.86
	8	0.149	1.056	0.209	10.46
		0.227	1.605	0.327	16.35
		0.300	2.121	0.449	22.47
		0.368	2.604	0.547	27.33
		0.441	3.118	0.650	32.52
	12	0.149	1.056	0.211	10.56
		0.227	1.605	0.330	16.52
		0.300	2.121	0.42	20.98
		0.368	2.604	0.511	25.57
		0.441	3.118	0.621	31.05
	20	0.149	1.056	0.208	10.39
		0.227	1.605	0.321	16.05
		0.300	2.121	0.447	22.36
		0.368	2.604	0.527	26.37
		0.441	3.118	0.623	31.14

表 9.17　框架团落距与水深、流速关系表(4)

水深条件 (m)	框架个数 (个)	试验流速 (m/s)	原型流速 (m/s)	试验落距 (m)	原型落距 (m)
25	4	0.148	1.043	0.304	15.200
		0.217	1.531	0.477	23.860
		0.293	2.073	0.587	29.350
		0.355	2.510	0.774	38.690
		0.441	3.120	0.927	46.330
	8	0.148	1.043	0.278	13.920
		0.217	1.531	0.452	22.590
		0.293	2.073	0.621	31.040
		0.355	2.510	0.714	35.720
		0.441	3.120	0.864	43.190
	12	0.148	1.043	0.264	13.190
		0.217	1.531	0.437	21.830
		0.293	2.073	0.566	28.310
		0.355	2.510	0.692	34.590
		0.441	3.120	0.863	43.140
	20	0.148	1.043	0.262	13.090
		0.217	1.531	0.424	21.210
		0.293	2.073	0.559	27.940
		0.355	2.510	0.650	32.480
		0.441	3.120	0.832	41.610

表 9.18 框架团落距与水深、流速关系表(5)

水深条件 (m)	框架个数 (个)	试验流速 (m/s)	原型流速 (m/s)	试验落距 (m)	原型落距 (m)
30	4	0.147	1.039	0.312	15.610
		0.221	1.564	0.504	25.180
		0.281	1.985	0.731	36.550
		0.350	2.471	0.868	43.410
	8	0.147	1.039	0.332	16.610
		0.221	1.564	0.489	24.450
		0.281	1.985	0.676	33.810
		0.350	2.471	0.848	42.410
	12	0.147	1.039	0.306	15.300
		0.221	1.564	0.486	24.310
		0.281	1.985	0.634	31.690
		0.350	2.471	0.844	42.190
	20	0.147	1.039	0.296	14.810
		0.221	1.564	0.465	23.230
		0.281	1.985	0.634	31.690
		0.350	2.471	0.789	39.440

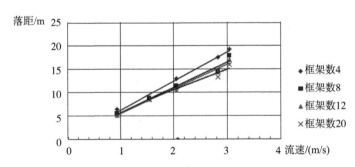

图 9.28 框架团落距与流速关系图(水深 10 m)

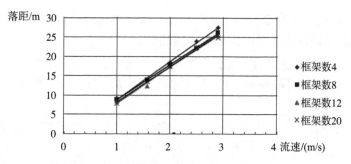

图 9.29　框架团落距与流速关系图(水深 15 m)

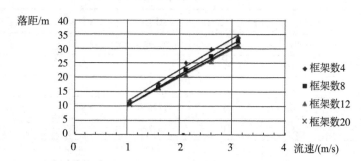

图 9.30　框架团落距与流速关系图(水深 20 m)

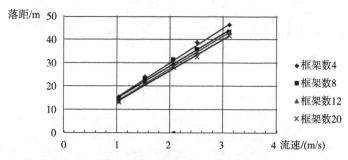

图 9.31　框架团落距与流速关系图(水深为 25 m)

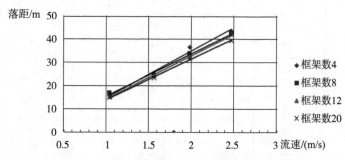

图 9.32　框架团落距与流速关系图(水深 30 m)

（1）在相同水深条件下，透水框架团落距随流速增大而增大，呈线性关系，增大的速度基本不受组成框架个数的影响。

（2）在相同流速条件下，透水框架团落距随水深增大而增大。

（3）在相同水深、流速条件下，透水框架团落距随组成框架结构的框架个数增加而略有减小。

（4）根据公式9.21，整理得到透水框架团拼组系数 η 的范围为0.990～1.536，平均值为1.261，见表9.19～表9.22。

表 9.19　系数 η 求解表(1)

水深(m)	流速(m/s)	框架个数(个)	落距(m)	$k \cdot \eta$	η
	0.132	4	6.260	1.782	1.328
	0.218	4	8.700	1.495	1.114
10	0.290	4	12.950	1.678	1.250
	0.400	4	17.500	1.641	1.223
	0.430	4	19.180	1.674	1.248
	0.141	4	9.170	1.625	1.211
	0.223	4	13.940	1.566	1.167
15	0.283	4	18.410	1.631	1.215
	0.354	4	23.800	1.683	1.254
	0.411	4	27.450	1.672	1.246
	0.149	4	11.690	1.469	1.095
	0.227	4	17.650	1.459	1.087
20	0.300	4	24.910	1.559	1.161
	0.368	4	29.700	1.514	1.128
	0.441	4	33.860	1.441	1.074
	0.148	4	15.200	1.547	1.153
	0.217	4	23.860	1.655	1.233
25	0.293	4	29.350	1.503	1.120
	0.355	4	38.690	1.637	1.220
	0.441	4	46.330	1.577	1.175
	0.147	4	15.610	1.329	0.990
	0.221	4	25.180	1.424	1.061
30	0.281	4	36.550	1.629	1.214
	0.350	4	43.410	1.554	1.158

表9.20 系数 η 求解表(2)

水深(m)	流速(m/s)	框架个数(个)	落距(m)	$k \cdot \eta$	η
10	0.132	8	5.410	1.728	1.288
	0.218	8	8.620	1.664	1.240
	0.290	8	11.370	1.653	1.232
	0.400	8	14.460	1.522	1.134
	0.430	8	17.780	1.742	1.298
15	0.141	8	8.730	1.735	1.293
	0.223	8	13.840	1.745	1.300
	0.283	8	17.900	1.780	1.326
	0.354	8	22.020	1.747	1.302
	0.411	8	26.090	1.783	1.329
20	0.149	8	10.460	1.475	1.099
	0.227	8	16.350	1.518	1.131
	0.300	8	22.470	1.578	1.176
	0.368	8	27.330	1.564	1.165
	0.441	8	32.520	1.554	1.158
25	0.148	8	13.920	1.590	1.185
	0.217	8	22.590	1.759	1.311
	0.293	8	31.040	1.784	1.330
	0.355	8	35.720	1.696	1.264
	0.441	8	43.190	1.650	1.229
30	0.147	8	16.610	1.587	1.183
	0.221	8	24.450	1.552	1.156
	0.281	8	33.810	1.692	1.261
	0.350	8	42.410	1.705	1.270

表 9.21　系数 η 求解表(3)

水深(m)	流速(m/s)	框架个数(个)	落距(m)	$k \cdot \eta$	η
10	0.132	12	5.110	1.745	1.300
	0.218	12	8.600	1.775	1.323
	0.290	12	10.490	1.632	1.216
	0.400	12	14.320	1.613	1.202
	0.430	12	17.060	1.789	1.333
15	0.141	12	8.310	1.768	1.318
	0.223	12	12.290	1.658	1.235
	0.283	12	17.460	1.858	1.384
	0.354	12	22.350	1.897	1.414
	0.411	12	25.390	1.857	1.384
20	0.149	12	10.560	1.594	1.188
	0.227	12	16.520	1.641	1.222
	0.300	12	20.980	1.576	1.174
	0.368	12	25.570	1.565	1.166
	0.441	12	31.050	1.587	1.183
25	0.148	12	13.190	1.613	1.202
	0.217	12	21.830	1.818	1.355
	0.293	12	28.310	1.741	1.297
	0.355	12	34.590	1.757	1.309
	0.441	12	43.140	1.763	1.314
30	0.147	12	15.300	1.564	1.165
	0.221	12	24.310	1.651	1.230
	0.281	12	31.690	1.696	1.264
	0.350	12	42.190	1.814	1.352

表 9.22　系数 η 求解表(4)

水深(m)	流速(m/s)	框架个数(个)	落距(m)	$k \cdot \eta$	η
10	0.218	20	8.450	1.900	1.416
	0.290	20	11.090	1.878	1.400
	0.400	20	13.230	1.622	1.209
	0.430	20	15.940	1.820	1.356

续表

水深（m）	流速（m/s）	框架个数（个）	落距（m）	$k \cdot \eta$	η
	0.141	20	7.820	1.812	1.350
	0.223	20	13.390	1.967	1.465
15	0.283	20	17.470	2.024	1.508
	0.354	20	22.290	2.061	1.536
	0.411	20	24.710	1.968	1.466
	0.149	20	10.390	1.708	1.273
	0.227	20	16.050	1.736	1.293
20	0.300	20	22.360	1.829	1.363
	0.368	20	26.370	1.757	1.310
	0.441	20	31.140	1.733	1.291
	0.148	20	13.090	1.742	1.298
	0.217	20	21.210	1.923	1.433
25	0.293	20	27.940	1.871	1.394
	0.355	20	32.480	1.797	1.339
	0.441	20	41.610	1.852	1.380
	0.147	20	14.810	1.649	1.229
	0.221	20	23.230	1.718	1.280
30	0.281	20	31.690	1.847	1.376
	0.350	20	39.440	1.846	1.376

9.2.3.6　框架毯抛投落距试验

试验共进行了 10 个组次的框架毯抛投，抛投后沉底情况如图 9.33 所示，试验发现：

（1）测次 1、5、6、9，在下落时框架毯发生反转，落至槽底时由框架在上变为框架在下。

（2）测次 2，框架在下，在下落时形态稳定，保持毯状平铺开，落至槽底后亦为毯状，平铺于槽底，落距远大于其他测次。

（3）测次 3、7，在水流作用下，框架毯在水中顺水流方向速度快慢交替，落至槽底后呈毯状平铺于槽底。

（4）测次 4、8、10，在水流作用下，框架毯在下落时横向晃动明显，落至槽底后呈毯状平铺于槽底。

综上所述,框架毯在下沉过程中形态极不稳定,表现在框架毯自身发生卷曲,导致抛投入水后下沉的路径极不稳定,落点离散度大,落至水槽底部后形态不稳定,该种结构型式,除非采用特殊的施工方法进行铺设,人工抛投难于成坝。

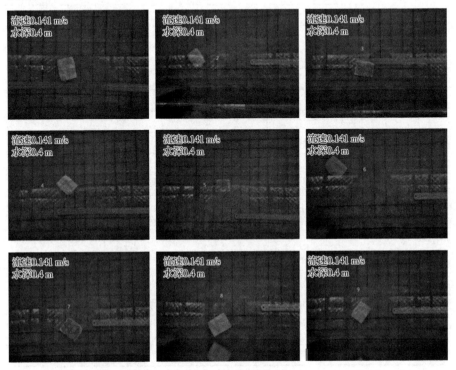

图 9.33　框架毯水槽底部分布图(由 12 个框架组成,水深 0.4 m,流速 0.141 m/s)

9.2.4　透水框架起动失稳试验

为了解透水框架作为筑坝材料的稳定性,本书设计本项试验。

试验研究了平床上无充填单个框架、框架串、框架团和平床上框架中充填天然沙、石料五种情况的框架起动流速,试验中框架采用如下形式:单个框架、框架串、框架团;充填料采用:原型中值粒径为 0.17 mm 的天然沙和中值粒径为 3~5 cm 的碎石,试验在长 35 m、宽 1 m、高 0.8 m 的水槽中进行,试验水深分别相当于原型 10 m,15 m,20 m。

9.2.4.1　充填料设计

采用碎石、床沙为充填料,原型充填料为粒径 3 cm、5 cm 的碎石,根据相似比尺,模型中可采用0.6 mm、1 mm的黄沙作为充填料。

对于采用原体河床泥沙,根据八卦洲河段的泥沙取样资料,可取中值粒径0.17 mm,原体沙起动流速采用沙玉清起动流速公式计算,模型采用PS模型沙,经计算模型沙中值粒径为0.46 mm,表9.23为模型沙起动流速计算表。

表9.23 模型沙起动流速计算表

序号	原型水深 (m)	原型沙起动 流速(m/s)	模型水深 (cm)	模型沙起动 流速(cm/s)	比尺
1	5.0	56.26	10.0	8.90	6.32
2	10.0	64.62	20.0	9.59	6.74
3	15.0	70.08	30.0	9.98	7.02
4	20.0	74.23	40.0	10.25	7.24
5	25.0	77.62	50.0	10.46	7.42
6	30.0	80.50	60.0	10.63	7.57
平均					7.05

9.2.4.2 平床上单个框架及框架群起动失稳流速

共进行了平床上单个框架、框架串(5个、10个、15个框架组成)、框架团(5个、10个、15个框架组成)三种稳定性试验。

1. 试验步骤

(1)调节水泵阀门及水槽尾门,使水槽水深保持在0.2 m(以水深0.2 m为例,其余水深条件的调节方式相同);

(2)将透水框架结构投放入水槽中;

(3)缓慢调节水泵阀门,使水槽流量、水流流速缓慢匀速增大;

(4)观察水槽中框架结构,当框架结构开始起动时,测量此时水槽流速,即为该框架结构的起动流速;

(5)测量有填充物的框架结构时,分别记录坝状结构中个别框架起动流速及结构完全破坏流速。

试验中,使用透水框架串和框架团模拟坝状结构时,不区分组成框架串和框架团的框架数量,即对不同组成个数的框架串、框架团混合使用。

2. 试验现象

透水框架结构起动过程中,随着水流流速的增大,框架结构依次出现轻微颤动、移动、被冲走的现象,不同拼组形式的框架结构表现出基本相同的起动失稳形态特征。

3. 试验结果

表9.24～表9.26列出了单个框架及框架串、框架团不同组合情况的平床起动流速值,由表及试验观察可见:

(1) 平床上,单个透水框架在水流流速达到一定数值时开始起动失稳,其失稳以沿水流方向的移动为主,很少有滚动或跳跃,单个框架串起动失稳形式主要以滚动和滑动为主,单个框架团的起动失稳方式主要为滚动。

(2) 单个框架串的稳定性,除与水流条件有关外,还与其在床面的姿态即摆放方式有关,顺水流方向摆放的框架串,其稳定性好于垂直于水流方向摆放的框架串。

(3) 单个透水框架的起动失稳流速,随水深增大而增大,在水深10～30 m情况下,单个透水框架的起动失稳流速在1.87～1.97 m/s。

(4) 框架串的起动失稳流速也随水深增大而增大,在水深10～30 m情况下,5个框架组成的框架串的起动失稳流速在2.16～2.36 m/s,10个框架组成的框架串的起动失稳流速在2.05～2.64 m/s,15个框架组成的框架串的起动失稳流速在2.27～2.68 m/s。由表可见,虽然框架数对稳定性有影响,但不敏感,如在水深30 m情况下,框架数分别为5个、10个、15个的框架串的起动失稳流速分别为2.36 m/s、2.64 m/s、2.68 m/s。

(5) 框架团的起动失稳流速也随水深增大而增大,在水深10～30 m情况下,5个框架组成的框架团的起动失稳流速在2.02～2.22 m/s,10个框架组成的框架团的起动失稳流速在1.67～2.06 m/s,15个框架组成的框架团的起动失稳流速在1.81～2.56 m/s。但框架数对稳定性较为敏感,其中10个框架的框架团的起动失稳流速较5个、15个的小,这可能与不同个数的框架组成的框架团的形状不同有关。

(6) 比较发现,框架串的起动失稳流速明显大于单个框架和框架团,如在水深10 m情况下,5个框架的框架串、框架团及单个框架的起动失稳流速分别为2.16 m/s、2.02 m/s和1.87 m/s,即框架串的稳定性好于单个框架和框架团。

表9.24　单个框架平床起动流速表

序号	水深条件（m）	模型起动流速（cm/s）				原型起动流速（m/s）
		测次1	测次2	测次3	平均	
1	10	26.9	26.1	26.3	26.43	1.87
2	15	27.6	28.4	27.2	27.73	1.96
3	20	28.6	27.2	27.2	27.67	1.96
4	30	27.8	28.1	27.9	27.93	1.97

表9.25 框架串平床起动流速表

拼组形式	框架数量（个）	水深条件（m）	模型起动流速(cm/s)				原型起动流速(m/s)
			测次1	测次2	测次3	平均	
框架串	5	10	30.4	30.3	30.9	30.53	2.16
		15	32.4	31.0	32.7	32.03	2.26
		20	32.0	32.9	31.8	32.23	2.28
		30	33.2	33.5	33.5	33.40	2.36
	10	10	28.5	28.8	29.5	28.93	2.05
		15	33.3	33.8	33.3	33.47	2.37
		20	34.1	35.3	34.7	34.70	2.45
		30	36.9	37.8	37.5	37.40	2.64
	15	10	32.1	32.3	32.1	32.17	2.27
		15	36.7	36.7	37.0	36.80	2.60
		20	37.0	37.3	36.9	37.07	2.62
		30	37.8	38.1	37.8	37.90	2.68

表9.26 框架团平床起动流速表

拼组形式	框架数量（个）	水深条件（m）	模型起动流速(cm/s)				原型起动流速(m/s)
			测次1	测次2	测次3	平均	
框架团	5	10	28.6	27.5	29.5	28.53	2.02
		15	30.1	30.9	27.7	29.57	2.09
		20	31.5	28.9	31.0	30.47	2.15
		30	32.6	32.3	29.6	31.50	2.23
	10	10	23.8	24	23.2	23.67	1.67
		15	25.8	24.6	24.0	24.80	1.75
		20	25.1	24.6	25.7	25.13	1.78
		30	28.7	29.2	29.5	29.13	2.06
	15	10	25.1	26	25.8	25.63	1.81
		15	27.4	27.7	27.2	27.43	1.94
		20	32.1	31.8	31.5	31.80	2.25
		30	37.1	34.7	36.8	36.20	2.56

9.2.4.3 无充填和充填的平床上框架及框架群起动失稳流速

共进行了无充填框架、框架内充填碎石、框架内充填天然沙三种床面的框架稳定性试验。

1. 试验步骤

（1）在平床上预先铺设一层单个框架，并将5个、10个、15个框架组成的框架串、框架团抛投于单个框架中，其中不充填任何填料。

（2）缓慢调节水泵阀门，使水槽流量、水流流速缓慢匀速增大。

（3）观察水槽中框架结构，当床面上有个别框架翻滚时，测量此时水槽流速，即为该框架结构的起动流速，进一步加大流速，当坝体上的多个框架起动失稳，测量此时流速，即为破坏流速。

（4）框架内充填石料试验，预先在平床上铺设一层单个框架，并将0.6～1.0 mm（原体3～5 cm）粒径的碎石或PS模型沙（粒径为0.45 mm，相当于原体0.18 mm天然沙），均匀充填于铺设的框架内，水槽流量、水流流速发生变化时，观察水槽中框架结构，当框架中有碎石或框架发生运动，测量此时水槽流速，即为充填碎石情况下的框架结构起动失稳流速。

2. 试验结果

表9.27～表9.30列出了无充填、充填天然沙、充填碎石三种床面情况下的框架起动失稳流速，图9.34～图9.36为框架失稳时的床面形态，由试验观察及图表可见：

表9.27 无充填框架平床床面框架起动失稳流速表

序号	水深条件（m）	模型起动流速（cm/s）				原型起动流速（m/s）
		测次1	测次2	测次3	平均	
1	10.8	37.8	39.0	41.9	39.57	2.80
2	15.2	40.0	42.0	41.0	41.00	2.90
3	20.0	43.9	43.0	44.2	43.70	3.09
4	29.6	46.2	48.2	46.2	46.87	3.31

表9.28 充填天然沙框架平床床面框架起动失稳流速表

序号	水深条件（m）	模型起动流速（cm/s）				原型起动流速（m/s）
		测次1	测次2	测次3	平均	
1	10.15	39.8	40.0	39.6	39.80	2.81
2	15.10	41	41.0	43.0	41.67	2.95

续表

序号	水深条件 （m）	模型起动流速（cm/s）				原型起动 流速（m/s）
		测次 1	测次 2	测次 3	平均	
3	19.8	43.0	44.3	45.0	44.10	3.12
4	30.1	47.0	48.0	46.0	47.00	3.32

表 9.29 天然沙起动流速表

序号	水深条件 （m）	起动情况	模型起动流速（cm/s）				原型起动 流速（m/s）
			测次 1	测次 2	测次 3	平均	
1	15.1	少量动	14.8	13.5	13.8	14.03	0.99
2	14.9	大量动	21.0	22.0	22.5	21.83	1.54
3	15.2	普遍动	32.1	32.3	33.1	32.50	2.30

表 9.30 充填碎石框架平床床面框架起动失稳流速表

序号	水深条件 （m）	模型起动流速（cm/s）				原型起动 流速（m/s）
		测次 1	测次 2	测次 3	平均	
1	10.3	56	54	51.0	53.67	3.79
2	15.1	57	52	56.0	55.00	3.89
3	20.2	57	59.5	58.3	58.27	4.12
4	29.9	62	63	65.0	63.33	4.48

图 9.34 无充填框架群床面起动失稳情况

图 9.35　充填天然沙框架群床面起动失稳情况

图 9.36　充填碎石框架群床面起动失稳情况

（1）在无充填情况下，当水流流速加大到一定程度后，床面上部分透水框架顺水流缓慢下移，导致框架相互挤压，当水流流速进一步加大时，个别迎水流面的框架出现翻滚，床面遭到破坏。在水深为 $10\sim30$ m 时，无充填框架床面的框架起动失稳流速在 $2.80\sim3.31$ m/s。

（2）在充填天然沙的情况下，当水流流速达到一定程度，充填框架内的泥沙开始运动，如在水深 15 m 时，当水流流速增大到 1.0 m/s 左右时，框架内泥沙开始运动，当流速达到 1.5 m/s 左右，框架内泥沙大量运动，当流速进一步加大至 2.3 m/s 左右时，经过一段时间的水流作用后，框架内泥沙冲失殆尽，此时的状态与无充填类似。在水深为 10～30 m 时，该种床面的框架起动失稳流速在 2.81～3.32 m/s。

（3）在充填料粒径为 3～5 cm 的碎石情况下，在水流流速未达到碎石起动流速时，框架、充填料及床面形态完好，在流速进一步加大，超过碎石的起动流速后，有少量的碎石或框架起动失稳。在水深为 10～30 m 时，该种床面的框架起动失稳流速在 3.8～4.5 m/s，大于无充填和充填沙的情况。

综合实验情况看，在充填沙或无充填时，框架的起动失稳流速相对较小，但当充填较粗颗粒的碎石时，框架起动失稳流速较大，只要碎石稳定，床面就能保持较好的形态。

9.2.5　组合透水框架筑坝可行性分析

综合框架串、框架团抛投落距及起动失稳条件试验结果，结合数学模型计算的导流堤附近流场情况可以看出：

（1）当采用 5～10 个框架串或框架团的组合框架群筑坝时，水面抛投后的组合框架落点较为稳定，如选择枯水施工，水流流速不大，只要控制好抛投点并分层抛投框架，框架抛投后充填石料，能够成功建筑导流堤。

（2）框架内充填天然沙，框架的起动失稳流速在 2.8～3.31 m/s，当充填碎石时，其起动失稳流速在 3.79～4.48 m/s，结合数学模型计算成果，八卦洲导流堤工程实施后，当长江流量为 85 400 m³/s 时，堤头附近流速一般在 3.0 m/s 左右，最大流速在 4.5 m/s 左右（见图 9.37），可见，框架内充填的天然沙经长期的水流作用后会流失，充填碎石后的框架群失稳流速与最大水流流速接近，因此，在坝面采取大粒径的块石防护后，采用组合框架群并充填适当的填料，能够保持导流堤长期稳定。

（3）综合上述分析，在采取适当的坝面防护措施后，采用组合透水框架并充填适当的填料进行筑坝，从技术上看是可行的。

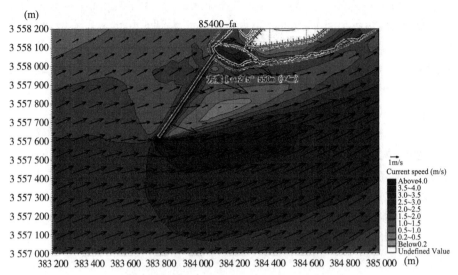

图 9.37　八卦洲洲头导流堤附近流速分布图(长江流量85 400 m³/s)

9.3　大圆筒结构型式关键技术研究

自 20 世纪 80 年代以来,交通部四航局科研所、天津大学水资源及港湾工程系等单位对大圆筒结构进行了大量的结构理论分析、室内及现场试验、数学模型计算等研究工作,逐步形成了大圆筒结构的设计与施工方法,有关成果已列入重力式码头相关规范的修订中,根据已建码头工程的运用情况,大圆筒结构具有如下显著优点:

(1) 结构简单、构件数量少、材料用量省,每延米大圆筒结构的钢筋混凝土用量仅与圆筒的高度与厚度有关。据已建码头工程统计,相比圆沉箱方案和矩形空箱方案,大圆筒方案混凝土用量分别减少 12.94% 和 43.26%,每延米码头工程费用大圆筒方案仅为矩形空箱方案的 70%。防城港二作业区码头方案比较结果显示,每延米码头工程费用大圆筒方案分别比圆沉箱方案和方块码头方案省 15.5% 和 14.3%。

(2) 受力条件好,由于大圆筒结构为一圆柱形壳体结构,因此受力条件好,材料得以充分利用,用钢量比空箱和扶壁式省 20%~30%。

(3) 一般可以不考虑减压卸荷措施(如减压抛石棱体和卸荷板等),并且可以就地取用海沙吹填,以节省造价。

(4) 根据地基条件,可不设基床,将大圆筒结构直接埋入地基土中,由此可减少施工环节,加快施工进度,进一步降低工程造价。

9.3.1 大圆筒结构型式研究进展

9.3.1.1 基本形式

大直径圆筒结构可分两大类:基床式大直径圆筒结构和沉入式大圆筒结构,如图9.38所示。前者类似于一般重力式结构,是一种圆形无底空心壳体,将大直径圆筒直接安置于抛石基床上,对底基的适用条件也同一般重力式结构相类似。后者又叫"沉入式",根据其沉入土中的深度,可以分为浅埋式,即圆筒沉入土体较浅,一般埋入深度为0.15~0.30倍筒高,其工作状态也类似于重力式结构,但可以不做抛石床基;另一种为沉入土体较深,土体对圆筒的嵌固影响较大,类似于刚性管桩或沉井的锚固作用。采用沉入式大直径圆筒结构的目的是将承重结构直接置于下卧持力层上,除了可以免除基床外,还可以减少开挖和回填。

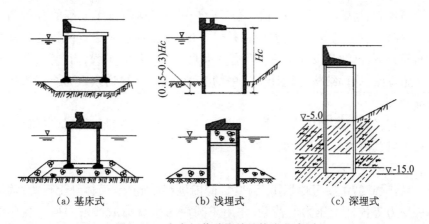

图9.38 大直径薄壁圆筒结构主要类型

9.3.1.2 国内外工程应用

大直径圆筒结构在20世纪40年代后期始用于法国勒阿弗尔港,后来在法国其他一些港口,例如土伦港、敦刻尔港、马赛港等也相继应用,之后运用于世界各国的港口工程中,例如西班牙、丹麦、英国、加拿大、日本等,苏联在20世纪60年代开始研究和推广应用,并在理论分析和试验研究方面做了大量工作。

我国从20世纪80年代开始这方面的试验研究和工程设计施工实践。至今已建成的该类型的工程有：天津港北大防波堤工程、广东沙角电厂导流堤（建于基床上）和三水小塘码头（沉入式）、海南裕环水泥厂2万吨级专用码头、广西防城港8#泊位3万吨级码头和秦皇岛热电厂海滨灰场围堤、广东沙角电厂、湛江电厂等工程。其中，广西防城港8#泊位码头经交通部工管司组织的专家鉴定，被认为具有结构新颖、造价低、施工简便的特点，曾获广西壮族自治区优秀工程特等奖、交通部优秀工程奖，经部级鉴定，确认具有国际先进水平，该工程为我国港口工程的建设又提供了一种可选用的结构型式。最近山东岚山港防波堤与液体石化码头，以及浙江舟山的宝钢35万吨级矿石卸货码头与3～5万吨级的装货码头也拟选用大直径圆筒结构方案。

9.3.1.3　研究及设计现状

随着该结构在国内的使用日渐广泛，国内相关的科研、高校及设计等单位对大圆筒结构进行了大量的结构理论分析、模型试验、现场试验、数学模型计算等工作，有关设计院与施工单位，结合实际工程对设计和施工计算中的大圆筒预制、运输、吊装、沙石料填充等各个环节均进行了详细的分析与实践。目前在有关港务部门、设计和科研单位、施工单位及大专院校的共同合作与配合下，已初步形成了一整套有关大直径圆筒结构的设计计算方法与施工实施方法，这种结构的设计施工中的有关问题，已被列入重力式码头规范修编中。

大直径圆筒结构的设计主要应考虑它的稳定性，包括对筒体的抗倾性、抗移滑以及筒体入土深度的计算和处理。

1. 筒体强度

筒体强度，主要考虑以下几种力：筒内填料贮仓压、筒体外土压力、筒底基底反力等各种土压力的荷载；作用于圆筒的水流力或波浪力所产生的荷载；施工过程中，特别是振动下沉的冲击力。因此，筒体的强度，须从大圆筒结构的高径比、筒内填料，及不同地基对大圆筒的稳定、强度的影响等方面统一考虑。

2. 抗倾性

抗倾斜是确保大直径圆筒结构稳定性的重要因素。目前，大直径圆筒结构稳定性计算方法主要有：基于重力式结构稳定性验算的方法、摩阻力方法、基于无锚板桩稳定性验算的方法、基于吸力式沉箱结构水平承载力计算方法和极限变位控制方法等，不同计算方法存在很大差异。

大直径圆筒结构分为大直径圆筒重力式结构和大直径圆筒桩墙式结构。

对于软土层厚度不很深、筒底可到达坚硬土层的沉入式大直径圆筒码头,基本上可按重力式码头的计算思路进行稳定性验算,但要合理考虑筒内外土体对稳定性的作用。对于软土层厚度很深、筒底不能到达坚硬土层的沉入式大直径圆筒码头,应按大直径圆筒桩墙式码头结构类型考虑。

目前国内外对大直径圆筒结构的抗倾计算分为以下几类:一是计算筒内填料不参加抗倾的重量,用它与有底圆筒筒内填料的重量比来描述大直径圆筒的抗倾性能;二是用筒内壁与筒内填料间的摩擦力来描述大直径圆筒的抗倾性能。此二类实质上是一样的,都是根据作用在大直径圆筒上的垂直力平衡来求得,但以上两种计算方法用力平衡来分析大直径圆筒的抗倾效果在理论上来说是不合适的,因为抗倾对应的力学量是抗倾力矩,所以描述筒内填料对大直径圆筒的抗倾效果必须要知道筒内填料作用在大圆筒上的抗倾力矩。

还有一类计算方法是用大直径圆筒结构筒内填料作用在圆筒上的抗倾力矩来描述大圆筒的抗倾性能,但它在分析抗倾力矩产生的原因时,将筒内填料的抗倾力矩归结为因筒内摩擦力的调整所产生的偏心力矩。其实,除了摩擦力在筒倾覆过程中发生重分配而产生偏心力矩外,还有筒内填料在筒倾覆过程中所产生的变形,从而导致填料各层之间产生相互错动,此错动力反作用于筒壁,使筒壁的侧压力不平衡而产生抗倾力矩。大直径圆筒的抗倾性能与大直径圆筒的直径、高度、在土中的沉入深度、筒内填料物理力学特性、地基的状况等因素有关,因此大直径圆筒抗倾计算式应是关于筒径、筒高、埋深、填料性质、地基状况等参数的函数,只能通过系列试验才能总结出。

沉入式大直径圆筒结构的失稳破坏与经典重力式结构的破坏不同,经典重力式结构的失稳破坏一般表现为倾覆及滑移,而沉入式圆筒结构的失稳破坏源于过大的不均匀变位。由于该结构无底又为薄壳,在与地基的接触面上非常容易产生过大的不均匀变位(这一点不同于有底的经典重力式结构),过大的不均匀变位一旦出现,则将产生不利于结构稳定的附加应力(此附加应力将帮助结构倾覆),这一因素也是导致沉入式大直径圆筒结构失稳的原因之一。对于这类问题通常的解决途径是由解析解计算最大的不均匀变位值,进而计算由此引起的附加应力,再把附加应力作用于结构,进一步计算结构的最大不均匀变位。

根据大直径圆筒抗倾试验现象得知,在大直径圆筒使用范围内,大直径圆筒倾覆过程中筒内的填料没有漏到筒外来的现象,从而可知,对于沉入式大直径圆筒,筒底外还有土体抑制着筒内土体的外漏,由于筒内充满填料,筒外的土体也无法流入筒内,即沉入式大圆筒在倾覆过程中,筒内、外土体不互相掺杂。由此可以假定,对于沉入式大圆筒的抗倾计算,筒内填料对抗倾的贡献与筒外土体对抗倾的贡献可以分别计算,然后将筒内、外土体的抗倾力矩相加,即为筒内、外土体作用在沉入式大圆筒上的抗倾力矩。

经许多实验证实,无底圆筒内填料参加抗倾工作的比例,除受基床厚度、刚度的折减效应的影响外,主要取决于填料高度和筒底内径之比值,比值愈大,参加抗倾工作的填料愈多,但是比值愈小,由于筒内径的相对增大,即抗倾稳定力臂增大,就结构整体而言未必抗倾稳定性减弱。

关于埋入式大直径圆筒结构土压力的计算,可分为两种情况。其中深埋式的大圆筒结构,例如天津港东突堤码头东护岸试验段的结构,埋深 10.0 m,这种结构的最大危险是整体失稳,其表现为水平位移或垂直沉降过大,或者发生整体倾倒,这往往取决于大直径圆筒的结构尺度、埋入深度以及地基持力层强度与墙后土体的坚固性能,这种深埋式圆筒结构的受力状态及其强度稳定计算必须借助于结构的数值计算方法;关于埋深不深的所谓浅埋式大直径圆筒结构,其工作状态与前所述基床式的大致相同,在受墙后土压力或其他水平荷载作用下,同样要进行滑移、倾覆和地基应力的验算,但是其不同之处在于埋入部分前沿和后方土压力的计算,在前沿入土段,其位移量一般说来是从原土面以下逐渐减小的(结构整体位移的结果),因此在此入土段的所谓被动土压力,只在上部又可能达到极限值,而下部将逐渐减小。

根据试验结果及分析,圆筒内填料抗倾模式随筒径的增大而变化。筒径由小到大,筒内填料抗倾模式由重力式逐渐向过渡式、平面挡土墙式变化。大直径圆筒的抗倾能力,除应考虑筒内壁与填料间的摩擦力,还应顾及作用在筒壁上填料侧压力所起的抗倾作用,探讨无底圆筒筒内土体参加抗倾的机理是大圆筒抗倾计算的关键之一。国内外学者曾普遍认为,无底圆筒的筒内填料以其重量参加抗倾,只是由于圆筒无底,在筒倾斜时会使筒内部分填料从筒底漏出而影响抗倾效果,所以,将无底筒抗倾性能的研究重点放在如何计算筒内填料参加抗倾部分的重量,或从筒底脱落不参加抗倾的填料重量,并以不同角度提出了大圆筒抗倾的计算方法。圆筒的筒径对筒内填料的抗倾机理及抗倾效果有十分明显的影响,由于进行大直径圆筒试验不一定现实,故试图通过小直径圆筒的试验,并将试验的结果结合直径趋于无穷小及无穷大时的极限状态,建立起圆筒筒内填料的抗倾模式与筒径之间的近似关系,同时采用系列圆筒试验延伸法来研究大圆筒筒内填料的工作机理及有关计算。如果将筒内径作为自变量,填料作用在筒内壁上的侧压力作为因变量,根据不同直径的小圆筒试验结果及筒内径趋于无穷小和无穷大时的极限状态,用试验数据处理中常用的"外插法",建立作用在筒内的填料压力与筒内径之间的经验关系式。根据工程中应用的大圆筒内径大小,用外插法可近似地计算出作用在筒内壁上的土压力,根据力的平衡原理进行筒内填料对大圆筒抗倾性能的计算。以往试验的圆筒内径均小于 70 cm,在筒倾斜时测不到主动土压力和被动土压力,因此,在圆筒抗倾计算时只考虑了填料与筒壁间的摩擦力,忽略了筒内填料的侧压力,即没有考虑筒内填料在筒壁产生的主动土压力及被动土压力对圆筒抗倾的贡献。

　　描述大直径圆筒抗倾性能好坏的力学指标是筒内填料能提供多大的抗倾力矩,力矩的大小由抗倾力和力臂的乘积来表示。另外目前国内外提出的大直径圆筒抗倾计算式,都是针对基床式的大直径圆筒结构,对于沉入式的大直径圆筒结构的抗倾计算还没有合适的计算式。

　　从实际工程的实例可以看出,波浪力的计算对于解决大直径圆筒型水工建筑物的优化设计具有十分重要的意义,如果能对结构在各种工况中与波浪相互作用的关系的研究进一步完善,可以使得结构的稳定及强度计算与实际相吻合。

　　3. 抗移滑

　　大直径圆筒结构的抗滑稳定分析中,有两个问题必须考虑:一是直径圆筒结构与地基基床的摩擦系数(即综合摩擦系数),二是圆筒筒内产生的所谓附加应力。

　　无底大直径圆筒结构主要依靠筒壁与填料共同作用下与地基基床间的摩擦力来抗移滑,即综合摩擦系数。据实验测定,无底大直径圆筒结构的综合摩擦系数比一般重力式码头有明显增大,可达 0.68 左右,显然综合摩擦系数与圆筒直径、垂直力与水平力间的比例以及内填料的相对密实度有关。大直径圆筒结构随着码头后方回填土压力的作用产生向前位移,对于圆筒结构下部内壁表面产生的侧向压力要考虑到底摩擦力(即滑动面间的切应力),在进行强度验算时必须考虑作用下侧压力的重分布。这种摩擦力的增大无疑增强了建筑物的抗滑稳定性,但是对筒壁的强度也带来了影响。

　　4. 入土深度

　　近年有学者提出了沉入式大圆筒结构的抗倾有效比和抗倾折算比新概念,从而得出了沉入式大圆筒抗倾计算的新途径,建立了沉入式大圆筒结构满足稳定性要求的入土深度计算新方法。

　　工程计算结果表明,沉入式大直径圆筒结构入土深度的确定是该种结构稳定性设计的关键。在竖向荷载较大时,竖向力平衡条件对大圆筒结构的稳定性(入土深度)有比较明显的影响,设计时应给予考虑。系统参数研究表明,土性指标和波浪力对大圆筒结构的稳定性(入土深度)均有显著影响,且土性指标的影响大于波浪力的影响,实际工程设计中准确确定土性指标是极为重要的。

沉入式大圆筒结构主要依靠土体的嵌固作用来维持稳定性,即应满足入土深度要求。它与板桩结构的区别在于要考虑作用于筒壁上的竖向力、筒底反力和筒底水平切力的作用。

在沉入式大直径圆筒结构的水平力、竖向力和力矩平衡条件的基础上,可采用圆筒绕筒轴线上某一点和绕筒母线上某一点转动两种变位模式,考虑土对筒壁的摩擦阻力竖直向上和竖直向下两种情况,对沉入式大圆筒结构入土深度计算方法进行修改和完善。

9.3.1.4 施工工艺

大直径圆筒结构在码头面上用爬模分段整体预制,用起重船吊运安放就位,自重下沉,大圆筒的吊孔采用带密封垫的铁件密封,筒顶安放密封橡胶管,安装压水用的钢筋混凝土箱继续下沉,压水箱内加水下沉,安装射流泵并对圆筒内抽真空加载促使其继续下沉至设计高程。作为防波堤工程的主体结构,圆筒下沉后,在堤的内外侧抛填护底块石,防止附近的冲刷。作为护岸、工作船码头或内河小泊位的主体结构,筒体后方可做地基处理。作为桩基码头后方接岸结构的主体,筒体后方可做地基加固处理,这种结构型式优于过去使用过的抛石棱体加挡土墙和斜顶桩钢板桩墙结构。

深埋式大直径圆筒结构直接将大圆筒插入软土地基中,不需要对软基进行加固处理,也不需要开挖软基修建基床。

大直径圆筒的下沉工艺有:双壁、水冲、开槽、钻孔和大开挖、振动下沉等。深埋式大直径圆筒的下沉施工工艺有:泥浆置换下沉法,旋喷下沉法,筒底端射水下沉法,空气帷幕加压载下沉法等。

9.3.2 大圆筒结构堤稳定性概化水槽试验研究

根据现有研究成果和工程实例可以看出,目前大圆筒结构主要应用于沿海港口码头工程,这些工程的水流作用力以波浪力为主。当前对于基床式大圆筒的抛石基床厚度以及埋入式大圆筒结构的埋入深度方面的研究尚不成熟,本工程位于长江径流为主的高流速水域,水流对圆筒的作用方式及大小与以波浪力为主的海区有所区别,因此有必要对以水流力作用为主情况下大圆筒结构的抗倾性、适应性等关键技术进行研究,本项试验针对基床式大圆筒结构,利用水槽试验方法,研究不带底座和带底座的基床式大圆筒结构的临界抗倾覆流速,论证该工程结构在八卦洲洲头导流堤工程中运用的可行性。

9.3.2.1　大圆筒结构设计及制作

根据八卦洲导流堤工程可行性方案,导流堤堤顶高程＋4.0 m,床面高程−30.0 m,坝高 34 m。设想导流堤由多个大圆筒连接成整体筑成,单个大圆筒直径 5 m,圆筒壁采用钢筋混凝土结构,混凝土强度为 C15,混凝土容重按 2 400 kg/m³,壁厚 0.4 m,基床底部采用 0.5 m 粒径的块石建造,堤前、堤后基床顶部宽度为 5 m,厚度为 3 m,边坡比 1:1.5,断面结构示意图见图9.39。试验时,大圆筒内部充填分三种情况,一种为不充填,另一种为充填天然沙,第三种为底部前后设置 5 m 长、0.5 m 厚的底座,分别试验不同结构的大圆筒抗倾覆流速,试验的大圆筒结构特征见表 9.31。

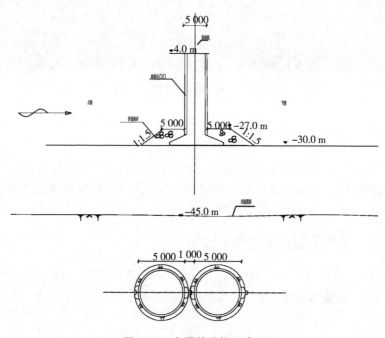

图 9.39　大圆筒结构示意图

注:图中未标注的数据单位为 mm。

表 9.31　大圆筒结构特征

名称	外径(m)	壁厚(m)	基床填石厚度(m)	原体高度(m)	内部充填物	底座
薄壁大圆筒	5	0.4	3	34	无	无
充填薄壁大圆筒	5	0.4	3	34	天然沙	无
带底座充填薄壁大圆筒	5	0.4	3	34	天然沙	底座前后长度 5 m,厚度 0.5 m

模型按几何比尺 1:50 进行大圆筒设计和制作,模型圆筒外径为 10 cm,材料为 8 mm 厚的有机玻璃,因本模型为正态模型,模型基床及大圆筒的容重与原型一致,基床块石采用粒径为 1 cm 的碎石铺设,模型大圆筒结构见图 9.40。

图 9.40　大圆筒结构模型示意图

9.3.2.2　试验条件

试验在与原体一致的 +4.0 m 水位条件下进行,即水深为 34 m,分别研究大圆筒淹没和非淹没条件下的临界抗倾覆流速,试验时分薄壁大圆筒、充填天然沙和带底座充填大圆筒三种情况。

9.3.2.3　单个大圆筒结构模型试验

试验分别在 10 m、15 m、20 m、34 m 水深条件下,观察大圆筒及基床块石的稳定情况和结构的破坏形式,由试验观察及表 9.32～表 9.34、图 9.41～图 9.45 可见:

表 9.32　单个薄壁大圆筒抗倾覆临界流速

名称	大圆筒充填物	模型水深（cm）	模型流速（cm/s）	原体水深（m）	原体流速（m/s）	基床石块状况	大圆筒状况	抗倾覆流速（m/s）
薄壁大圆筒	无	19.5	30.1	9.75	2.13	少量动	稳定	2.90
		21.8	46.0	10.9	3.25	大量动	稳定	
		21.0	49.0	10.5	3.46	普遍动	稳定	
		20.9	62.0	10.5	4.38	破坏	倾覆	
		40.3	44.0	20.2	3.11	少量动	倾覆	
		68.2	41.0	34.1	2.90	少量动	倾覆	

表 9.33　单个充填薄壁大圆筒抗倾覆临界流速

名称	大圆筒充填物	模型水深（cm）	模型流速（cm/s）	原体水深（m）	原体流速（m/s）	基床石块状况	大圆筒状况	抗倾覆流速（m/s）
充填薄壁大圆筒	天然沙	29.8	54.8	14.9	3.87		稳定	3.18
		30.8	53.1	15.4	3.75		稳定	
		31.5	62.8	15.8	4.44		倾覆	
		31.5	60.9	15.8	4.31	普遍动	倾覆	
		32.0	65.0	16.0	4.60		倾覆	
		36.0	68.7	18.0	4.86		倾覆	
		38.0	67.0	19.0	4.74		倾覆	
		40.0	66.5	20.0	4.70	普遍动	倾覆	
		43.0	58.3	21.5	4.12		倾覆	
		46.0	54.3	23.0	3.84	少量动	倾覆	
		68.0	45.0	34.0	3.18		倾覆	

表 9.34　单个带底座充填薄壁大圆筒抗倾覆临界流速

名称	大圆筒充填物	模型水深（cm）	模型流速（cm/s）	原体水深（m）	原体流速（m/s）	基床石块状况	大圆筒状况	抗倾覆流速（m/s）
带底座充填薄壁大圆筒	天然沙	20.5	95.0	10.3	6.72	破坏	倾覆	4.95
		30.2	89.0	15.1	6.29	破坏	倾覆	
		40.3	80.0	20.2	5.66	破坏	倾覆	
		68.5	70.0	34.3	4.95	破坏	倾覆	

图 9.41 薄壁大圆筒水流附近流态(10 m 水深,流速 3.5 m/s)

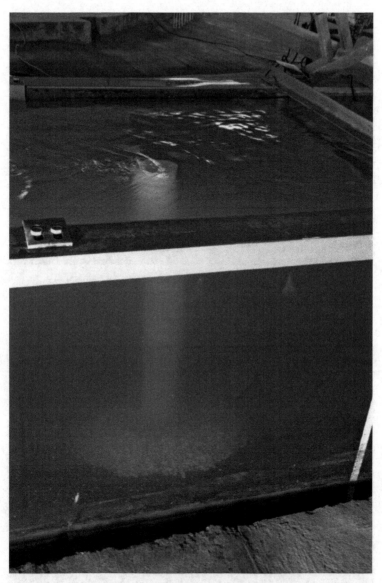

图 9.42　薄壁大圆筒水流附近流态(水深 34 m,流速 2.0 m/s)

图 9.43　充填薄壁大圆筒水流附近流态(15 m 水深,流速 3.75 m/s)

图 9.44　充填薄壁大圆筒水流附近流态(25 m 水深,流速 2.0 m/s)

图 9.45 带底座充填薄壁大圆筒水流附近流态(15 m 水深,流速 3.5 m/s)

(1) 在水深 20 m 左右,当水流流速达到 2.13 m/s 时,大圆筒基床上块石出现少量动情况,当流速进一步增大至 3.25 m/s 时,石块出现大量动,而当流速达到 3.46 m/s 时,石块出现普遍运动,随着时间的推移,基床上的石块冲失殆尽。

(2) 试验观察到,在一定的水深情况下,当逐步加大水流流速时,大圆筒破坏首先是基床石块的冲失,再发展为筒体倾覆。

(3) 对于不充填的薄壁大圆筒,由于自身的重力作用,在水深较浅时的稳定性好于水深较深的情况,在水深为 10 m、20 m、34 m 左右时,其抗倾覆流速分别为 4.38 m/s、3.11 m/s、2.90 m/s。

(4) 对于充填天然沙薄壁大圆筒,其稳定性好于不充填情况,在水深为 15 m、20 m、34 m 左右时,其抗倾覆流速分别为 4.38 m/s、4.70 m/s、3.18 m/s。

(5) 带底座充填薄壁大圆筒的稳定性明显好于不带底座的大圆筒,试验结果表明,在水深为 10 m、15 m、20 m、34 m 时,其抗倾覆流速分别为 6.72 m/s、6.29 m/s、5.66 m/s、4.95 m/s。

由此可见,以八卦洲河段的河床条件(水深为 34 m),单个不充填大圆筒、充填天然沙大圆筒和带底座充填大圆筒的抗倾覆流速分别为 2.90 m/s、3.18 m/s、4.95 m/s。

9.3.2.4 导流堤堤头前模型试验

根据整体物理模型试验及数学模型计算,八卦洲导流堤其流速分布在导流堤堤头附近为最大,根据前述试验,带底座的充填大圆筒的抗倾覆流速最大,稳定性最好,为观察采用带底座充填大圆筒导流堤堤头附近结构稳定性及抗倾覆流速,设计本项试验。

试验的大圆筒尺寸与前述一致,即直径 5 m、壁厚 0.4 m,圆筒底部前后设置 5 m 长、0.5 m 厚的底座,基床厚度 3 m、宽度 5 m,堤头 15 m 导流堤,由 3 个单个大圆筒组成,迎水流面用塑料板连接成整体,试验前,将堤头概化为置于水槽一侧并与边壁靠近(见图 9.46、图 9.47),试验水深条件为 34 m,由表 9.35、图 9.48～图 9.50 及试验观察可见:

表 9.35　导流堤堤头附近带底座充填薄壁大圆筒抗倾覆临界流速

名称	大圆筒充填物	模型水深(cm)	模型流速(cm/s)	原体水深(m)	原体流速(m/s)	基床石块状况	大圆筒状况	抗倾覆流速(m/s)
堤头前15 m	天然沙	43.0	90.1	21.5	6.37	破坏	稳定	大于4.95
		51.0	80.7	25.5	5.70	破坏	稳定	
		68.0	55.3	34.0	3.91	破坏	稳定	
		68.1	70.0	34.1	4.95	破坏	稳定	

图 9.46　导流堤堤头 15 m 结构情况(侧视)

图 9.47　导流堤堤头 15 m 结构情况(正视)

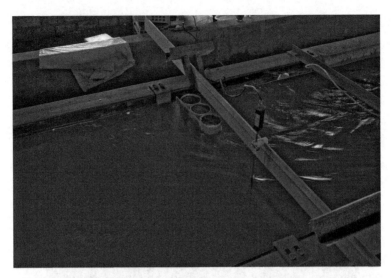

图 9.48　导流堤堤头附近水流流态(32 m 水深,堤前流速 3.5 m/s)

图 9.49　导流堤堤头附近水流流态(20 m 水深,堤前流速 5.69 m/s)

(1) 在水深 34 m 条件下,当水流流速达到 3.91 m/s,大圆筒仍然保持稳定,但在高速水流的作用下,堤头前的石块冲失殆尽,基床石块遭到破坏。

(2) 在水深 34 m 条件下,当流速达到 3.91 m/s～4.95 m/s 时,导流堤堤头附近的石块已基本冲失,但大圆筒仍保持稳定,说明当采用带底座的大圆

图9.50 高速水流作用后的导流堤堤头结构状况

筒结构时,其抗倾覆流速在4.95 m/s以上,稳定性较好。

(3)当进一步增大流速,在水深21.5 m、25.5 m,流速分别达到6.37 m/s、5.7 m/s时,大圆筒仍然保持稳定。

9.3.2.5 大圆筒结构的可行性分析

综合单个无充填薄壁大圆筒、充填薄壁大圆筒、带底座薄壁大圆筒和导流堤堤头附近大圆筒稳定性试验结果,结合数学模型计算的导流堤附近流场情况可以看出:

(1)八卦洲洲头导流堤工程实施后,当长江流量为85 400 m³/s时,堤头附近流速一般在3.0 m/s左右,最大流速在4.5 m/s左右。

(2)无充填薄壁大圆筒和充填薄壁大圆筒的抗倾覆流速分别为2.90 m/s和3.18 m/s,不能满足稳定性要求,而带底座充填天然沙的薄壁大圆筒,其抗倾流速在4.95 m/s以上,大于堤前最大流速。

(3)堤头15 m宽的带底座充填天然沙大圆筒试验表明,在水深34 m时,其抗倾覆流速在4.95 m/s(堤头前20 m)以上,大于一般水流流速和最大水流流速,可见,只要保持堤头抛石的稳定,这种大圆筒结构能够确保导流堤的稳定,因此,采用带底座的充填大圆筒结构建筑导流堤,从技术上看是可行的。

参考文献

[1] 王建中,范红霞,朱立俊. 长江南京河段八卦洲汊道河道整治工程定床河工模型试验研究报告(送审稿)[R]. 南京:南京水利科学研究院,2011.

[2] 王建中,范红霞,朱立俊. 长江南京河段八卦洲汊道河道整治工程动床河工模型试验研究报告(送审稿)[R]. 南京:南京水利科学研究院,2012.

[3] 唐立模,肖洋. 长江南京河段八卦洲汊道河道整治工程河工模型试验研究报告[R]. 南京:河海大学,2012.

[4] 章昕. 八卦洲导流坝框架结构抛投落距及稳定性研究[D]. 南京:河海大学,2014.

[5] 钱海峰,何菁,葛俊,等. 四边六面体框架群在长江南京河段护岸工程的应用浅析[J]. 江苏水利,2012(11):21-23+25.

[6] 陈辉,吴杰,李益进,等. 四面六边透水框架体抛投落距探讨[J]. 河海大学学报(自然科学版),2009,37(4):446-449.

[7] 曹民雄,周彬瑞,蔡国正,等. 鱼嘴工程的研究及其在航道整治中的应用[J]. 水运工程,2006(6):50-56.

[8] 唐洪武,李福田,肖洋,等. 四面体框架群护岸型式防冲促淤效果试验研究[J]. 水运工程,2002(9):25-28.

[9] 陈辉. 长江南京河段四面六边体设计施工研究[D]. 南京:河海大学,2007.

[10] 彭冬修,王先登,李志江. 大型预制件在长江中下游坝体工程中的应用[J]. 中国水运(下半月),2009,9(8):168-169.

[11] 刘芳,张春茂,燕惠英. 深水大流速条件下的坝体结构选型研究[J]. 中国水运(下半月),2012,12(4):143-146+150.

[12] 柴华峰,黄召彪,海涛. 武穴水道航道整治工程坝体新结构研究[J]. 水运工程,2012(10):132-138.

[13] 范期锦. 长江口深水航道治理工程的创新[J]. 中国工程科学,2004,6(12):13-26+99-100.

[14] 金镠,黄咏烨. 河口整治技术在长江口深水航道治理工程中的若干新进展[J]. 中国港湾建设,2005(6):11-16.

[15] 张震宇,姚文娟. 大圆筒薄壳结构的研究进展[J]. 上海大学学报(自然科学版),2004(1):82-90+95.

[16] 周锡,刘佳岭. 大圆筒结构在港口工程中的应用以及结构设计计算中的几个问题[J]. 港口工程,1994(5):1-10.

[17] 徐光,谢善文,李元音. 防波堤的新结构型式[J]. 水运工程,2001(11):20-25.

[18] 范庆来,魏峰先,陈彦明. 横观各向同性软土地基上大圆筒防波堤稳定性研究[J]. 岩土工程技术,2005,19(6):287-291.

[19] 杨联正,马永远. 对大直径圆筒下沉施工工艺的探讨[J]. 港工技术,1998(1):

36-44.

[20] 朱立俊,范红霞,王建中.八卦洲洲头整治建筑物结构型式及其治理效果研究报告 [R].南京:南京水利科学研究院,2015.

[21] 连石水,沈小雄,王常民.大直径圆筒波浪力计算方法研究进展[J].福建建筑, 2006(2):38-40.

[22] 竺存宏,朱崇诚.大圆筒沉入深度对其抗倾性能影响的研究[J].水道港口,2000(2): 6-12.

[23] 王元战,董少伟,王玉红.沉入式大圆筒结构入土深度计算方法研究[J].水利学报, 2004(4):96-100.

[24] 李武,吴青松,陈甦,等.桶式基础结构稳定性试验研究[J].水利水运工程学报, 2012(5):42-47.

[25] 竺存宏,丁乃庆.大直径圆筒筒内填料抗倾机理[J].水利水运工程学报,2003(1): 58-62.

[26] 吴利科.大直径圆筒振动下沉施工新工艺[J].中国港湾建设,2003(2):5-7+29.

第10章　影响崩岸的河段基本特征分析

10.1　河道平面特征

长江南京河段上起苏皖交界的和尚港,下迄三江口,全长约92.3 km。河道平面形态呈宽窄相间的藕节状分布,河宽为1.2~9.5 km,从上游往下游,分别由新济洲汊道段(河段全长约24.8 km)、梅子洲汊道段(河段长约21.7 km)、八卦洲汊道段(河段长约19.5 km)和栖霞龙潭弯道段(河段长约18.5 km)组成,见图10.1。南京河段的束窄段河岸一般均是控制水流的节点,北岸有七坝、浦口、西坝、拐头、陡山等;南岸有下三山、大胜关、下关、燕子矶、三江口等,这些节点对河床演变具有明显的控制作用。

10.2　水文、泥沙特征

10.2.1　径流

长江大通以下支流汇入的径流一般仅占长江径流的2.5%,因而大通以下长江干流的来水来沙条件基本上可通过大通水文站资料来反映。大通站流量年际间的变化过程见图10.2。据大通水文站资料统计,大通站多年平均年径流总量达9 250亿 m³,年际间径流量变幅不大,1980年以来,年径流量在9 000亿 m³左右;其中1983年、1998年和1999年超过10 000亿 m³,最大为1998年12 400亿 m³。多年水沙特征见表10.1和表10.2,从表中可见,多年平均流量为28 700 m³/s,最大洪峰流量为92 600 m³/s(发生日期1954年8月1日),最小枯水流量为4 620 m³/s(发生日期1979年1月31日),其比值为20左右。径流在年内有明显的周期变化,分布较为均匀,最大与最小月平均流量的比值为5左右。来水主要集中在汛期(5—10月份),水量约占全年的71.0%。一般从5月开始水位上涨,洪峰出现在7、8、9三个月,持续时间较长,11月至次年4月为枯水期,其中1月或2月水量最小。一

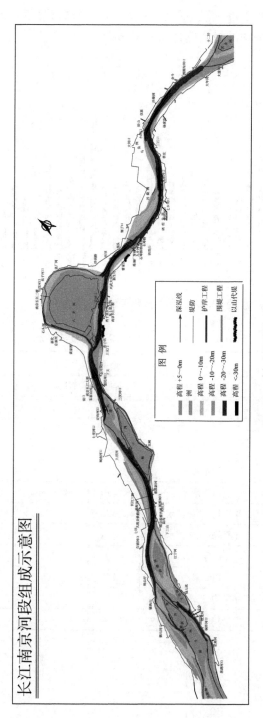

图 10.1 南京河段组成

一般情况下,长江下游洪峰一般出现在 6—8 月,洪峰涨落过程较为平缓,据大通站资料统计,多年平均洪峰流量为 62 000 m³/s。

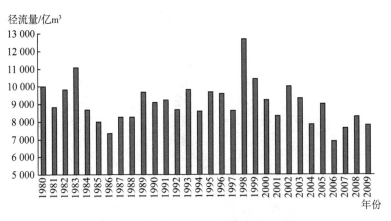

图 10.2　大通站历年径流量变化过程

表 10.1　大通水文站流量、泥沙特征统计表

项　目		特征值	发生日期	统计年份
流量(m³/s)	历年最大	92 600	1954.8.1	1950—2009
	历年最小	4 620	1979.1.31	1950—2009
	多年平均(三峡蓄水前)	28 700		1950—2002
	多年平均(三峡蓄水后)	25 700		2003—2009
含沙量(kg/m³)	历年最大	3.24	1959.8.6	1951—2009
	历年最小	0.016	1999.3.3	1951—2009
	多年平均(三峡蓄水前)	0.473		1951—2002
	多年平均(三峡蓄水后)	0.179		2003—2009
输沙量($\times 10^8$ t)	历年最大	6.78	1964	1951—2009
	历年最小	0.848	2006	1951—2009
	多年平均(三峡蓄水前)	4.27		1951—2002
	多年平均(三峡蓄水后)	1.14		2003—2009

表 10.2　大通水文站来水来沙年内分配统计表

月份	流量		多年平均输沙率		多年平均含沙量(kg/m³)
	多年平均(m³/s)	年内分配(%)	多年平均(kg/s)	年内分配(%)	
1	11 100	3.27	1 110	0.74	0.096
2	11 900	3.51	1 170	0.78	0.092
3	16 300	4.81	2 430	1.63	0.139
4	23 800	7.02	5 590	3.74	0.223
5	33 300	9.82	11 200	7.49	0.306
6	39 900	11.77	15 900	10.64	0.380
7	49 500	14.60	34 500	23.08	0.696
8	43 700	12.89	28 400	19.00	0.667
9	40 000	11.80	25 100	16.79	0.636
10	32 500	9.59	15 300	10.24	0.463
11	22 800	6.73	6 400	4.28	0.277
12	14 200	4.19	2 380	1.59	0.163
5—10 月	39 800	70.47	21 700	87.24	0.525
年平均	28 300		12 500		0.442

备注:流量根据 1950—2009 年资料统计;
输沙率、含沙量根据 1951 年、1953—2009 年资料统计;

10.2.2　潮汐

南京河段受长江口外潮汐影响,为非正规半日混合潮型,水位每日两涨两落。据长江南京水位站资料统计(见表 10.3),多年平均潮位 3.39 m,历年最高潮位为 8.31 m,历年最低潮位为 −0.37 m,由于距长江口较远,潮波上溯时变形较大,涨潮历时远小于落潮历时,平均涨潮历时约为 3 h 54 min,平均落潮历时为 8 h 30 min,因受上游径流影响,潮位年内变化较大。

南京河段属感潮河段,位于潮流界以上,潮区界以下,主江段全年除枯季大潮有短时间流速很小的涨潮流外,一般皆为单向落潮流。

表 10.3 南京站潮位年特征值统计表

项 目	特 征	特征值	发生日期
潮位(m)	历年最高	8.31	1954.08.17
	历年最低	−0.37	1956.01.09
	多年平均	3.39	
潮差(m)	汛期最大	1.31	1992.09.25
	枯季最大	1.56	1962.03.07
	最小潮差	0.00	1965.09.05
	多年平均	0.46	
历时(h)	落潮平均	8.50	
	涨潮平均	3.90	
年变幅(m)	历年最大	7.81	1999
	历年最小	4.89	2001
	多年平均	6.28	

10.2.3 泥沙

南京河段泥沙主要来自长江上游的悬移质,上游大通水文站年际输沙量过程见图 10.3。上游大通水文站多年平均含沙量见表 10.2,从表中可见,洪季 5—10 月含沙量明显大于枯季 11—4 月含沙量,洪季输沙量占全年的 87.7%,枯季占 12.3%。结合大通站多年月平均径流量分析,说明上游来沙

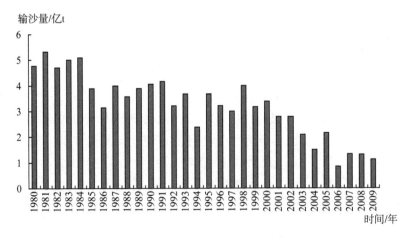

图 10.3 大通水文站历年输沙量变化过程

主要集中在汛期,且集中程度大于水量的集中程度。从图 10.3 中可以看出,三峡水库建成后,水流的输沙量明显减少。

南京河段河床组成为中细砂,其中值粒径在 0.10～0.25 mm 左右,平均粒径为 0.15 mm 左右。

10.3　河道演变特性

10.3.1　河床地质概况

长江下游的新构造运动是老构造运动(特别燕山运动)的继承,以间歇性的升降交替为主要特征,近期以下降运动为主。沿江两岸这类运动又有所差异,表现在左岸下降右岸上升。新构造运动的特点直接表现下游河段地貌类型及特征上。

长江下游两岸地貌类型及特征有所不同,左岸是冲积(部分湖积)所形成的大片广阔低平原,其成因主要是冲积和部分湖积,而阶地和山丘离江甚远,伸出江岸石矶山地较少,如江苏六合及仪征一带蜀岗等。右岸河漫滩平原较狭窄,沿江多为山地丘陵和阶地,如猫子山、斗山、仙人矶,下三山、燕子矶等。长江中下游分布有明显的三级阶地特征,一级阶地分布比较普遍,二、三级阶地分布比较零星。雨花台砂石层组成的基座阶地,在南京雨花台、西善桥、六合附近分布较广,高程在 60 m 左右,二级阶地在山麓地带有零星分布,高程在 20～40 m,由中更新网纹红土组成,分布在南京大厂镇、燕子矶、笆斗山等地。一级阶地高程在 10～20 m,南京河段分布较普遍。由于左岸分布广泛的全新世冲积湖积层,河岸抗冲性能较差。右岸山丘岗地又有基座阶地及网纹红土、下蜀土的阶地,抗冲性能较强,河段地貌特征如图 10.4 所示。

南京河段的河床,发育于第四纪松散沉积物上,沉积物厚度较大,一般达 40～60 m。根据两岸钻探资料(见图 10.5),可分为 3 层,其上层多为黏土,厚 2～5 m,黏土分布较厚的部位,河道平面形成凸嘴;第二层为粉细砂;第三层为中细砂及粗砂、砾石层。第二、三层厚度一般达 40～50 m,基岩面高程一般在−50 m 左右。

河床上部砂层中值粒径一般在 0.10～0.25 mm 之间,自岸边向深泓的床砂粒径分布是从细到粗,床砂中的粉粒约占 5.7%,黏粒约占 0.54%,其他为中细砂,局部为砾石。

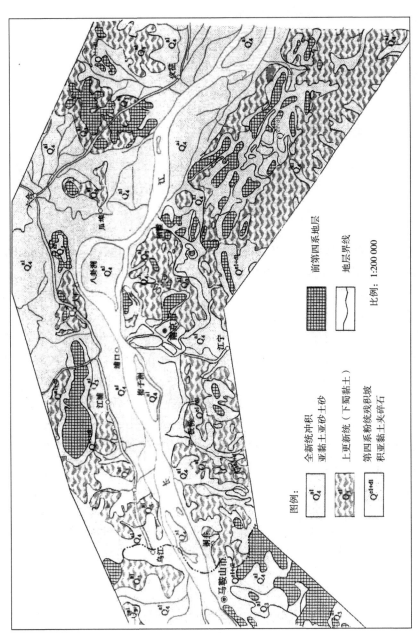

图 10.4 南京河段地质组成图

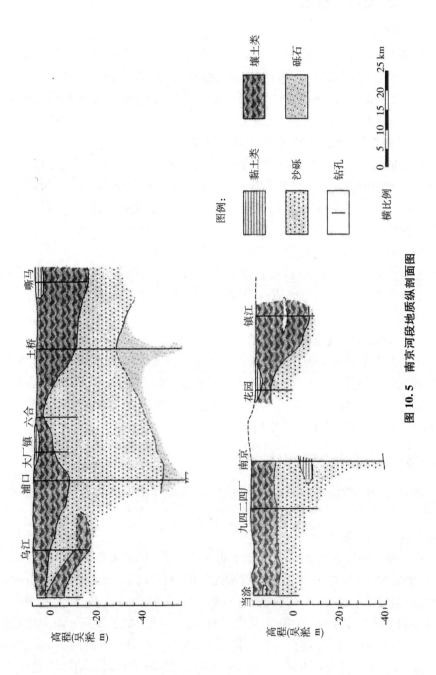

图 10.5　南京河段地质纵剖面图

10.3.2 历史演变概述

1）河道缩窄

据历史资料记载，古代南京河段江面宽阔，宽达 7～15 km。随着河道的自然演变以及人类活动的影响，河道逐渐缩窄，到 1865 年，下关、浦口间江面宽已不足 2 km。目前下关、浦口间最小宽度只有 1.1 km，其上游梅子洲汊道最宽处仅 4.3 km。

2）沙洲堆积，并洲、并岸向单洲双分汊转化

据考证，公元 220 年在目前八卦洲位置出现新洲，其后又出现白鹭洲，1376 年左岸出现九袱洲、磨盘洲等沙洲，此处江中还有诸多小洲，沙洲堆积后，形成复杂的多分汊河型。1908 年，原江中的草鞋狭等到四小洲合并成现在的八卦洲；靠近右岸的白鹭洲沙群，靠近左岸的九袱洲沙群，和下游的拦江沙群等，均先后分别并向左右岸而转为两岸河漫滩地。

经过长期的洲滩演变，以及护岸工程对河势的控制作用，南京河段已完成了由多洲多汊河型向单洲双分汊河型的转化，形成目前宽窄相间的河势格局。

3）主泓摆动幅度逐渐被约束在 1～2 km 范围

历史上南京河段由于江面宽阔，主泓摆动幅度较大。1376 年左岸新河口河岸崩退，主泓左摆约 4～5 km，八卦洲汊道段主泓摆幅达 10 km，目前南京河段通过人工控制已形成人工节点，上游主泓摆动的幅度不超过 2 km，浦口、下关段基本控制在 1 km 范围之内变化。

10.3.3 近代河道演变概述

南京河段由新济洲汊道、梅子洲汊道、八卦洲汊道和龙潭弯道这四段组成。

1）新济洲汊道河床演变

由于受上游河段河势变化及自身变化的影响，七坝江岸不断崩坍后退，至 20 世纪 50 年代初，主流已转移到贴近左岸，七坝江岸突出，形成节点。与此对应，主流向下折冲右岸的位置也不断下移，大梅段主泓右摆，大胜关、梅子洲头和洲体左缘 4 km 多岸线全线崩坍，其中下段（梅子洲头—南上村）崩退较多，1955 年至 1970 年洲头向下游崩退 980 m，原洲头下游约 2 km 处崩退 615 m，洲头成为新的弯道顶点。自 1970 年起，陆续对以上崩岸段进行了抛石守护，初步控制了河势，抑制了岸线的大幅崩退，但局部岸段的崩坍仍未

停止。

2）梅子洲汉道河床演变

梅子洲左汉弯道下游过渡段内早期曾有多个小沙洲,后来逐渐演变,合并成潜洲。受上游主泓摆动的影响,自 1950 年至今,潜洲两汉主次两度易位,其两汉分流比变化决定了浦口、下关主流顶冲位置的改变。自 1965 年起,潜洲左汉复归为主汉并逐渐发展,1971 年分流比为 82∶18,现稳定在 85∶15。

3）八卦洲汉道河床演变

八卦洲汉道是典型的弯曲分汉河道,演变以洲头崩退为主,洲体由扁平向鹅头形转化,左汉弯曲缩窄,分流比减少。右汉拓宽趋直,河长缩短,分流比增加,滩槽易位。洲尾以下汇流段主泓弯顶下移,深槽左摆,西坝头沿岸崩退,南岸乌龙山边滩淤涨下延,南京炼油厂码头处于淤积边滩倒套中。

4）龙潭弯道河床演变

西坝头以下主流顶冲位置大幅下移,龙潭弯道段平面变形加剧,右岸全线崩退,其中段江岸,最大崩宽达 2 km 左右,七乡河口附近河道平面形成一个大河弯,其中段左岸边滩被切割,产生兴隆洲汉道,1984 年兴隆洲堵汉后,兴隆洲分汉河道变成单一河道,龙潭弯道右岸边滩崩退和洲尾右缘冲刷呈进一步发展趋势。龙潭弯道尾端三江口河床抗冲性较强,河岸凸出,形成节点。

10.4　本章小结

长江南京河段位于长江下游,由新济洲、梅子洲、八卦洲和龙潭弯道组成,呈宽窄相间的平面型态。径流年内洪枯分明,属感潮河段,位于潮流界以上,潮区界以下。

长江南京河段的两岸地质,呈二元结构,上层为壤土或黏土,下层为粉细砂,这种结构不利于河岸稳定,易发生各种型式的崩岸。

长江南京河段经过长期演变,河槽宽窄相间,成为典型的分汉型微弯河道,现有三段分汉河段和一个弯曲河段,由于人工护岸作用的加强,河道平面演变速度变缓,主、支汉和宽窄段的河床冲淤仍在缓慢进行中。

第11章 崩岸类型及护岸工程

11.1 崩岸类型

11.1.1 按崩岸表现形式分类

1. 洗崩

洗崩是指岸坡表层或小范围土体的滑落或坍落,主要是受洪水期水流、风浪(或船行波)的侵蚀淘刷而形成,因而也就出现在受水流侵蚀较严重的局部段,如图11.1所示。但往往由于受冲的岸坡土质结构较好或坡度较缓,具有一定的抗冲性,所以崩塌的长度较小,一般为几米或十余米,坍落的土体体积也较小,发生的时间也较短,形式也较为简单,经过长期累积,岸坡缓慢后退。

洗崩现象在各个大江大河普遍存在,并且分布广,发生的几率高。在长江中下游岸段上,洗崩随处可见,实例很多。

图11.1 洗崩现象

2. 条崩

条崩是指岸坡土体大块地塌陷、崩解,沿河道水流方向长可达数十米、数百米,甚至几公里,崩进岸坡的深度(或称宽度)也可达十多米甚至几十米,如图 11.2 所示。这种现象主要出现在水流冲刷强度大、河岸地质不好的岸段,由于岸坡土体抗冲性能较差,受到严重侧蚀,坡脚被淘空或呈后退溯源型冲刷,在岸坡上部土体的自身重力、裂缝及渗流多种因素作用下,土体出现渐进式的破坏,呈条带状坍塌或倾倒,塌落土块的垂直位移远大于水平推移。崩落后的土体被河道水流迅速分散、搬运,并逐渐形成新的岸坡坡度,直至稳定。这种方式的崩岸是长江中下游河道中最常见的,由于河漫滩一般为泥沙冲积形成,土体组成往往相似,因而在水流贴岸冲刷距离较长时,就会引起很长一段距离岸坡的连续崩落,在外形上表现为条状,故称为条崩。

条崩一般出现在汛后枯水期,也有少数出现在洪水期,形成过程较为复杂。具有突发性和随机性,但是在一段时间内分多次发生,间隔时间有长也有短。

图 11.2　条崩现象

3. 窝崩

窝崩是指岸坡大面积土体的崩塌,平面上呈窝状形态楔入岸坡,其长度和崩进的深度相当,少则数十米,多则几百米,从平面上看,其外形为半圆形或马蹄形,见图 11.3。崩岸的土体体积可达数十万立方米,甚至上百万立方米。窝崩的形成主要有两种类型情况:一是与前述条崩相似,因水流顶冲或淘刷,岸坡抗冲性能差,岸坡变陡,产生渐进式破坏而发生倾倒塌落,但由于其上下游两侧岸坡抗冲性能较好,使崩塌现象不能沿水流方向连续形成,故发生局部的倾塌,只能向岸坡内侧纵深方向发展,逐步形成楔入的深槽;二是局部岸坡土体存在薄弱面(或层),在土体自重、渗流及河道水流、人为因素等影响下,产生沿薄弱层以水平位移为主的整体性滑移。

窝崩与条崩相似,也大都出现在枯水期,少数在洪水期。其形成过程就更为复杂,也具有突发性和随机性,往往是由大小不同的多次崩塌或滑移形成。由于窝崩发生时间短,强度大,严重时会危及人民的生命财产安全,必须引起高度重视并开展深入研究。

图 11.3 窝崩现象

11.2.2 按河岸破坏模式分类

这种分类方法的依据是土坡失稳破坏的模式,由西欧学者首先提出,如1982 年英国的 Throne 等人认为,不同土质组成的河岸在很多情况下都可能发生失稳崩塌,只是破坏的模式不同,主要有浅层崩塌、平面崩塌、圆弧性崩塌与复合式崩塌等几种,各种崩塌均与河岸土体组成及河道水位、降雨和突然荷载等影响因素有关。具体形式分述如下:

1. 浅层崩塌

浅层崩塌一般发生在河岸角度平缓的区域,且深度较浅,河岸组成基本上是非黏性土质。此类崩塌通常规模较小,崩塌破坏面基本上与河岸边坡平行,如图 11.4 所示。当河岸中存在地下水向河道方向渗透时,稳定的坡角 α 可能大大地减小,而坡面上的植被则有助于河岸的稳定,抑制崩塌的出现。

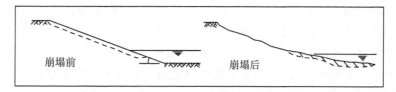

图 11.4　浅层崩塌

2. 平面崩塌

当河岸角度陡峭,甚至是垂直河岸时,在多种土体重力等因素作用下,河岸沿平面或平缓的曲线发生崩塌,如图 11.5 所示。一般情况下,崩塌的强度有大有小,大的可能远大于浅层崩塌。河岸组成多为非黏性土质,或是含黏性土质的河岸,但存在较深的拉裂缝。通常情况下,相对于河岸总高度而言,地下水和河道水位一般较低,或地下水形成的坡内渗流对崩塌影响不大,但若因降雨使拉裂缝中充水,则很可能引起崩塌。

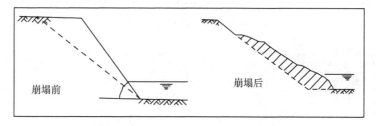

图 11.5a　沿平面或平缓的曲线崩塌

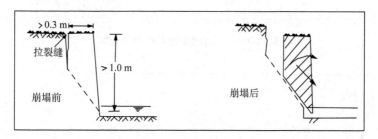

图 11.5b　板状滑坡

3. 圆弧滑动崩塌

在多种因素作用下,河岸沿某一圆弧面,或包含对数螺线面和平截面的复合面,所产生的滑动破坏,称为圆弧滑动崩塌,如图 11.6 所示。这种滑动破

227

坏的土体体积一般都很大,通常可达到坡角处,甚至会延伸至坡角以外,使坡角以上土体隆起,成为大规模的河岸滑坡。

在河岸较陡、高度中等,以及河岸为黏性土质,或是土体中存在软弱带(面)的情况下,往往会出现这种滑动破坏。在发生这种滑坡前,常可在岸坡表面看到与岸线平行的拉裂缝,并且滑动面有可能会沿拉裂缝产生和发展,预示了潜在滑坡的大致范围,如果拉裂缝较深(大于岸坡总深度的 30%),则可解析成平面型的滑坡,当然,软弱土层也会决定滑动面的实际形状。另外,岸坡中的地下水对这种圆弧滑动的影响十分显著,而拉裂缝中充水后也将使岸坡的稳定性急剧下降。

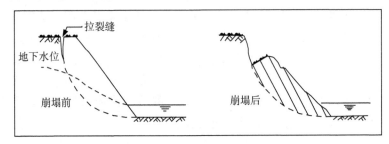

图 11.6a 沿圆弧面的滑动破坏

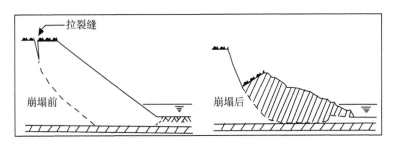

图 11.6b 沿对数螺线面的滑动破坏

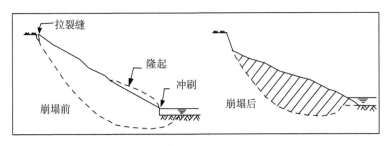

图 11.6c 沿平截面的滑动破坏

4. 复合式崩塌

在河岸土体组成为二元或多元结构情况下,如上部为黏土或粉质壤土,下部为细沙、粗沙或沙砾石等,当受到频繁冲刷时,河岸下部(坡脚)产生冲刷下切,从而使上部土体形成伸出河岸的悬臂。当土体受拉或受剪切后即发生崩塌,如图 11.7 所示,崩塌后的土体成块状原封不动地连同植被滑入河道。

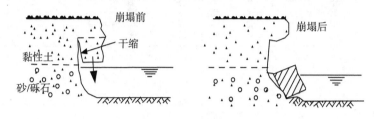

图 11.7a　受拉崩塌

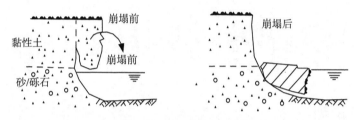

图 11.7b　承受剪切力而崩塌

11.2　南京河段崩岸调查

南京河段河漫滩冲积区广泛分布于沿江两侧。上层岩性是褐黄色亚黏土,结构较紧密,厚 0.8～3.5 m;中层主要是淤质亚黏土夹薄层粉砂,饱水,呈流塑状,厚 5～25 m,此层分布特点是临江较薄,远岸增厚,上游梅子洲汊道一带较厚,下游龙潭弯道一线较薄;下层是粉细砂层,厚度一般超过 20 m。

南京市区地向高程 6～9 m,较 1954 年最高洪水位 10.22 m 低 1～4 m,洪水对市区安全威胁很大。近几十年来,江滩大量围垦,江面缩窄,洪水位增高较过去频繁,局部河床内深槽下切约 -50 m,形成水深岸陡的局面,造成窝崩次数增多,对防汛构成潜在威胁。

南京河段这种下层土质抗冲性较弱,而水流流速较大,对河床冲刷能力较强的现状,使得南京河段河岸防护较为困难,崩岸时有发生,表 11.1 统计了1950 年以来南京长江干流历次崩岸发生的时间、地点以及崩岸类型,并对崩岸所产生的险情进行了简单的描述。

表 11.1　南京市长江干流 1950—2009 年主要崩岸险情统计表

序号	年份	县(市、区)	出险时间	崩岸地点	崩岸类型	岸别	险情简述	崩岸原因简述
1	1954	下关		下关	崩岸	右岸	1954 年特大洪水，下关电厂附近江岸冲深 15 m 以上	水流顶冲，岸坡防御能力不足
2	1954	浦口		浦口	崩岸	左岸	1954 年特大洪水，浦口铁路轮渡栈桥江岸冲深 15 m 以上	水流顶冲，岸坡防御能力不足
3	1970	浦口	5—6 月	九袱洲	条崩	左岸	煤、木、棉麻、13 和 14 号码头自上而下先后出险，严重坐崩	水流顶冲，仓库密集
4	1983	栖霞	汛期	燕子矶	窝崩	右岸		主流顶冲，岸坡地质条件较差
5	1984	栖霞	4 月	三江口	条崩	左岸	0 m 线冲达−15 m 线，岸线向南崩退 30～50 m	深槽贴岸发育下延，主流顶冲
6	1985	栖霞	6 月 22 日	南京长江油运公司三段圩基地	窝崩 2 处	右岸	上游窝崩长 250 m，宽 180 m，平均深 15～16 m，下游窝崩长 260 m，宽 60 m，平均崩深 5 米	河势调整，主流顶冲
7	1989	大厂	8 月 2 日	上坝渡口(上游)	条崩	左岸(八卦洲左汊)		长期水流顶冲，岸防御能力降低
8	1991	浦口	9 月	七坝河段滨江村(梅山建翻新码头的对岸偏上游)	窝崩	左岸	窝崩口门长 120 m，七坝抛石区受到一定程度破坏	河势调整，主流顶冲
9	1993	浦口	6 月	林浦圩岸段	条崩	左岸	崩岸长度 5 km，幅度 10～60 m	主流顶冲，岸坡堆载

续表

序号	年份	县(市、区)	出险时间	崩岸地点	崩岸类型	岸别	险情简述	崩岸原因简述
10	1993	雨花	10月底	梅子洲头左缘下3.2 km	窝崩	右岸	窝崩口门长220 m,崩进60 m	深槽发育,水流冲刷严重
11	1995		7月	栖龙河段团洲圩	窝崩		崩宽150 m,崩进80 m	岸坡不平顺形成高水位螺旋流,冲刷加强,岸坡较陡
12	1996		7月	栖龙河段仁本圩	窝崩		崩宽240 m,崩进130 m	
13	1996	浦口	3月	七坝段林山圩	窝崩	左岸	崩宽200 m,崩进100 m	主流贴岸,岸坡防御能力较低
14	1996	六合	8月	西坝头	窝崩	左岸	崩宽250 m,崩进220 m	节点附近,主流贴岸顶冲,岸坡较陡
15	1997			铜井三角圩	条崩	右岸	0 m崩进100 m	长期迎流顶冲,岸坡防护能力较差
16	1997		7月	梅子洲头凤林村	窝崩	右岸	崩宽360 m,崩进40 m	水流冲刷力强,护岸防护能力较低
17	1997	六合	汛期	西坝头	窝崩	左岸	原崩窝上下游崩塌	深槽发育,水流冲刷严重
18	1998	大厂	4月	八卦洲上坝轮渡码头	窝崩	左岸	崩宽120 m,崩进20 m	大厂区饮用水源改造工程影响
19	1998	大厂	4月	八卦洲上坝轮渡码头	窝崩	左岸	崩宽180 m,崩进60 m	
20	1998	大厂	4月	八卦洲上坝轮渡码头	窝崩	左岸	崩宽140 m,崩进40 m	

续表

序号	年份	县(市、区)	出险时间	崩岸地点	崩岸类型	岸别	险情简述	崩岸原因简述
21	1998		汛期	八卦洲左缘400 m处	窝崩	左岸	崩宽260 m,崩进26 m	水流顶冲
22	1998	栖霞	12月27日	燕子矶三台洞市油运公司码头	窝崩	右岸	崩宽150 m,崩进30 m	主流顶冲贴岸岸段,岸坡受水流冲刷作用较强,自然岸坡陡峭,填土堆沙附加荷载较多
23	1999		1月	下关四码头	窝崩	右岸	崩宽90 m,崩进25 m	主流冲刷岸段,岸坡防护工程标准较低,不能满足需要
24	1999		汛期	新济洲西江横埂	窝崩		1.6 km岸线最大崩进260 m,最大冲深20 m	长期水流冲刷,自然岸坡较陡,防御能力较低
25	2000			外公记			历年冲刷崩塌	历年冲刷
26	2000			铜井镰刀弯	条崩	右岸	历年条崩	历年主流顶冲,冲刷
27	2000			梅子洲头右缘	窝崩	右岸	崩宽60 m,崩进15 m	水流顶冲,岸坡防御能力不足
28	2003	栖霞	12月30日22:30	南京长江二桥下游南岸94679部队4号码头	条崩	右岸	范围长25 m,宽20~40 m	水流冲刷力强,码头密集,二桥建设影响,岸坡较陡,正处于退水期,岸坡顶托力下降

续表

序号	年份	县(市、区)	出险时间	崩岸地点	崩岸类型	岸别	险情简述	崩岸原因简述
29	2004	栖霞	11月2日晚	燕子矶街道渡石师圩	条崩	右岸	0 m 线崩长 60 m,崩宽 12 m	岸坡地质条件较差,由渣土堆积而成,大型机械频繁通行,加快岸坡失稳
30	2004	栖霞	11月8日	木仁圩	窝崩	右岸	窝崩口门长 190 m,宽 110 m	深泓逼岸,护岸标准较低,正处干退水期,岸坡顶托力下降
31	2007	浦口	12月1日 16:30	乌江镇周云村江边奚滩船舶	窝崩	左岸	窝崩口门长 150 m,崩宽 20~40 m	自然岸坡较陡,船厂加载,正处干退水期
32	2008	雨花	11月2日晚	三山码头上游砂场	窝崩	右岸	窝崩 0 m 线崩口门长 88 m,最大崩宽 42 m	水流顶冲,岸坡堆载,正处干退水期
33	2009	栖霞	11月18日	友庄圩	窝崩	右岸	崩窝长约 340 m,崩进 230 m	水流长期顶冲,岸坡防御能力不足

11.3 护岸工程型式调查

河岸防护从原理上一般可以分为两个方面：一是增加河岸、河堤对流体力的抵抗能力，主要采用以护岸、护坡为主的方法，护岸材料包括块石、沉笼、沉排、沉枕、梢料、土工织物、混凝土、柴帘、软体排、混凝土铰链排、模型袋混凝土、四面六边透水框架、混凝土块体、合金钢网（箱）、柔性块体、水泥固化土、水下不分散混凝土、草土护岸等；二是防止、减轻流体力对河堤坝的作用力，主要包括矶头、丁坝、勾坝、顺坝、潜坝及淹没式导流屏等建筑物。

护岸从材料上可分为天然材料护岸和人工材料护岸。天然材料护岸包括：草（包括草皮）、合成材料加固的草、芦苇、柳树和其他的树、木结构、灌木等。自然岸坡防护方法适用于风浪、船行波较小的小型河道，利用树、灌木、芦苇、草皮等植物以增加河岸的耐侵蚀能力，同时起到保护生态、美化环境的作用。自然护坡一般坡度较缓，其断面形式取决于河岸整体抗滑动稳定的需要，在岸坡高度范围，根据土质抗剪强度的不同，采用单坡、复坡等多种形式。植物护岸有两大类：一类是在坡前的水下种植水生植物，以柔克刚，衰减风浪对河岸的冲击能量，又可用以拦截漂浮物；另一类是种植在常水位以上的坡面上，甚至延伸到坡后的高坡（或废土堆的处理），用以防止雨水对坡面冲刷而形成大小不等的雨淋沟，防水土流失，保护坡后土地，防止水质污染。

护岸从结构形式上可分为三类：一是刚性护岸，主要有模袋混凝土、浆砌石等，其主要特点是强度较高，稳定性好，抗冲能力强，不透水，不变形，在护岸下部河床被局部掏空（未发生断裂破坏）时仍能保持原有体形。二是柔性护岸，主要有钢筋混凝土铰链排、充沙管袋软体排等，其主要特点是具有一定的变形能力，能较好地适应河岸地形变化，在局部河床冲刷后能产生一定的适应性变形，重新形成保护层，同时稳定性和透水性较好。三是散粒体护岸，主要有抛石、沙袋等，其特点是适应变形能力强，能不断跟随坡脚变化，形成新的保护层，但其空隙和周围产生的绕流（主要是护岸外缘附近）引起局部流速加大、脉动增强，从而引起岸脚处淘刷，块石滚动、走失。现将国内外常见的主要护岸型式及其特点和适应性分述如下：

11.3.1 抛投护岸类

1. 抛石

抛石护岸历史悠久,在世界各条大江大河护岸工程中应用最为普遍。就长江中下游而言,该类型的护岸应用最多,积累经验较丰富,具有就地取材、施工和维护简单、可分期施工、逐年加固、造价低、在坡面变形(沉降或水、浪冲刷所致)时能自动调整和自动弥合等优点,且具有一定的抗水流、波浪和船行波冲刷的能力,在各种水流、边界条件下均有使用,护岸效果较好,见图11.8。抛石护岸的缺点是块石开采对环境的破坏和施工后需要经常性维护。抛石护岸在南京河段护岸工程中广泛应用。

图 11.8 抛石护岸

2. 土(石)袋防护

以麻袋、草袋或聚丙烯编织袋装填土、沙、碎石或碎砖等物料,替代块石,抛投或叠放在河岸险工部位,也是常用的岸坡防护工程措施。沙(土)石袋护岸的原理基本上与抛石护岸相仿,早期是用麻袋、草袋装填沙土,近十多年来基本上是采用聚丙烯编织袋进行装填。口袋大小一般是按抗水流冲刷的原则进行设计,长为 1 m 左右,直径在 0.5 m 左右,沙土充填度在 70%～80%,用尼龙绳、细麻绳或铅丝绑扎封口,见图11.9。土石袋要防止老化和被利物破坏,若在袋里冲填河沙,还应解决袋里的河沙被水流带走的问题。

图 11.9　抛沙土袋护岸

3. 石笼

当现场石块尺寸较小,抛投后可能被水冲走时,可采用抛石笼的方法:用预先编织扎结成的铅丝网、钢筋网,在现场充填石料后抛投入水。这种方法在各地均有运用。

石笼抛投防护的范围等要求,与抛石护脚相同。石笼体积一般可达$1.0\sim2.5 \text{ m}^3$,具体大小应视现场抛投手段和能力而定,见图 11.10。石笼的缺点与块石也基本相同。

图 11.10　石笼护岸

4. 土工包(沙袋)

这项技术始于荷兰。将河滩的淤积土通过抓斗、反铲或挖泥船放在一个预先设有土工布的开底船中,然后将土工布缝起来形成一个大包。开底船行至指定地点后将土工包抛入江中。每一个土工包的容量可达 $240\sim1\,000\ \mathrm{m^3}$。这一方案具有就地取材、生产规模大的优点。

沙袋(塑枕)是一种土工织物的沙土充填物护脚,有单个枕袋、串联枕袋和枕袋与土工布构成软体排等多种型式。近年来,塑枕已先后在长江中游(见图 11.11)、黄河和松花江护岸中有所应用,取得了一定的效果。沙袋(塑枕)的具体抛护厚度和结构型式,可按有关规范规定选择。在岸坡很陡、岸床坑洼多或有块石尖锐物、停靠船舶,以及施工时水流不平顺之处,不宜抛塑枕。

沙袋具有环境友好型功能,已在安徽小黄洲、江苏和畅洲进行了应用,作为块石的替代品,南京河段的护岸工程中也可考虑应用。

图 11.11　土工包(塑枕)

5. 四面六边透水框架

四面六边透水框架是由水利部西北水利科学研究所开发的一种新型护岸技术,框架可以用钢筋混凝土杆或木(竹)杆制作,杆长 1 m,内充填沙石料、两头以混凝土封堵构成,施工时最好将 3~4 个框架成串抛投,具有取材容易、节约工程材料、透水等优点,对近岸河床水流结构影响相对较小,促淤效果较好,用于崩岸速度较小处护岸和崩窝促淤效果较明显,但在河床冲刷剧烈地段促淤作用可能较小。1996 年以来在九江市益公堤(东升堤)和彭泽县金鸡岭段(金鸡堤)进行了试验,已在长江九江和彭泽段运用,取得了较好的成效,见图 11.12。

南京河段在八卦洲和三江口等处进行了应用。

图 11.12　四面六边透水框架结构护岸

11.3.2　坡面防护类

1. 干砌块石

岸坡高度小于 10 m,坡度比在 1∶2～1∶3.5 之间,需要防护的坡面面积不太大,设计流量相应的平均流速大于防护前土坡的抗冲允许流速,且石料料源丰富者可采用本护面结构。其优点是工程投资相对较低,便于工程全线展开,块石护面因其糙率较大,对水流、风浪和船行波的冲刷的阻力大,可削弱冲刷能量,提高岸坡抗渗透稳定性。其缺点是整体性差,易被船舶挤靠和碰撞而松动,或因水位骤降、坡内水位来不及随之下降,渗流坡降增加,起初块石护面层局部松动下滑,逐步扩大,甚至大面积护面损坏。要做到上、下层错缝,所有缝隙必须填塞密实,施工要求较高,砌筑工效低,见图 11.13。南京河段在新济洲等护岸工程中应用了这种型式。

2. 浆砌块石

适用于岸坡高度不高,坡面不长,需要防护的坡面面积不太大的护岸工程。浆砌块石护面结构可和干砌块石护面结构进行比选。它具有一般块石

图 11.13 干砌块石护坡

护面层的特点,抗水流、波浪和船行波的冲刷的能力较干砌块石强,至于施工
技术要求和难度两者差不多,它的整体性较干砌块石好。块石块体重量和护
面层厚度,不仅要具有设计所需的抗水流、风浪、船行波冲刷的能力,亦应考
虑必要的安全系数以及利于施工和确保工程质量等因素,见图 11.14。浆砌
块石不利于地下水和河道水体之间的交换。

图 11.14 浆砌块石护坡

3. 混凝土预制块

适用于风浪、船行波较大的河道,混凝土预制板块主要有混凝土板、混凝土方块、四脚锥体、四脚空心方块、扭工字块体和扭王字块体等。岸坡的混凝土预制块护面层结构可集中预制,工程质量易于控制,平整度高,外观较美,铺筑工效优,在坡面变形(沉降或水、浪冲刷所致)时能自动调整。但工程投资大,并且需要专业的施工机械。水位以上采用是比较合适的,但在水下采用,若有淤积,则难于清淤,被船舶撞损又难于修复,见图11.15。

正三棱柱、六棱柱等混凝土块具有块体尺寸较大、容易形成群体、抗冲能力强的特点,但投资较大。近几年湖南省在下荆江迎流顶冲段采用此种材料护岸,工程效果较好。

图 11.15　混凝土预制板块护岸

4. 现浇混凝土大板

在经过仔细修整的坡面上浇筑 10 cm 厚的混凝土,混凝土内配筋,下铺 3 cm 厚粉细砂垫层与土工布相接,为防止混凝土浇筑时浆液漏入粉细砂层,还铺有塑料膜,混凝土板内按一定间距留排水管以利于砂垫层中的水排向坡外。该结构在坡面直接浇筑混凝土,施工简便、快捷,具有混凝土预制板块护面层的抗冲刷的功能,省去了预制、搬运和铺装工序,板块体积大、整体性好,层厚较薄,要求坡比不可陡于 1∶3,在工程量上与混凝土预制板块护面结构差不多。但它只能在水上施工,随着坡面底土变形会出现坑洼不平或开裂,影响观瞻,且不利于地下水和河道水体之间的交换,见图 11.16。

图 11.16 现浇混凝土大板

5. 水泥土

该护面结构是近年来江南水网地区航道工程部门开发出来的轻型护坡结构,杭嘉湖地区已在若干条航道上采用。水泥土护面层较干砌块石护面的剥蚀速度慢,可以避免自然和人为损坏,使用寿命长,不用砂石料,就地取材料价低(约为块石护面投资的 50%),整体牢固,不须维修,若使用数十年后剥蚀严重时,可在上面再铺筑一层水泥土,还可继续使用。具有一定的抗冲、抗渗性能和抗干湿、冻融能力。由于水泥土存在一个固化过程,不适于在流速超过 1 m/s 的水下施工,因此这项技术无法在像长江那样的江河中单独使用。

6. 碎石笼箱

一般用经过退火的便于编织的软钢丝编织成矩形或六边形网格的金属网再组装成笼子,里面装满块石,其中填石要求耐久性好,遇水不会软化,而尺寸大小也要满足网格的要求,一般要求填石的直径在 1.5~2.0 倍钢丝间距的范围内,见图 11.17。

碎石笼箱具有良好柔性,编制网格采用双扭结构,能够承受岸坡因水流冲刷引起的坍塌和不均匀沉降,而且不会发生拉裂,对于不稳定河岸的护坡来说显得尤为重要。钢丝笼有足够的强度能保护充填块石不被水流冲走,达到护岸的作用。块石具有很好的透水性,因此其后岸坡中的水头不会增大,和反滤材料合用具有排水和保土的功能,是护坡的理想材料。由于金属丝经过防腐蚀处理,其有效性不会随时间的推移降低,且几乎不需要维护。施工方便快捷,地基不需要处理,不需要做昂贵的排水系统,只要表面平整,预制的金属网运至现场组装,在现场填料,因而可节约费用。另外,笼箱结构上可以种植被,因此可以用来优化环境,创造优美的景观。

南京河段碎石来源与块石相同,而碎石笼箱的成本比抛石要大,因此这种结构型式在南京河段不适合应用。

图 11.17　碎石箱笼式结构

11.3.3　排体护岸类

1. 梢料

梢料包括柴枕、柴排、柴帘、沉梢坝、沉树等,这种护岸多用于滩岸抗冲能力差、易发生大型窝崩的地段。梢料护岸整体性较好,可就地取材,能较好地适应水流及河床边界情况,护岸效果好,维修、加固简单,但施工难度较大。柴枕等护岸工程在长江中下游崩岸强度大的地段和崩窝治理中应用较为广泛,见图 11.18。

南京河段早期护岸工程中运用过这种型式,近期有被混凝土排和沙肋排取代的趋势。

图 11.18　梢料(柴)排

2. 柳箔防护

将柳、苇、稻草或其他秸料编织成席箔,铺在堤坡上并加以固定,其抗冲、抗淘刷性较好。具体做法是用 18 号铅丝捆扎成直径 0.1 m、长约 2 m 的柳把,再连成柳箔,其上端以 8 号铅丝或绳缆系在堤顶打牢的木桩上,木桩 1 m长,在距临水堤肩 2~3 m 处,打上一排,间隔 3 m 一个。柳箔下端适当坠以块石或土袋,使柳箔贴在堤坡上,柳把方向与堤线垂直,必要时可在柳箔面上再压块石或沙袋,防止其漂浮或滑动。必须把高低水位范围内被波浪冲刷的坡面全部护住,如果铺得不严密,堤土仍很容易被水淘出。使用此方法要随时观察,防止木桩以及起固定作用的沙袋被风浪冲坏。

由于南京河段水深大、流速快,这种型式不宜采用。

3. 土工织物软体排

土工织物软体排是以土工织物为基本材料做成大片排体形式的防冲防护结构,所用土工织物多为织造土工织物。排体面积可达数百甚至上千平方米,结构上也更为复杂,由多种材料组合而成。压重可采用块石、土枕、土袋、铁丝石笼、土工网格石笼。这种排体主要用于冲刷较为严重的河海岸水下床面,如桥梁墩台附近床面、闸坝下游护堤外床面,以及丁坝坝头附近床面等,是目前国内外应用最广的土工合成材料护底结构形式,尤其在欧洲受到推崇。

　　排体结构主要是由纵横交叉的柴束形成经纬向的正方形框架,柴束材料可为柳条树枝,也可以是竹木苇梢,由专用成型机器扎成束把,根据材料的粗细程度及深度,束把直径为 10~20 cm,组成的正方形框架尺度一般为 80~90 cm,根据不同的防护要求,框架可为单层,也可为多层,或是中间夹平铺束材。与传统柴排最大的不同之处是这种排体底部衬有有纺的化纤(土工)织物,作为排体与沙床之间的过滤层,不仅增强了排体的强度,而且可以有效地防止泥沙漏出排体。这种排体具有取材容易、柔软性和稳定性好的优点,具有良好的适应河床变形能力,且工程数量与质量容易控制,造价低,对环境影响较小。但防止抛锚破坏的能力差,施工技术要求高,枕排破坏机理及枕排前沿防冲等问题也须进一步研究实践,见图 11.19。

　　这种型式改进后可在南京河段应用。

图 11.19　土工织物软体排

　　4. 充砂管袋软体排(沙肋软体排)

　　充砂管袋软体排是以织造土工织物为基本材料制成管袋排体,管袋内充填砂土或水泥土形成大片防冲排体,见图 11.20。目前国内主要有两种形式:一种是用两层织造土工织物按一定间距缝合形成相互成排的模袋,模袋预留灌砂口进行充灌;另一种是用织造土工织物缝制成长条形封底的管袋,再将管袋并排与大片织造土工织物连接一体,然后从袋口充灌砂土。充砂软体排制作简便,可实现机械化充砂,利用排体自重沉放,不需另加压载,而且可以用河砂充灌。若模袋内为砂土,一旦模袋破损则砂土就会流出,影响排体的稳定,为解决这一难题,可以充灌胶凝材料,如水泥土等。应用中充砂软体排遇到的最大难题是如何在水深流急情况下沉排,目前国内已有专门的水下沉排船,但设备及施工工艺尚需改进。

沙肋排在长江中已有应用,南京河段也可以应用。

图 11.20　沙肋软体排护岸

5. 混凝土块铰链(系结)排

混凝土块铰链(系结)排是通过钢制扣件将预制混凝土块连接,或将混凝土预制块系结在土工织物排布上,组成排的护岸结构形式。混凝土预制块的相互连接,形成柔性排体,既可抗冲,又可适应变形,从而达到防护的目的,见图 11.21。

预制混凝土块单块排体宽度一般在 20～30 m,长度可根据防护岸坡的范围而定。预制混凝土块一般由标号为 C20 的混凝土加筋制成,平面呈边长 50～80 cm 的正方形或长方形,厚度 8～10 cm,见图 11.21,排体平均重量在 120～150 kg/m^2。

混凝土排体在南京河段已有应用。

6. 模袋混凝土

模袋混凝土护岸是将流动混凝土或砂浆用泵灌入由合成纤维制成的模袋内形成混凝土护面层。模袋是用高强化纤长丝机织成的双层袋状织物,模袋上下两层织物之间每隔一定距离有一定长度的尼龙绳,把两层织物连拉在一起,控制灌注成形的厚度,代替模板用混凝土泵将混凝土或砂浆灌入模袋,硬化后形成混凝土(砂浆)板或块,以保护坡面。根据有无过滤排水点,模袋

图 11.21　混凝土块铰链排和系结排施工

分为有过滤点模袋和无过滤点模袋。根据模袋之间的连接方式和成形后的形状，模袋又分为铰链型模袋和框格式模袋等。根据模袋的加工工艺和所用材料，模袋又分为机织模袋和简易模袋。土工模袋防护技术具有地形适应性强、整体性好、抗冲刷能力强和施工快捷、经久耐用、价格合理和可以水下施工等优点，防护效果较好，见图 11.22。

模袋混凝土在南京河段的上游和下游河段均有应用，在南京河段尚未应用，由于模袋混凝土适应河岸的变形能力太差，不建议在南京河段应用。

图 11.22　模袋混凝土护岸

11.3.4　建筑物防护类

1. 柴草（桩柳）防护

在受风浪冲击的堤坡水面以下打一排签桩，把柳、芦、秸料等梢料分层铺在堤坡与签桩之间，直到高出水面 1 m，以石块或土袋压在梢料上面，防止漂浮。当水位上涨，一级不够时，可退后同法做二级或多级。柴枕和柴排是传统的护岸型式，造价低，可就近取材，各地都有许多经验。但因施工技术复杂，护脚工程中已较少使用。特别因其与老的护脚工程不能均匀连接以保护坡脚和床面，故一般不用于加固。

利用柴枕和柴排对崩岸除险加固，有以下事项须特别注意：柴枕、柴排的上端应在常年枯水位以下 1 m 处，以防枕、排外露而腐烂；柴枕、柴排要与上部护坡妥善连接，一般应加抛护坡石，外脚须加抛压脚大石块或石笼；岸坡较陡，不宜采用柴排，因陡岸易造成排体下滑，起不到护脚作用；一般其岸坡应不陡于 1：2.5，排体的下部边缘应达到使排体下沉至估算最大冲刷深度后仍能保持缓于 1：2.5 的坡度；柴枕、柴排的体形规格、抛护厚度和面积等，可按有关规范规定执行。

2. 直立式岸坡防护（垂直护岸）

直立式护岸结构和斜坡式护岸结构同为航道常用的护岸结构。前者通常用在土地资源紧缺的城市和集镇河段，或出于当地的特殊条件和具有一定经济实力的城郊或农村河段；后者用在航道的农村河段，或远离城镇的郊区河段。直立式护岸结构主要为钢板桩、钢和石棉水泥沟槽板、石笼结构、混凝土、砖和圬工重力挡水墙、预浇混凝土块、加筋土结构，及其他低造价结构等。

长江流经南京市，作为城市的防护，直立式岸坡防护在南京市区的河岸防护中被普遍采用。

3. 挑流式护坡（丁坝导流）

丁坝技术在国内外河道整治、航道整治方面的应用较为广泛。如在航道整治中，通常利用丁坝或丁坝群束水攻沙，形成有利于船舶航行的稳定水道。为了有效地防止洪水对河道堤防的冲刷破坏，也采用丁坝或丁坝群技术，调整水流方向、改变水流结构，以此达到防冲固堤目的，见图 11.23。

由于挑流式护坡（丁坝导流）对水流及河床影响较大，一般情况下不建议采用这种型式。

4. 布帘坝技术

布帘坝技术是在现有抛石坝、板桩坝等刚性坝体基础上进行的一种改良坝体，坝体采用柔性材料制作，下端固定在河床上，上端连接空气筒（或容重较轻的材料），整个坝在常规的流速下起到阻挡水流的作用。当流速很大时，坝体会俯贴于河面，对流速不起作用。布帘坝作为一种新技术，正在试验和设计阶段，有些技术指标尚待进一步确定。

图 11.23　丁坝护岸

11.3.5　生态护岸类

　　生态工程是基于对环境中各种自然生态及生物栖地的尊重,取用当地可用资源,在不破坏自然生态及景观的情况下进行的治理工程。其一方面考虑工程结构体本身的安全性,另一方面又考虑对自然生态的维护,进行最适当的处理以达到环境和谐性。因此生态工程基本上可说是遵循自然法则,使自然与人类共存共荣,见图 11.24。

　　根据国内外河道护岸工程的现状,护岸基本上可划分为三类:第一类是刚性护岸工程,主要包括抛石、混凝土沉排和板桩等结构;第二类是生态(物)护岸工程,包括活树桩、柴排、压条、活柴捆和植物网格;第三类是植物恢复护岸技术,包括草、灌木和树等。目前,又有将后二类归为河道护岸软工程。河道生态护岸的实质是运用植物种植技术进行岸坡保护,当前主要有以下几类技术:坡面土壤防护技术、岸坡稳定技术、组合施工技术、辅助施工技术。

11.3.5.1　坡面土壤防护技术

　　1. 草本植物的种植

　　种植草本植物进行护坡是最基本的方法,草种要根据植物的根系护坡性

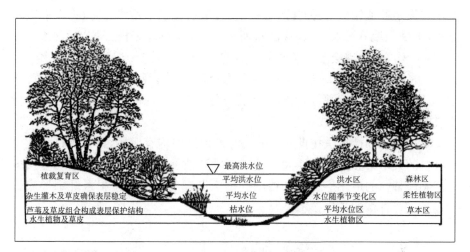

植栽复育区	最高洪水位	洪水区	森林区
杂生灌木及草皮确保表层稳定	平均洪水位	水位随季节变化区	柔性植物区
芦苇及草皮组合构成表层保护结构	平均水位	平均水位区	草本区
水生植物及草皮	枯水位	水生植物区	

图 11.24　理想的河道生态工程植被断面

能加以选择,施工方法主要有以下几种:

(1)播撒法:以手工或机具直接播撒草本植物种子在所护的岸坡上,这是最常用的护坡草本植物种植方法。种子可以是浸泡后的湿种子,也可是拌和沙土或肥料的干种子。对于防护要求较高的河岸,可在实施干砌块石、空心混凝土块体、笼箱碎石等护坡结构上播撒草本植物种子,使护坡结构既达到防护要求,又实现了绿色的自然景观。

(2)水力喷射播种法:是以水为载体,将植物种子和覆盖料、保水剂、复合肥、土壤亲合改良剂等植物生长辅助材料,利用专用设备,通过高压喷枪将其混合物一次或分次喷洒,固结在堤坝坡面上。在辅助材料的帮助下,植物种子迅速发芽生长,可在较短的时间内在砂黏贫瘠土壤和碎石等难以恢复植被的陡高坡面建立绿色植被。

(3)根茎种植:即利用芦苇等植物的茎或柄形成种植的根瘤,采用高800~1 200 mm、最多5片叶的强健幼株进行种植。施工方法是挖出含根的芦苇,搬运至工地途中以黄麻或类似材料包装捆绑,成列3~5排、间隔0.25~0.5 m进行种植。施工水位一般低于夏季平均水位1.0~1.5 m,在水面下最佳。施工时最好将根茎以近乎俯倒于地面的方式放置,以免风或波浪力侵袭,用手将根茎垂直插入土中,再以卵石或大石压住,如果是乱石坡则开挖成窄沟放入根茎,再以土或细石回填,为达最佳效果,水边石块应稍微抬高以保护植物成长。

(4)杆茎种植:采集各式样的芦苇或香蒲杆进行种植。种植原理和方法基本与根茎种植相似，如捆扎芦苇种植法，是在夏季平均水位时，将木桩锤入土中，木桩间隔 1～1.5 m，露出水面约 30 cm，平行于桩开挖宽、深 0.4～0.5 m 的沟，如沟墙会崩坍应以木片支撑，再将绳网放于沟底，内填粒径 6～12 cm 的粗石和粒径 2～6 cm 的碎石，再放置每卷直径 30～40 cm 的芦苇，顶层 1/3 填以芦苇丛后进行缝合，然后将支撑沟的板块拆除，进行填土，最后将木桩锤入土中，即告完成。

草本植物种植方法在世界各地的河道护岸中均有应用，如我国在江苏海滩种植的大米草和武汉汉江大堤金口堤段种植香根草（见图 11.25），以及多处河湖岸种植的芦苇等。又如德国利用土工织物包裹椰子根系纤维形成长形卷条进行种植的护岸技术。

(a) 种植 85 天后　　　　　　　　(b) 种植 296 天后（长 210 cm）

图 11.25　武汉汉江大堤金口堤段的香根草

2. 草本植物移植

这种方法是指在其他基地上预先培育好草皮或杆茎植物，然后将连土带草的草皮一起移植至所需的护坡处，或是采用植物活的茎杆进行种植。此方法是最常用的草本植物移植法，应用在许多环境，如一般的山坡、河湖堤岸、道路边坡及广场、球场等，其优点是保土性好、见效快、容易成活。对于河道护坡而言，有如下几种常用方法：

(1) 草皮块移植：对于流速较小的河渠坡岸，可直接应用草皮移植进行护坡。在低水季节，将培育好的天然草皮切割成数十厘米（如 40×40 cm）的方块，在保持草皮湿润的条件下，用竹签或树枝等物将方块形草皮固定在预先铺洒的壤土上，再予以滚压夯实，草皮成活后不断进行养护。

(2) 草皮卷移植：对于坡度较陡或流速较大、风浪淘蚀或坡面雨水冲蚀严重,且又不宜采取刚性防护的河道岸坡,为防止岸坡失稳,可采用草皮卷或草皮垫的护坡方法。这种方法是利用天然植物纤维或土工织物、合成纤维制成的网垫,与草本植物相结合的一种移植方法,将传统的单一种草护坡与防护网相结合,通过网和草形成一个防护整体。即预先在育苗基地的网垫上种草培育,当草生长到一定高度和密度后,草根与网垫纠结在一起形成草皮卷或草皮垫,将其辅设在堤岸坡面上,形成植物护坡层。

1990 年美国陆军工程兵团利用椰子纤维织成网垫,在暖房中培植自然水生植物形成草皮卷,然后运输至护坡现场实施护岸工程,该技术已成功地应用在美国北河的受风浪影响的岸坡防护中,见图 11.26。近十几年来,欧美等发达国家开发研制了多种特制的塑料或尼龙网垫(又称建植网植被或三维网),结合种植草皮进行土坡防护,该技术原先多用于山坡及高速公路路坡的保护,现在也开始被用于河道岸坡的防护。网垫是一种永久性防侵蚀的三维网垫,一般由粗的尼龙单丝熔接而成,通常情况下,网垫的厚度为 3~5 cm,长宽可根据实际情况裁制。该种网垫结合了新材料和天然植物,具有固土能力强、耐久性好、适合植物生长等优良特点,据称可抗御高达 6 m/s 左右的近岸流速。由于三维植被网投资较大,基本上未在我国大江大河的护坡中应用,仅在部分城市附近河岸进行过试验应用。

(a) 椰子纤维垫上培植的自然水生植物

（b）正被卷起准备运往生态场地的椰子纤维草垫

（c）卷起被运往种植场地的椰子纤维草垫

图 11.26 美国陆军工程兵团开发的椰子纤维护坡草垫

（3）活枝垫（梢料压层）法：该方法采用种植活柳树枝条进行护岸，适用于流速快且须持久保护的河道岸坡，常用于抵抗洪水冲刷的坡面。柳树以直枝较佳，并注意保持萌芽的一致性。图 11.27 是美国某河岸紊流区的活枝垫法护岸及其效果的情况。

紊流区活枝垫工法　　　　　　　　　　　　20年后的情况

图 11.27　河岸紊流区活枝垫工法及其效果

11.3.5.2　岸坡稳定技术

在河岸带种植木科植物,如树木或竹子,形成河岸防护林,洪水经过河岸防护林区时,在防护林的阻滞作用下,流速大为减慢,减小了水流对土表的冲刷,减少了土壤流失。其作用主要体现在三个方面:一是茎、叶的覆盖和栅栏作用,既避免雨滴、风力对土壤表面的直接侵蚀,又减缓了河水的流速,减少了对土壤的冲刷,增加了泥沙的沉积量;二是树木根系发达,穿扎力强,增加了土壤抗失稳的机械强度,减少了河岸的崩塌量和冲刷量;三是根、茎、叶的生长对土壤具有改良作用,增加了土壤有机质的含量,改善了土壤结构,增强了土壤持水性,增强了土壤抗侵蚀能力。河岸防护林既起到了固土护岸作用,又提高了河岸土壤肥力,改善了生态环境。

木科植物用于河岸生态环境的改良,一般采用容易成活的枝条、树干、树根等埋于土中,使其重新生根长枝,达到稳定岸坡、美化环境的作用。根据施工方法的不同可分为株苗种植法、活切枝(插枝)法、篱笆及柳枝编织法、梢料柴捆(活枝束薪)法和根茎种植法等。

(1)株苗种植法:此方法最为简单和普遍,即采用苗木基地培育的树木或竹子的活株苗,在所需防护的河岸进行种植。一般选择在株苗容易成活的春季进行种植,也可在其他季节进行种植,但需在株苗根部附土团以保证其成活。株苗种植的间距根据树木的种类确定,一般为 3~5 m,施工多采用人工挖坑、放置株苗、回填覆土的方法,完成后再进行浇水养护。

(2)活切枝(插枝)法:即采用成活的树枝(如柳树枝)进行插枝种植,一般选择在树木冬眠期进行种植,若应用于流水区,也可在树木成长期实施。具体操作是采用一到数年合适的树种,切下直径 10~15 mm 没有分枝的枝条,长度最少需 40 cm。

柳树插枝第一个生长期　　　　　　　　　柳树插枝4个生长期

图 11.28　爱尔兰 Greek 河段柳树插枝法护岸

在抛石或干砌块石中进行插枝种植,可在短时间内使树木根系发育,根及新萌芽对石层稳定具有加强作用,根系也对小碎石具有保护功能,从而提高河岸的抗冲刷能力。若需在天然块石中进行插枝种植,则需用长 1~1.5 m 有活萌芽的柳枝。枝条插入后在其周围抛投碎石或块石,枝条末端埋入土中深 0.3~0.5 m,枝条尖端突出石面约 0.5 m,且斜向下游面。同样,若在干砌块石中插枝种植,一般是在夏季平均水位以上,为利于植株,石缝留宽 0.3~0.5 m,必要时可用钢钎进行挖掘,切枝的部分突出 0.5~1.0 m,也可将其修正使高度一致,枝条植入后,必须在石缝空隙中回填土。为避免被水流冲走,最低层处枝条要低于夏季平均水位,并用块石夹住以防冲失,水下部分防护则可配合铺设土工织物。

欧美国家都采用过活切枝(插枝)法,配合土工织物卷和雪松树等进行河道护岸,取得了不少成功的经验。如意大利 Tyrol 省大块石链的生态复植,在河岸坡脚以机械排列放置重 300~500 kg 的块石,再以钢索连接一起,以木棒钻入河床固定,活枝条插在石笼或石缝间,并用枝条垫或活密枝保护邻近坡面。又如在爱尔兰 Greek 河段采用柳树插枝法进行的护岸,见图 11.28。在美国伊利诺伊州 Court 河采用冬眠期的柳枝,配合土工织物卷和雪松树的插植法护岸。

(3) 篱笆及柳枝编织法:此方法是通过编织灌木或树枝篱笆进行护岸。选用长而圆滑、根系发达和有萌芽的灌木或树枝,将其混合编织成篱笆。施工时,以粗灌木条(直径 3~10 cm,长约 1 m)或类似的钢棒作为主桩,按 1 m 的间距锤入土中,并以 0.5 m 间距在主桩之间锤入较短的副桩,将生殖力强的树枝和软枝互相编辫在一起,放置于桩之间,并将每对茎杆编扎在一起后用力压入土中,再将 3~7 对茎杆的顶部固定在一起,固定的木桩突出不超出 5 cm,相较于编篱,至少三分之二要埋入土中,最低及切端必须埋入土中,以

利于根系发展,突出地表的茎秆很可能变干而枯萎掉,编篱可以依等高线成
列或斜交,并在坡面上形成格状。

该方法也可分层构造护岸结构,由底层往上施筑,以朝岸内 5～10°的角
开挖台阶沟渠,然后放入编织篱笆,并以上层开挖沟渠台阶进行回填土,视地
质情况每台阶相距 1～3 m。

(4) 梢料柴捆(活枝束薪)法:此方法是通过将灌木或树枝捆扎成束进行
护岸。选用长 1～3 m 的活枝条、柳树、枯枝,将枝条放于锯齿状框架上,通过
系绳线或铁线进行捆扎,形成长 2～3 m 圆筒状。将柳枝、铁线、塑料绳交叉
进行固定,如以地工格网、金属格网包覆枝条,则可能成本较高。在夏季平均
水位面以上挖沟槽,将直径 15～30 cm 呈长条圆柱的枝条捆束放入沟槽中,将
捆束 1/2～1/3 埋入土中,也可低于水位面,将长约 0.75 m 的活枝或枯枝插
入束薪中,按 1 m 间距牢固锚定于地下。如果无法提供大量活枝,也可将枯
枝及部分不具生殖力的枝条混入束薪中,放在最中心部分的尖端应突出
0.5～0.75 m,并朝向河床中央,以保护束薪不受波浪下切作用,如有必要加
强,可在较高河岸放置束捆束薪至顶面,以形成束薪墙。

(5) 根茎种植法:将活的树根茎放置于浅沟中,回填土后,根茎的顶端略
高出地面,见图 11.29,便于施工和生长,将形成稳定断面。根茎成活后,形成
的护岸结构具有较强的防冲性能。

图 11.29　柳树根和柳树种植护岸

11.3.5.3　组合施工技术

(1) 层迭枝条编扎法:该方法是以树枝和灌木枝层(典型的是柳枝和山茱
萸)与土层交替堆成的河岸防护形式,见图 11.30。一般设置在夏季水位以
上,树枝层可用于河岸的抗水流冲刷区,灌木枝条的伸出端位于高流速区,以

防止或减缓水流冲刷,进而灌木根长成后锚入深层土壤防止冲刷,起到稳定岸坡的作用。

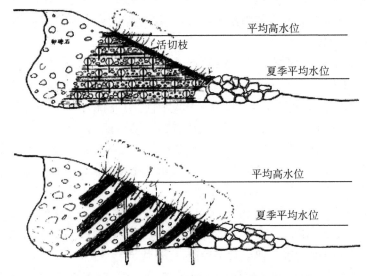

图 11.30　传统及简易型层迭枝条编扎

通常采用休眠期具有生殖力的柳枝及其他树枝,小区域内的修复是将长 0.6～0.8 m 的木桩用铁丝捆绑一起锤入土中并夯实,间距大约 1 m,然后将厚密的活枝层扎束于木桩间,端部于河床面,形成厚 10 cm 的枝条层,再以表土覆于各枝条孔隙间。大区域侵蚀区也可用类似方法进行处理,以一层或多层枝条层排列在木桩之间,各层间覆以表土,不可有间隙以免结构体崩塌下陷,如能以大石覆压为最佳,枝条扎束放置完成后其水平及坡度必须与邻近未受损的上下游岸坡相同,活枝不足时可混以枯枝,再用群桩锤入土中进行加固,由多层枝条组成时最低层要低于夏季平均水位,并以萌芽、枯枝组合,单层枝条中至少有 25% 要具生殖力。

(2) 活木条框:活木条框法是以活木条组成框架的防护形式,常用于较陡的岸坡面,方法是将木条框放在坡面上,用水力冲填覆土。框架必须坚固以防弯曲,并需要大量活枝条以供补强,顶层种植快速生长的草皮。活枝框可避免冲蚀及增加边坡稳定,构筑后可立即产生效果,植物根系发育后使得强度进一步增加,可取代木框功能。

活拦栅墙是由圆木连锁组成的中空构体,中空部分由回填材料和伸出边坡的活切枝组成,这些活切枝的端部在拦栅墙内,当活切枝成活后,根系和植被代替木栅的功能,活拦栅墙在用于非稳定河岸防护的同时可为鱼类提供极佳的活动空间,见图 11.31。

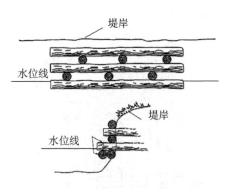

图 11.31　由圆木组成的河岸拦栅

(3) 网框结构上的生态复植:这种技术原先多用于山坡及高速公路路坡的保护,现在也开始被用于河道岸坡的防护。主要是利用活性植物并结合土工合成材料,在坡面构建一个具有自身生长能力的防护系统,通过植物的生长对边坡进行加固。根据岸坡地形地貌、土质和区域气候等特点,在岸坡表面覆盖一层土工合成材料并按一定的组合与间距种植多种植物,通过植物的生长达到根系加筋、茎叶防冲蚀的目的,可在坡面形成茂密的植被覆盖,在表土层形成盘根错节的根系,有效抑制暴雨径流对边坡的侵蚀,增加土体的抗剪强度,减小孔隙水压力和土体自重力,从而大幅度提高岸坡的稳定性和抗冲刷能力。土工网对减少岸坡土壤的水份蒸发,增加入渗量有较好的作用。同时,由于土工网材料为黑色的聚乙烯,具有吸热保温的作用,可促进种子发芽,有利于植物生长。

① 防冲蚀网上的生态复植

通常是由镀锌或喷塑铁丝网笼装碎石、肥料及种植土组成复合种植基。铁丝网笼可以做成不同形状,既可以用作护坡,又可以做成砌体挡土墙。铁丝网与碎石复合种植基最大的优点就是它比较适合于流速大的河道,其抗冲刷能力强、整本性好、适应地基变形能力强,避免了预制混凝土块体护坡的整体性差和现浇混凝土护坡与模袋混凝土护坡适应地基变形能力差的弱点,同时又能满足生态型护坡的要求,即使进行全断面护砌,生物与微生物都能照样生存。因价格昂贵,主要用于砂质、陡峭和冲蚀严重的区域。国外在这方面已有较多工程实例。

② 金属框(石笼框架、石笼卷)上的生态复植

金属框或石笼框架(石笼卷)上的生态复植方法及效果与防冲蚀网上的

生态复植方法基本相似,只是框架的制作材料和结构形式有所不同,见图 11.32。

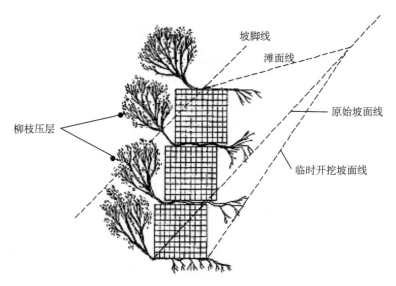

图 11.32　金属框架上的生态复植

（4）土工织布或土工格网构造：这种方法是利用土工织布或格网具有渗透和保沙的功能,可以做成如四方、长圆筒或平坦垫状结构型式,活枝可插入袋间或刺入袋中。土工材料固土种植基可分为土工网垫固土种植基、土工格栅固土种植基、土工单元固土种植基等多种形式,见图 11.33。

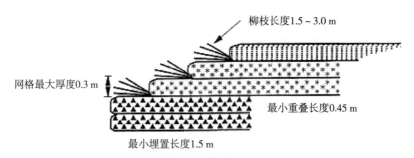

图 11.33a　植物土工网格的横断面

采用土工织布或土工格网上生态复植技术,树枝插条成活后不仅可以增加岸坡稳定,防止洪水水流侵蚀,而且增添了河岸景观,不足之处是在护岸效果与其他形式相同的情况下,其投资较高。

图 11.33b　施工中的植物土工格栅

11.3.5.4　辅助施工技术

生态护岸辅助施工技术主要是利用种植或移植景观植物进行护坡固土保沙，防止水土流失，同时满足生态环境的需要，营造景观、美化环境，除采用种植或移植根系发达植物的一般方法外，近年来还出现了多种新型材料，大致有以下几种：

1. 植被型生态混凝土

植被型生态混凝土主要由多孔混凝土、保水材料、难溶性肥料和表层土组成。多孔混凝土由粗骨料、混有高炉炉渣和硅灰的水泥、适量的细料组成，是植被型生态混凝土的骨架。保水材料常用无机人工土壤、吸水性高分子材料、苔泥炭及其混合物。表层土铺设有多孔混凝土表面，形成植被发芽空间，同时提供植被发芽初期的养分。

植被型生态混凝土可做成预制块体形成砌体结构挡土墙，或直接作为护坡结构，应用在城市河道护坡或护岸结构中，近年来日本在这方面做了较多设计研究及工程实例。

2. 水泥生态种植基

水泥生态种植基是由固体、液体和气体三相组成的具有一定强度的多孔性材料。固体物质主要包括适合于植被生长的土壤、肥料、有机质及由低碱性的水泥、河砂组成的胶结材料等。在种植基固体物质间，由稻草秸秆等成孔材料形成孔隙，以便为植物提供充足的水分和空气。在种植基内还可填充保水剂,保持植物在常日照坡面能很好地生长。

水泥生态种植基目前在国内外均有研究,但作为河道护坡材料的应用较为少见。

3. 土壤固化剂

固化剂是以水泥为主体掺入特殊的激发元素后制成的,其作用机理主要是固化剂中的水分子调节剂与土壤中的水分子形成化学键,对水分子有很强的吸附作用,利用土壤稳定固化,其中含有微晶核,通过晶核配位,在土颗粒孔隙中生成针状晶体,形成骨架结构,固化剂中的固化分子通过交联形成三维网状结构,从而提高土壤的抗压、抗渗、抗折等性能指标。因此,采用固化剂可使河底或河岸土层表面结壳,与混凝土相似,具有硬化土壤表面的功能,而松软的下层又具有近似于土壤的性能,从而既起到固土保沙作用,又使底层利于水生物繁衍生殖,满足生态需要。

高性能土壤固化剂在国外如日本等国家应用于工程领域已经有 30 多年的历史,广泛应用于道路工程、土木建筑工程、环境保护工程、农田水利工程,固化处理各种污泥。我国于 20 世纪 90 年代曾引进土壤固化剂,首次大面积用于湖底固化,近年来又多次应用于灌溉渠道防渗,但作为护坡工程材料直接应用于河岸防护尚未有实例,值得尝试。

长江水深很深,上面介绍的生态防护技术不可能保护到河底,因此,生态防护技术可应用于南京河段的岸滩部分的防治。

11.4 南京河段护岸工程调查

南京河段是国家批准的"长流规"和水利部批准的"规划报告"中确定的长江流域 14 个重点治理的河段之一。中华人民共和国成立以来,长江南京河段先后进行过 6 次大规模的河道整治工程。

11.4.1 应急抢护工程

应急抢护工程包括 1950—1951 年以疏浚导流为主的治理工程和 1955—1957 年下关、浦口和大厂镇沉排护岸工程。

1949 年大洪水造成浦口、下关江岸发生多处崩坍,1950 年中央有关部门邀集专家研究,确定"整流为主,护岸为辅"的思路,采用"导流趋中"方案,共沉龙(直径 70 cm、长 15 m 柳辊)4 209 个,沉树 227 组,抛石 10.2 万 t,护坡

2 565 m²,疏浚江中心白沙洲、老潜洲等(江中心挖 200 m 宽深槽),共计挖泥 1 132 万 m³,维持了浦口、下关相对稳定,但未能达到预期效果。

1954 年长江特大洪水,长江南京河段河床发生显著变化,浦口铁路栈桥坍塌,下关出险,崩岸频频发生,严重威胁两岸的工农业生产和人民生命财产安全。水利部、交通部等五部会同江苏省、南京市组织紧急抛石抢护,与中央特派团、苏联专家一道研究制定"抛石、沉树枝和沉排"方案,国务院批准后分三期实施,共完成护岸长度 9 070 m(另在八卦洲左汊卸甲甸岸段沉排护岸 2 500 m),护岸结构采用沉柴排、沉树枝石、链子石、抛石、水下疏浚等。累计沉柴排 889 348 m²,沉树枝石 474 632 组,抛石 81 万 t,链子石 140 组,水下挖泥 71 490 m³。该工程是当时全国最大的长江整治工程项目。在沉排施工中,总结经验,摸索改进,形成了较为完善的沉排方法,工程质量和工程效率均有较大提高,保住了浦口、下关江岸的稳定。

11.4.2　抛石护岸工程

20 世纪 70 年代初,长办(现称长委,下同)制定了《长江南京河段的整治规划报告》(以下简称《报告》),"为求得浦口、下关江岸的稳定,在加固本地段护岸工程的同时,必须控制上游有关河湾"。按照长办《报告》的精神,1970 年我国开始对长江南京段浦口、下关上游的潜洲左汊、梅子洲头、大胜关、七坝等岸段,下游的八卦洲头、天河口、西坝头、龙潭弯道等岸段进行了一系列重点整治工作。累计完成护岸长度 39.49 km,共抛石 558.31 万 t,挖泥 100 万 m³。浦口、下关的河势得到基本控制,护岸作用明显,逐步改变了被动局面。此间,护岸整治工程的结构形式以平顺抛石为主。

11.4.3　一期整治工程

1983—1993 年应急整治(集资整治)工程实施,后称为一期整治工程。这次整治工程以稳定河势为主,在基本稳定中求进一步改善。以八卦洲头及三江口治理为重点,对全河段 13 处节点或导流岸壁进行了较为系统的治理,初步稳定了河势,促进了南京市国民经济和社会发展。累计完成新增护岸长度 28.26 km,加固护岸 42.3 km,护坎 12.3 km,护坡 47.8 km,沉软体排 11.7 万 m²,完成块石工作量 573.66 万 t。这一期间的工程结构形式主要采用平顺抛石,局部采用软体排、沉梢石护岸。

11.4.4 下关、浦口沉排抛石护岸加固工程

浦口、下关沉排护岸工程经过 40 多年的运行,总体上情况较好,但其防护标准偏低,陆上水下未形成整体防护,沉排超期服役,抗冲能力下降,存在许多薄弱环节,因河势变化该段受冲,需要进行加固。1998—2000 年,在经过对抛石、重型沉排组合抛石、预制混凝土铰链排等三个水下加固方案反复进行技术比较后,选择了水下抛石方案,对浦口、下关段进行了重点加固抛石,对上下游相应岸段也采取了相应的抛石加固措施,巩固了浦口、下关关键节点的守护能力。累计加固护岸长度 9.69 km,抛石 137.51 万 t。

11.4.5 长江南京河段二期整治工程

南京河段梅子洲段是由人工护岸形成的,相对稳定,但还存在不少薄弱环节,遇特大洪水可能发生险情,改变河势。上游新济洲段尚处于自然冲淤演变状态,其上游河势发生较大变化,将直接影响南京河段总体河势。八卦洲段局部险工段护岸长度和强度不足。经国家批准,从 2003 年开始实施长江南京河段二期护岸工程及八卦洲头围堤工程。累计完成:护岸工程总长62.69 km,其中新护工程 21.2 km,加固工程 41.49 km;八卦洲头围堤长5.94 km,其中新建 2.43 km,加固堤 3.51 km。该工程除沿用平顺抛石护岸方式外,在南京河段首次采用预制混凝土板铰链沉排、钢筋混凝土正四面六边框架和生态护坡等护岸整治新技术。

11.5 南京河段已有工程型式及展望

11.5.1 水下护岸型式

(1) 抛石:长江南京河段以往的护岸型式大多都采用抛石护岸,且许多工程均已发挥了作用。抛石护岸的缺点是需要开山取石,会破坏山体的植被;还要能就地取材,否则会增加工程成本。

(2) 柴排:长江南京下关河段是我国最早利用柴排护岸工程措施的河段(20 世纪 50 年代),经过几十年的考验,证明梢料(柴)排护岸效果良好,原崩

岸段基本维持稳定。因此,梢料(柴)排的确适用于河岸的防护,尤其是对于滩岸抗冲能力差、崩岸发生频繁的岸段,工程投资又有限的情况下,值得推广应用。但现在柴排的取料困难,且一定程度上又会破坏环境,故使用较少。

（3）混凝土排:南京铜井河段采用了铰链排护岸。混凝土排包括混凝土铰链排和混凝土系结排,混凝土排具有地形适应性强、整体性好、抗冲刷能力强、施工快捷、经久耐用、价格合理和可以水下施工等优点。缺点是施工技术较为复杂,特别是在水流状态急乱的河段,不仅难度大,而且对机具设备要求和技术标准控制要求高,另外,工程的一次性投资较大。

（4）四面六边框架:已在南京八卦洲护岸及三江口窝崩防护等三处应用。具有取材容易、节约工程材料、透水对近岸河床水流结构影响相对较小、促淤效果较好等优点,用于崩岸速度较小处护岸和崩窝促淤效果较明显。

11.5.2 水上护岸型式

（1）干砌块石:干砌块石护坡在新济洲、七坝、燕子矶、天河口等处均有运用。干砌块石与抛石护岸具有相同的优点,主要为工程造价相对较低,便于工程全线展开。其缺点是整体性差,易被船舶挤靠和碰撞而松动。

（2）混凝土预制块:铜井河口段、大胜关等地采用了混凝土预制块护岸。岸坡的混凝土预制块护面层结构可集中预制,工程质量易于控制,平整度高,外观较美,铺筑工效优,抗冲刷能力强,适用于风浪、船行波和水流流速较大的河道,在坡面变形(沉降或水、浪冲刷所致)时能自动调整。但工程投资大,并且需要专业的施工机械。水位以上采用是比较合适的,但在水下采用,若有淤积,则难于清淤,被船舶撞损又难于修复(见图 11.34)。

（3）生态护岸:南京河段在八卦洲头也进行了生态护岸尝试(见图 11.35)。

11.5.3 其他护岸型式在南京河段应用展望

河流护岸型式的选择应结合河道的水流特性、河床(河岸)地质特性、材料来源及工程目的进行综合分析后确定。

南京河段河道型态主要为分汊型和弯曲型两种型态。在分汊型河道的演变中,洲头崩退、洲尾淤积是常见的演变规律。洲头处由于水流顶冲,地形变化较大,流态复杂,防护工程应选择抗冲刷能力强,适应地形变形能力强的护岸型式,在前面介绍的诸多护岸型式中,应选择抛投护岸类,如抛石、混凝

图 11. 34　长方形混凝土块

图 11. 35　八卦洲头生态护岸

土块体、沙袋等护岸型式。对于水流顶冲的弯道段,水流以螺旋流为主,冲刷段较长,冲刷强度较大,这类冲刷以排体类防护效果较好,如柴排、混凝土排、沙肋排等。对于流速不大或水流平顺的河段的防护,可采用抛石、排体、四面六边框架、沙袋等护岸型式;对于流速较小,水流对河岸威胁不大的河段,可采用排体、四面六边框架、沙袋等护岸型式。常水位以上的岸滩防护,在洪水期没有过水要求(或过水要求不高)的边滩,可采用河道立体绿化、护岸护堤林等生态护岸型式;在洪水期过水要求较高的边滩,护岸林等可产生较大的阻力,可采用干砌块石、环保混凝土块的结构型式。

沙袋、沙肋排等采用编织袋和河砂组成的抗冲材料,在护岸功能上与块石相仿,且与周围环境和谐,属环境友好型的结构型式,可进行进一步研究和推广。

上面介绍的生态护岸方法,主要应用于最低水位以上,由于长江水深很深,大多方法都不能适用于南京河段。考虑到四面六边框架具有减缓水流保护河床冲刷的作用,同时其内部空隙及边杆还能为某些附着生物、底栖生物提供栖息场所。因此,四面六边透水框架是一种具有生态功能的防护技术,值得推广应用。

窝崩是南京河段的河岸破坏的主要形式之一,广大水利工程者通过实践总结了一套行之有效的抢护经验。对于窝崩形成后的防治工程所采用的各类结构型式及其布置方式对工程效果的影响研究开展得很少,很多是借用平顺河岸护坡的研究成果,这些成果在窝崩内应用的适应性还有待研究。

11.6　本章小结

现有的崩岸按现象来分,可分为洗崩、条崩和窝崩;按破坏型式来分,可分为浅层崩塌、平面崩塌、圆弧形崩塌及复合式崩塌。由于窝崩发生时间短,强度大,严重时会危及人民的生命财产安全,必须引起高度重视并开展深入的研究。

现有的护岸(坡)的型式很多,可归结为:抛石等的抛投护岸类;干砌块石等的坡面防护类;土工织物软体排等的排体护岸类;混凝土直立墙等的建筑物防护类;护岸护堤林等的生态护岸类。

建国以来,长江南京河段先后进行过 6 次大规模的河道整治工程。包括应急抢护工程,洲头保护工程,河势及岸线守护工程等。这些工程的实施,不仅稳定了南京河段的河势,而且也在采用新型的护岸型式和生态护坡技术方面积累了经验。

长江南京河段的护岸（坡）的型式水下部分主要是抛石护岸；水上部分主要为干砌块石。近年来水下部分还采用了铰链排和四面六边框架；水上部分还采用了生态护岸型式。

近年来对生态和环境保护的重视，使块石的开采受到了一定的限制，水下部分可考虑采用沙袋来代替块石进行河岸防护，可采用沙肋软体排的护岸型式，但沙袋与块石有诸多差别，在具体应用时，还应根据具体河段的水文地形资料开展相应的研究工作；常水位以上的岸滩防护，在洪水期没有过水要求（或过水要求不高）的边滩，可采用河道立体绿化、护岸护堤林等型式；在洪水期过水要求较高的边滩，可采用干砌块石、环保混凝土块的型式。

通过对护岸型式的调查，结合南京河段河道的水流特性、河床（河岸）地质特性等条件，准备在沙袋护岸、四面六边框架及其类似结构的护岸与生态功能、用于窝崩防冲促淤各类结构型式及其布置方式的工程效果等方面进行研究。

第12章　沙袋抛投护岸水槽试验

　　长江南京河段总长约 92.3 km,历史上主要采用块石作为护岸材料,由于护岸岸线长,块石需求量大,石源减少、单价不断上涨,造成抛石护岸成本增加,抛石用的石块还需开山,会破坏山体环境。近年来南京河段尝试采用了混凝土排、四面六边框架等新型护岸材料,并已发挥了效果。但混凝土排、四面六边框架等材料必须采用混凝土,成本较高,而且在方案实施后的河段进行涉水工程的建设(如码头)时还必须进行专门的床面清理才能应用,后期处理费用较大,故有必要开展护岸型式的研究工作。而沙袋具有袋布质量轻、整体连续性好、运输储存方便、抗拉强度高、抗腐蚀、抗微生物侵蚀、能长期在水中保持稳定、柔软性好、能适应较大变形、与河床很好贴合、工程投资少等特点,在河道治理中得到愈来愈广泛的应用。

　　目前,沙袋护岸在国内外均已有应用的例子,但理论研究还处于起步阶段,已有的成果主要是沙袋用于筑坝方面的研究。如沙袋在水流中的稳定性问题,主要研究多大流速下需多大沙袋以及摆放方式,这一问题的解决可以用于指导沙袋的设计;又如沙袋在水流中的落距问题,由于沙袋在水面投放后下沉过程中会产生水平方向的落距,落距与水深及流速有关,这一问题的解决,可用于指导沙袋的施工设计问题。沙袋在水流中的稳定性和落距的研究成果,均可应用于沙袋护岸(坡)的研究中。但仍须在以下方面进行研究:① 沙袋厚度密度多大,才能对河床起保护作用;② 选择合适的沙袋尺寸,既要在水流的作用下保持稳定,又要易于施工;③ 采用同一大小的沙袋,还是采用几种尺寸沙袋组合更有利于护岸;④ 沙袋下面是否要有垫层等。以上这些问题有的具有普遍性,有的需要结合具体工程水域的水沙条件才能确定,本章就以上具有普遍性的问题开展研究。

12.1　已有的研究成果

12.1.1　沙袋在涉水工程中的应用

20 世纪 50 年代,在荷兰将沙袋用于三角洲工程以后,美国、德国、澳大利亚、墨西哥等许多国家均有土工织物充填袋应用于涉水工程的报导。我国土工织物充填袋的应用,最早见于 20 世纪 80 年代,上海市石洞口宝山发电厂为建造贮灰场,在长江口海塘边滩采用编织袋充填泥土修筑围堰。而后在汉江、长江中也运用了采用沙袋建造丁坝的结构型式,黄河中则使用了沙管进行河岸防护,长江小黄洲采用土工编织布进行了护岸试验。2006 年在长江镇江和畅洲汊道段进行了沙袋潜坝的施工,用以改善汊道分流比,潜坝处水深深(最深处达 40 多米),流速快(枯季施工时流速也有 3 m/s)。

12.1.2　沙袋充填度

1. 极限充填度

在尺寸为 $L \times B$(长×宽)的沙袋中的泥沙体积与相应周长为 $2B$(沙袋的周长)、高为 L 的圆柱体体积的比值为沙袋充填度。当沙袋最大限度地装填沙土并封口,此时的体积与相应周长为 $2B$、高为 L 的圆柱体体积之比定义为极限充填度。由于沙袋受缝合边界形状的影响,其实际体积不等于圆柱体体积,故极限充填度总是小于 1,愈粗短的沙袋愈偏离圆柱体、愈细长的沙袋愈接近圆柱体,极限充填度 η 与沙袋尺寸间的关系见图 12.1。

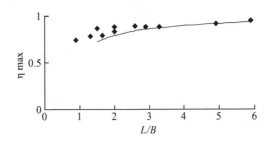

图 12.1　极限充填度与沙袋长宽比间的关系

2. 最佳充填度

极限充填度是沙袋的最大充填体积,实际施工中很难达到。这中间存在一个充填度,使得每个沙袋充填得尽可能多(漏沙量少),且堆叠后各沙袋间空隙很小,称这一充填度为最佳充填度。孙梅秀等人通过试验得出,最佳充填度为极限充填度的 85% 左右,实际工程表明,沙袋的充填度在 70%～80%。

3. 沙袋充沙后的尺寸

假设沙袋尺寸为 $L \times B$(L 为沙袋的长度; B 为沙袋的宽度;充填后沙袋的周长应为 $2B$,且 $L/B > 1.43$),在最佳充填度下,导出了沙袋长度、高度和宽度的初步计算公式。

充填体积: $$V = 0.85(\pi L - 4.09R)R^2 \qquad (12.1)$$

充填后沙袋长度: $$L' = 1 - 0.2833\frac{B}{L}L \quad (L/B > 1.43) \qquad (12.2)$$

充填后沙袋高度: $$h' = 0.42B \qquad (12.3)$$

充填后沙袋宽度: $$b' = 0.82B \qquad (12.4)$$

12.1.3　沙袋在不同流速中的稳定尺寸

通过试验观察,单体沙袋在水流的作用下,先是晃动,当遇上较强的脉冲水流后,沙袋发生运动而失稳。沙袋的起动流速与摆向有很大关系,试验结果表明,袋轴线顺水流方向摆放最难起动,45°摆放时次之,90°时最易起动。袋轴线方向摆放的沙袋起动后,先是沿水流方向向下游移动,在运动的过程中,或发生偏转后被水流带向下游,或移向槽壁而停止运动。45°摆放的沙袋失稳后大部分都是先发生转动,转成 90°后再被水流冲向下游。也有小部分沙袋在水流的作用下失稳后先是沿垂直于沙袋的摆放方向上运动,后再作其他运动。90°摆放的沙袋在水流作用下的情况大多是平行向下游推移,在试验中也见到过少数沙袋发生滚动而失稳的现象。

可见沙袋稳定与否和沙袋与水流的交角有关,单体沙袋的失稳流速计算公式如下:

$$U = \frac{0.39}{\sqrt{\dfrac{h'}{b'}\left(\sin\theta + \dfrac{b'}{L'}\cos\theta\right)}}\sqrt{\frac{\rho_s - \rho}{\rho}gh'}\left(\frac{H}{h'}\right)^{\frac{1}{6}} \qquad (12.5)$$

式中: h' 为充填后沙袋高度; b' 为充填后沙袋宽度; L' 为充填后沙袋长度; θ 为沙袋长轴与水流方向的夹角; $\dfrac{h'}{\dfrac{h'}{b'}\left(\sin\theta + \dfrac{b'}{L'}\cos\theta\right)}$ 为沙袋垂直于水流方向投影长度。当沙袋顺水流摆放时,投影长度最长,在较大的流速下才能失稳,当沙袋垂直水流摆放时,投影长度最短,最容易失稳。当沙袋与水流呈某一角度摆放时,失稳流速介于二者之间。

当 $\theta = 0°$ 时,上式可化为:

$$U = 0.39\sqrt{\frac{\rho_s - \rho}{\rho}gL'}\left(\frac{H}{h'}\right)^{\frac{1}{6}}$$ (12.6)

当 $\theta = 90°$ 时,上式可化为:

$$U = 0.39\sqrt{\frac{\rho_s - \rho}{\rho}gb'}\left(\frac{H}{h'}\right)^{\frac{1}{6}}$$ (12.7)

在进行苏通大桥承台周边床面的区域沙袋防冲护底试验时,共制作了11 种不同重量、形状的模型沙袋,其对应的原型沙袋特征值见表 12.1,各种模型沙袋形状见图 12.2。

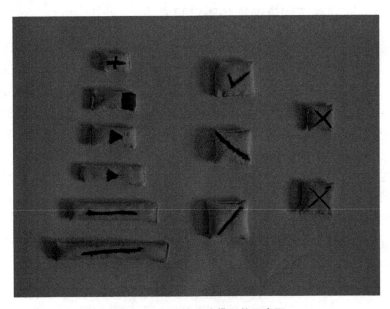

图 12.2　各种护底沙袋形状示意图

试验表明,处在相同区域,同一重量沙袋不同形状、不同铺设方式所导致的沙袋稳定状况差别较大。矩形沙袋采用竖向铺设后比采用横向铺设稳定,矩形沙袋横向铺设时,翻滚半径较短,其迎水面和两边侧处容易发生沙袋坍塌翻滚现象,矩形沙袋竖向铺设时,翻滚半径较长,不易纵向翻滚,但要防止护底两边侧处因绕流冲刷塌陷而造成沙袋横向滚动。相同重量下方形沙袋比矩形沙袋稳定。这一试验成果可用上面公式来解释。

由于沙袋在水面抛投后很难控制其与水流方向的夹角,长条形沙袋失稳流速变化较大,其最小失稳流速较方形沙袋要小,相对来讲,方形沙袋由于各边长相同,其失稳流速没有变化,较为稳定。

模型试验中,布设防护工程时一般采用事先铺设沙袋的方法,原型则为隔水投抛,为消除两者的差距,进行了与原型相似的投抛方法,将墩前流速控制在 2.0 m/s 左右,隔水混抛 20 g 和 30 g 的方形沙袋,试验结果表明,采用事先铺设和采用隔水投抛的效果比较接近。

表 12.1　模型沙袋和原型沙袋特征值

模型沙袋				原型沙袋			
长度 (cm)	宽度 (cm)	高度 (cm)	成袋重 (g)	长度 (m)	宽度 (m)	高度 (m)	成袋重 (t)
2.5	1.8	1.1	7	1.50	1.08	0.66	1.51
5.0	1.8	1.0	10	3.00	1.08	0.60	2.16
3.0(薄涤纶布)		1.0	10	1.80		0.60	2.16
5.0	2.0	1.3	14	3.00	1.20	0.78	3.02
7.0	2.0	1.1	14	4.20	1.20	0.66	3.02
10.0	2.0	1.2	20	6.00	1.20	0.72	4.32
3.6(薄涤纶布)		1.4	20	2.16		0.84	4.32
4.2		1.4	20	2.52		0.84	4.32
3.8(碎石)		2.0	20	2.28		1.20	4.32
12.6	2.0	1.4	30	7.56	1.20	0.84	6.48
4.4		1.4	30	8.64		0.84	6.48

12.1.4　单体沙袋的落距

沙袋在水面上抛投后,在水流的作用下落到河底时与抛投点有一定的距离,这距离显然与所在河道的水深、流速以及沙袋的沉降速度等因素有关。

1. 沙袋的沉速

沙袋的沉速可表示为:

$$\frac{\omega}{\omega_\infty} = \frac{2}{1 + e^{-2p_1 p_2 t}} - 1 \tag{12.8}$$

沙袋达到均匀沉降后的沉速可表示为:

$$\omega_\infty = K_1 \sqrt{\frac{\rho_s - \rho}{\rho} g h'} \tag{12.9}$$

式中：$p_1 = \sqrt{\dfrac{\rho_s - \rho}{\rho_s} g}$，是主要反映与水流与沙袋的物理特性有关的因子；

$p_2 = \sqrt{\dfrac{2C_D}{\pi k_1 d_2} \cdot \dfrac{\rho}{\rho_s}}$，是主要反映与沙袋的尺寸、形状有关的因子，根据试验资料分析得 $p_2 = (0.87 \sim 1.25)/\sqrt{h'}$；$t$ 为沉降时间；K_1 变化范围为 $0.78 \sim 1.15$。

2. 沙袋的落距

沙袋的落距与沙袋在水流中的沉降时间以及沙袋在水流中受到的水流流速等因素有关，沙袋的落距公式如下：

$$s = (0.87 \sim 1.28) \frac{H}{\sqrt{\dfrac{\rho_s - \rho}{\rho} g h'}} U \tag{12.10}$$

12.2 试验条件及试验内容

12.2.1 试验水槽

试验水槽采用变坡直水槽，水槽全长 41 m、宽 0.8 m、壁高 1 m，通过调节水底坡（最大可达 ±17‰）来达到试验对水深、流速的要求，通过水槽两侧玻璃，可观察水槽中水流、泥沙运动及不同护岸材料稳定的试验情况。试验用的水流为循环水流，主要设备包括地下水库、泵房、平水塔、量水堰、试验水槽、尾门、回水槽等，其最大流量可达 300 000 cm³/s，可根据不同试验要求调节水槽底坡、水深及流速。

试验段布置在水槽的中部，长 19.25 m，如图 12.3 所示，分为 4 个试验区段，自上而下分别为 1、2、3、4 区，每区段长 1.5 m，各区段中设置长 1.5 m 的过渡段，上、下也各设置长 5.25 m 和 3.5 m 的过渡段。

试验段断面形状为非对称的梯形，如图 12.4 所示，一侧边壁布置试验岸坡，其高 0.3 m，坡度为 1:2，另一侧平底宽 0.2 m。各试验区段中根据试验要求进行防护结构型式试验，其余部分均为定床结构。

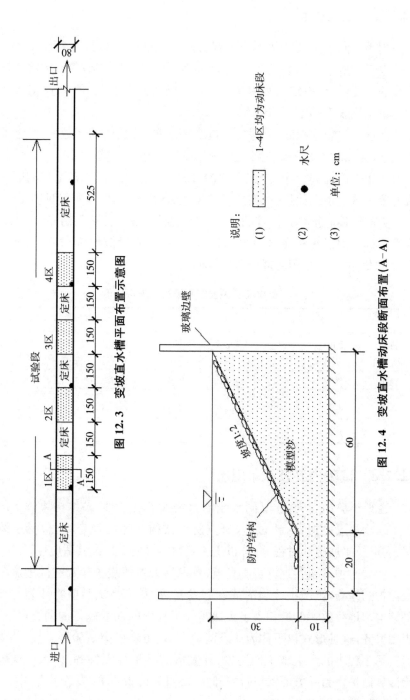

图 12.3　变坡直水槽平面布置示意图

图 12.4　变坡直水槽动床断面布置 (A—A)

说明：
(1) □□□□　1～4区均为动床段
(2) ●　水尺
(3) 单位：cm

12.2.2　试验材料

　　用于不同水流条件和不同工程目的的天然沙袋的尺寸相差很大。考虑到护岸工程所用的沙袋尺寸不能太大,结合汉江、长江小黄洲和镇江和畅洲沙袋的尺寸,初步设定天然护岸采用的沙袋为长条形,三种大小,其尺寸和充沙后重量见表12.2。

　　在进行沙袋模拟时,须保持沙袋摩擦系数一致、形状系数一致、沙袋充填度相同、充填材料相同以及沙袋内充填物容重相同。模型以1:25比尺缩小,袋布采用聚丙烯编织布,内充天然沙,以保证模型沙袋的容重与实际应用沙袋容重一致。根据比尺,模型沙袋的尺寸(袋长×袋宽)及重量见表12.2。

　　天然原体防护结构下部的土工织物垫层一般为针刺无纺布,由于其力学强度指标等因素无法在水力学试验中模拟,只能近似地考虑,从偏于安全的角度出发,试验中采用普通沙布进行模拟。

表 12.2 模型沙袋和原型沙袋特征值

模型沙袋				原型沙袋			
长度 (cm)	宽度 (cm)	高度 (cm)	成袋重 (g)	长度 (m)	宽度 (m)	高度 (m)	成袋重 (t)
16.0	5.1	2.6	305.0	4.00	1.29	0.66	4.77
10.0	3.1	1.6	68.8	2.50	0.77	0.40	1.07
4.0	1.5	0.8	6.8	1.00	0.39	0.20	0.11

12.2.3　试验内容及试验组次

　　主要试验内容为:在不同水流动力条件下,针对防护结构块体下部有无土工织物垫层,进行对比试验,研究防护结构块体的稳定性,包括块体的位移、变形及岸坡破坏过程等,分析土工织物垫层的效果及其适应性。

　　沙袋防护试验共进行了5大组,考虑到天然沙袋护岸存在陆上施工和水上抛护的差异,试验中沙袋的铺设形式有两种:一是试验前将沙袋在坡面上平整均匀地叠放、铺设,相当于天然实际工程中的陆上施工的铺叠,外表形态规则整齐,这种形式以下称为沙袋铺护;二是由水面向试验区抛投,相当于天然实际工程中的水上施工的抛投,外表形态极不规则整齐,以下称这种形式为沙袋抛护。另一方面,针对沙袋防护质量和试验要求,设置了大、中、小3种沙袋数量的不同组合。

根据沙袋防护下部有无垫层及各种沙袋组合的不同,在变坡直水槽中四个区域,分别设置以下七种工程情况:

　　(1) 工况一:沙袋铺护,无垫层,试验区域中大、中、小沙袋各 85 个;

　　(2) 工况二:沙袋铺护,有垫层,试验区域中大、中、小沙袋各 85 个;

　　(3) 工况三:沙袋抛护,无垫层,试验区域中大、中、小沙袋各 105 个;

　　(4) 工况四:沙袋抛护,有垫层,试验区域中大、中、小沙袋各 105 个;

　　(5) 工况五:沙袋抛护,无垫层,试验区域中大、中、小沙袋分别为 85、153 和 102 个;

　　(6) 工况六:沙袋抛护,无垫层,试验区域中大、中、小沙袋分别为 96、160 和 64 个;

　　(7) 工况七:沙袋抛护,无垫层,试验区域中大、中、小沙袋分别为 65、195 和 65 个。

　　结合不同的坡面近岸流速,安排不同试验组次。具体试验组次安排见表 12.3。

表 12.3　变坡直水槽沙袋防护试验组次

试验组次	坡面近岸流速(cm/s)	各试验区域工程情况			
		1 区	2 区	3 区	4 区
1	41	工况一 无垫层,铺护	工况二 有垫层,铺护	工况三 无垫层,抛护	工况四 有垫层,抛护
2	60	工况一 无垫层,铺护	工况二 有垫层,铺护	工况三 无垫层,抛护	工况四 有垫层,抛护
3	41	工况三 无垫层,抛护	工况五 无垫层,抛护	工况六 无垫层,抛护	工况七 无垫层,抛护
4	60	工况三 无垫层,抛护	工况五 无垫层,抛护	工况六 无垫层,抛护	工况七 无垫层,抛护
5	80	工况三 无垫层,抛护	工况五 无垫层,抛护	工况六 无垫层,抛护	工况七 无垫层,抛护

12.2.4　试验操作过程

　　试验操作过程尽量模拟天然土工包沙袋护岸工程情况,包括试验岸坡的设置、试验沙袋的抛投、沙袋的铺护、水流冲刷、试验现象的观察和有关技术数据的测量等,具体过程如下:

　　(1) 按试验组次制作试验岸坡,将模型沙(防腐木屑)铺设在变坡直水槽各试验区域,并预留表层进行抛投试验沙袋和铺护沙袋;

（2）将预先配置好的沙袋均匀地铺设在试验岸坡，或是在试验段内达到水深要求，流速略小于模型沙的起动流速的情况下，将配置好的试验沙袋在水中均匀地抛投在试验岸坡；

（3）试验开始前，由水槽前部缓慢进水，逐步加大流量，当坡前水深增大到一定程度后，打开尾门放水形成明渠水流；

（4）试验开始后，按试验组次要求，调节进口流量和尾端水位，形成稳定流冲刷试验岸坡，并尽可能地使水面比降与槽底比降一致，形成均匀流；

（5）布置 8 个水位测点测量槽中沿程水位，并测量水槽横断面中心垂线水面下 2 cm 处的流速值，以此作为近岸流速值，同时开始观察和拍摄试验岸坡冲刷和试验沙袋的稳定情况；

（6）试验结束后，对岸坡冲刷和防护结构的稳定情况进行摄影和测量，包括岸坡的地形变化、防护结构的位移等。

12.3 试验结果及分析

12.3.1 沙袋铺护与抛护的区别及防护效果

铺护是沙袋整齐地叠放（单层），沙袋之间的空隙较小。试验中观察到，即使袋下不设土工织物垫层，在水流冲击下，虽然沙袋间空隙中的床沙仍有可能被水流吸出，但吸出的沙量不多，沙袋基本上不产生位移，对岸坡稳定不构成影响。试验的结果表明：在近岸流速为 40～80 cm/s 时（相当于天然流速 2～4 m/s），采用沙袋铺护形式，基本上可达到保护岸坡稳定的作用，起到较好的护岸效果，见图 12.5、图 12.6。

对于沙袋抛护，受水流冲击、沙袋尺度与形态、下沉阻力、入水状态等多种因素的影响，沙袋在水流中的下落过程中表现出很大的随机性，运动轨迹紊乱。虽然沙袋抛护量大于铺护量，但在坡面上的落点位置不可能固定，袋与袋之间排列杂乱无章，坡面上某些区域出现较大的空隙，有些区域则几层沙袋重叠（试验中观察到最多可达 5 层）。显然，袋下不设土工织物垫层，在水流的强烈冲击下，袋间空隙中的床沙会被水流吸出，形成淘蚀，当淘蚀量达到一定程度后，沙袋向下移动，逐步形成防护空白区。空白区中露出的未受保护的床沙又受到水流的冲刷，引起新的沙袋位移，空白区向上扩展。最终，坡面上床沙冲刷量不断增大，引起岸坡变形，见图 12.7～图 12.11。

图 12.5　工况一试验结束后照片
（铺护，无垫层，坡脚外延防护，近岸流速 60 cm/s）

图 12.6　工况二试验结束后照片
（铺护，有垫层，坡脚外延防护，近岸流速 60 cm/s）

图 12.7(a)　工况三试验 60 分钟后照片
（抛护，无垫层，坡脚外延防护，近岸流速 60 cm/s）

图 12.7(b)　工况三试验结束后照片
（抛护，无垫层，坡脚外延防护，近岸流速 60 cm/s）

图 12.8(a) 工况四试验 60 分钟后照片
(抛护,有垫层,坡脚外延防护,近岸流速 60 cm/s)

图 12.8(b) 工况四试验结束后照片
(抛护,有垫层,坡脚外延防护,近岸流速 60 cm/s)

图 12.9(a)　工况五试验 60 分钟后照片
（抛护，无垫层，坡脚外延防护，近岸流速 60 cm/s）

图 12.9(b)　工况五试验结束后照片
（抛护，无垫层，坡脚外延防护，近岸流速 60 cm/s）

图 12.10(a)　工况六试验 60 分钟后照片
（抛护，无垫层，坡脚外延防护，近岸流速 60 cm/s）

图 12.10(b)　工况六试验结束后照片
（抛护，无垫层，坡脚外延防护，近岸流速 60 cm/s）

图 12. 11(a)　工况七试验 60 分钟后照片
（抛护，无垫层，坡脚外延防护，近岸流速 60 cm/s）

图 12. 11(b)　工况七试验结束后照片
（抛护，无垫层，坡脚外延防护，近岸流速 60 cm/s）

根据表 12.4 中各沙袋在床面下的尺寸(长×宽)及各工况沙袋的个数,可以计算各工况下沙袋所能保护的最大面积,水槽中所需保护的面积为: $S = 150\sqrt{60^2 + 30^2} = 10\ 062\ \text{cm}^2$。定义各工况最大保护面积和所需保护面积之比为抛投沙袋的层数。计算各工况下的沙袋层数见表 12.4。

表 12.4　各工况沙袋覆盖最大面积

工况	沙袋个数(个)			总重量 (g)	总面积 (cm²)	层数
	大	中	小			
工况一	85	85	85	32 348	10 171	1.01
工况二	85	85	85	32 348	10 171	1.01
工况三	105	105	105	39 959	12 564	1.25
工况四	105	105	105	39 959	12 564	1.25
工况五	85	153	102	37 140	12 380	1.23
工况六	96	160	64	40 723	13 274	1.32
工况七	65	195	65	33 676	11 799	1.17

试验表明:沙袋抛投到床面后,不再被水流带走,在床面上是稳定的;沙袋铺护时,所需沙袋的数量最小,沙袋对河床保护效果也很好;沙袋抛护时所需沙袋的数量较铺护时要多,但防护效果较铺护时要差。由表 12.4 可知,本次试验所采用的抛护层数最大也只有 1.3 层,与工程实际抛石 2 层都有一定的差别,可以设想,当沙袋层数增加时,沙袋防护效果会增强,但需做进一步试验。

试验沙袋是采用与抛石相比,为达到相应的重量,沙袋的尺度较大,试验采用沙袋形状为长条形,抛投后在床面上容易产生部分重叠,使袋间的孔隙远大于抛石,床沙会被水流吸出的可能性增加,降低防护效果。为减小沙袋间的孔隙,有必要改进沙袋的尺寸,可考虑将沙袋改为方形,但具体尺寸应结合护岸河段的水流地形特性进行专门研究。

12.3.2　沙袋抛护数量及大小比例对防护效果的影响

鉴于沙袋抛护袋间空隙较大的缺陷,一般是采用增加沙袋数量进行弥补,与抛石类似,不同大小沙袋的比例也是影响其护岸效果的重要因素。针对这一特征,进行沙袋抛护数量及大小比例的对比试验,如工况三(图 12.7)、工况五(图 12.9)、工况六(图 12.10)、工况七(图 12.11),各组试验区域沙袋抛护的数量和大小比例均不相同。根据近岸流速 1.17 m/s 系列组试验的观察,将各工况中护岸坡防护情况列于表 12.5 中。

表 12.5 各工况中护岸坡防护情况(近岸流速 40 cm/s)

		工况三			工况五			工况六			工况七		
沙袋组成	数量	315			340			320			325		
	比例	105	105	105	85	153	102	96	160	64	65	195	65
试验开始后时间	30 min	坡面出现裂纹,距坡顶 10 cm			坡面出现裂纹,距坡顶 15 cm			坡面出现裂纹,距坡顶 5~12 cm			坡面出现裂纹,距坡顶 8~10 cm		
	80 min	沙袋向坡下滑移,空白区向上发展,离坡顶 0~10 cm			沙袋向下滑移较慢,空白区基本未变			沙袋向坡下滑移,空白区向上发展,离坡顶 3~10 cm			沙袋向坡下滑移,空白区向上发展,离坡顶 0~8 cm		
	130 min	空白区发展到坡顶,宽度 3 cm,坡体开始变形			沙袋向坡下滑移,空白区向上发展,距坡顶 6~10 cm 处有一条宽 3 cm 空白区			空白区发展到坡顶,宽度 1~3 cm,坡体开始变形			空白区发展到坡顶,宽度 2 cm,坡体开始变形		
	190 min	空白区变化不大,坡体继续变形			空白区发展到坡顶,宽度 1~3 cm			空白区变化不大,坡体继续变形			空白区变化不大,坡体继续变形		
	250 min	空白区未变化,坡体继续变形			空白区变化不大,坡体继续变形			空白区未变化,坡体继续变形			空白区未变化,坡体继续变形		
	280 min	空白区未变化,坡体变形较慢			空白区未变化,坡体变形较慢			空白区未变化,坡体变形较慢			空白区未变化,坡体变形较慢		

从表中可见,各工况中,坡面均会出现空白区,但空白区的大小范围和发展情况不尽相同。相对而言,工况五(图 12.9)中坡面空白区范围最小、发展速度最慢,反映了其防护效果优于其他三种工况,如试验后 80 分钟,其他三种工况均形成了向上发展的明显空白区,但工况五沙袋向下滑移较慢,空白区基本未变(仅是袋间空隙略有增大),130 分钟以后,其他三种工况空白区均发展至坡顶,坡体开始变形,工况五才开始形成向上发展的空白区。其他三种工况相互对比,虽总体状况相似,但工况三(图 12.7)情况最差,主要反映在坡面空白区范围稍大,发展速率较快。可见,试验空白区的发展过程,也就是护岸沙袋向坡脚方向移动的过程,试验结束后,坡脚处的沙袋堆积较多,而坡顶处沙袋则较少。图 12.12 和图 12.13 绘制了四种工况试验前后的岸坡断面变化情况,图中的最大冲刷断面是根据试验结束后的地形直接测量所得,平均冲刷断面是通过对整个试验的冲刷情况进行判定后选取基本能代表整个试验段冲刷的断面,对这个断面进行地形测量所得,从图 12.12 中可见,工况三的坡面变形最为严重,其余三种工况坡面变形较小。

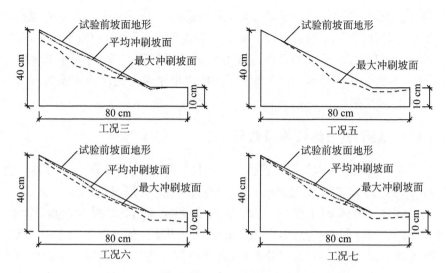

图 12.12 试验结束后地形变化(近岸流速 40 cm/s)

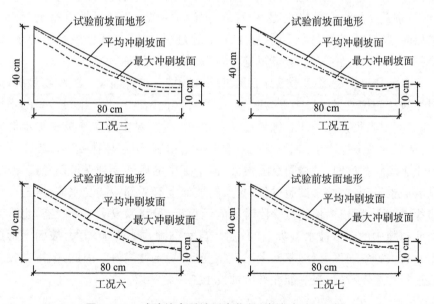

图 12.13 试验结束后地形变化(近岸流速 80 cm/s)

可见,从沙袋对河段的防护效果来说,工况五防护效果最好,再从沙袋所需的充沙量和抛投层数来看,工况五较工况三和工况六要小,比工况七要大,综合沙袋的工程量和防护效果,可认为工况五较优。

工况五较优是由于这一工况下中、小沙袋比例较大,尺寸小的沙袋可填补袋间空隙,使袋间空隙尽量减小,对防止袋间空隙中的床沙被水流吸出的作用较强,同时小尺寸的沙袋对水流的影响也较小,因而防护效果较好,但对于具体的工程河段,沙袋的具体组合方式还需进行研究,同时对于具体的边坡,沙袋是否会向坡脚移动的问题(即沙袋适用于多大坡度边坡的防护),也有待作进一步研究。

12.3.3 袋下垫层的作用与效果

分别针对铺护和抛护两种情况进行对比试验分析,即工况一(图 12.5)与工况二(图 12.6)对比,工况三(图 12.7)与工况四(图 12.8)对比。

在沙袋铺护情况(工况一、工况二)下,虽然是人为将沙袋紧密排列铺叠,并用小沙袋填补袋间空隙,但袋间空隙在一定程度上依然存在。当袋下无土工织物垫层时,在水流长时间冲击下,岸坡虽能保持稳定,但缝隙中的床沙仍有可能被水流吸出,图 12.5 为工况一试验结束后的坡面情形,从其中清晰可见被吸出而残留在坡面上的床沙,说明袋下无土工织物垫层对岸坡的防护不利,特别是作为长期护岸工程,仍存在一定的隐患。当袋下铺设有土工织物垫层时,防护效果则完全不同,在整个试验过程中,未见床沙被吸出的现象,见图 12.6,岸坡始终保持稳定状态,说明防护效果良好。

在沙袋抛护情况(工况三、工况四)下,沙袋下是否铺设土工织物垫层,则对岸坡的防护效果的影响更为明显。前述分析已表明,由于抛投沙袋的不均匀,袋间空隙很大。袋下未铺设土工织物垫层,空隙中的床沙极易被水流吸出,造成沙袋失稳产生向下位移,坡面形成空白区,引起坡体变形。当袋下铺设土工织物垫层时,虽袋间空隙很大,但空隙中的床沙受到保护而免遭冲刷。试验观察发现,在整个试验过程中,虽然坡面上有局部沙袋受水流冲击,产生过缓慢的下滑位移,但经过一段时间的调整后,最终恢复了平衡状态,也未有袋间空隙中的床沙被水流吸出的现象,自然空隙也不可能增大,坡面上形成不了较大的空白区,岸坡基本上不发生变形,稳定性尚好。因此,采用抛投沙袋进行护岸工程时,最好能在袋下铺设土工织物垫层。

12.4 本章小结

(1) 沙袋是环境友好型的护岸型式,沙袋可用于筑坝(堤)等,也可用于河岸坡面的防护。现有工程实践表明,沙袋的充填度应在 70%~80%。对于长条形沙袋,可用式 12.1~式 12.4 初步估算沙袋充填体积和冲填后长度、宽度和高度等尺寸;如已知所需护岸处的流速,采用式 12.5 来估算长条形沙袋的尺寸;采用式 12.12 来估算长管沙袋的落距。

(2)有垫层优于无垫层。沙袋下不铺设土工织物垫层,即使采用铺护形式,袋间缝隙中的床沙仍有可能被水流吸出,对岸坡的防护不利,特别是作为长期护岸工程,仍存在一定的隐患。当袋下铺设有土工织物垫层时,不存在床沙被吸出的现象,防护效果良好。

(3)本次试验所采用的沙袋在试验流速 40～80 cm/s 时,在床面上能够保持稳定。沙袋在水面上抛投护岸(抛护层数最大也只有 1.3 层),其防护效果逊于铺护(单层)的形式,当沙袋护岸层数增加时,防护效果会增强,但需做进一步试验。

(4)进行了七组工况的沙袋组合试验。工况五在护岸层数与充沙量居中,护岸效果最好。研究表明:在保证沙袋整体稳定的情况下,宜采用尺寸大小不同的沙袋进行组合,并加大小尺寸沙袋的比例,以填补沙袋间出现的空隙,增加沙袋的防护效果。

(5)本次试验作为沙袋应用的探索性研究,在许多方面仍有不足,特别在以下方面应进行进一步研究:① 方形沙袋的稳定性及护岸较果;② 沙袋护岸的整体稳定性和单个沙袋的稳定性;③ 沙袋护岸所需的层数;④ 沙袋护岸所适应的坡度。

第13章　两种生态护岸技术水槽试验对比

河道岸坡是重要的生物栖息地单元,它是陆生、湿生植物的生长场所,也是陆地和水域生物的生活迁移区,一些动物在此觅食、栖息、产卵和避难。传统的岸坡防护措施从稳定河道的目的出发,采用抛石护岸护坡等措施,必然影响河道岸坡自然栖息地环境,造成生物栖息地丧失或连续性中断,加速了栖息地破碎化与边缘效应的发生。原来自然的河流被石块或混凝土护面的堤防所取代,河道植被的减少或消除造成水温升高,外部能量来源被切断,冲击物和营养物的增加造成水体质量下降或恶化,进一步加重人类干扰对河流生态系统的冲击。

近年来,开发和应用既具有生态保护作用又符合工程安全需求的岸坡防护生态工程技术,已经成为河道整治的创新方向。生态护岸技术遵循自然规律,它所重建的近自然环境除了满足以往强调的堤防工程安全和后来提倡的环境美化功能需求,同时还能兼顾维护各类生物适宜栖息环境的功能。本研究提出十字形方体护岸结构和多层四面六边框架结构两种生态友好型护岸技术,并通过试验分析其水动力特性、生态效应以及促淤减速机理。

13.1　十字形方体护岸结构的水槽试验

13.1.1　十字形方体护岸结构型式

生态型护岸设计应依照岸坡稳定、正常行洪、表明异质、材质自然、内外透水、成本经济等原则来进行。本次研究设计一种外部为正方体,内部为十字形的透水框架,使得外部空腔体积尽量大以给生物(鱼类)充足的空间,内部结构截流面积尽量大以产生促淤减速效果增强稳定性。十字形方体护岸结构以及试验尺寸如图 13.1、图 13.2 所示。

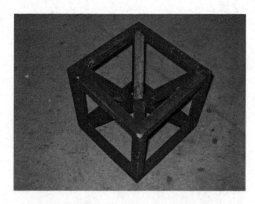

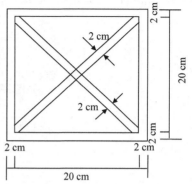

图 13.1　十字形方体护岸结构模型照片

**图 13.2　十字形方体护岸结构
模型俯（侧）视图**

13.1.2　水槽试验条件

试验在 35 m 长、4 m 宽的水槽中进行。试验采用两种流速仪测量水流流速以满足不同的需要，对于十字形方体护岸结构模型上下游较长试验段内的流场采用微型旋浆流速仪仅对纵向流速进行量测，而对于模型周边的水流结构采用三维的多普勒 ADV 流速仪进行量测，以便精确描述十字形方体护岸结构的三维流场。

ADV 声学多普勒流速仪由 SonTek 公司制造，该流速仪运用多普勒效应的物理原理，采用遥距测量的方式，对离探头一定距离的采样点进行测量。仪器工作时，声波发射器以一个已知的频率产生脉冲声波，脉冲声波沿着波束的轴线在水中传播，由于脉冲声波通过水体后能被水中的一些颗粒物（如沙、小有机物、气泡等）在各个方位产生反射，一部分被反射的能量沿着接收器的轴线返回，由接收器检测并计算出它的频率变化量，根据测得的多普勒频率变化值与沿着发射器和接收器的分置轴运动的颗粒速度成比例的性质，从而计算出水流速度，见图 13.3。

超声波测速仪由测量探头、信号调理以及信号处理三部分组成，并与装有相关软件的计算机一起构成测量采集系统，仪器概貌可见图 13.4。量测探头由三个接收探头和一个发射探头组成，三个接收探头分布在发射探头轴线的周围，它们之间的夹角为 120°，接收探头与采样体的连线与发射探头轴线之间的夹角为 30°，采样体位于探头下方 5 cm，这样可以基本上消除探头对水流的干扰。ADV 的数据采集软件采用 ADF2.6（NORTEK），信号和各种流动参数处理由 WINADV 完成，它提供的数据文件为文本文件，可以方便地由一些商业软件(如 Excel、matlab 等)处理。

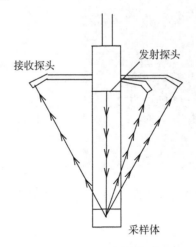

图 13.3　ADV 测量探头

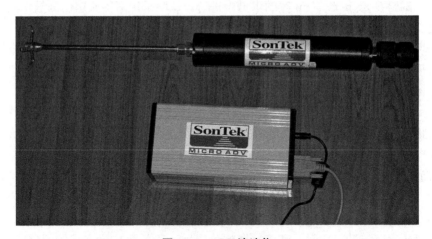

图 13.4　ADV 流速仪

对于十字形方体护岸结构模型上下游较长试验段内的流场采用微型旋桨流速仪仅对纵向流速进行量测。旋桨流速仪连接到一个数据采集器,可以直接读出测点的纵向流速,试验中采用 7 支流速仪同时测量,数据由采集器采集后,经计算机处理输出相关流速值。试验前,用 ADV 流速仪对微型旋桨流速仪进行了率定,结果显示两种流速仪的测量结果吻合很好。

13.1.3　试验数据处理方法

设定 ADV 流速仪的采样频率为 25 Hz,每个测点持续 20～25 s,可得到 500～700 个数据,利用软件 WINADV 和计算机对数据进行处理,可以得到相应点的时均流速和紊流强度。测点三个方向的时均流速计算公式如下:

$$u = \frac{1}{n} \sum_{i=0}^{n-1} u_i \tag{13.1}$$

$$v = \frac{1}{n} \sum_{i=0}^{n-1} v_i \tag{13.2}$$

$$w = \frac{1}{n} \sum_{i=0}^{n-1} w_i \tag{13.3}$$

式中:n 是每个测点的样本数;u_i、v_i 和 w_i 代表纵向、横向和垂向的瞬时流速;u、v 和 w 是各个测点的时均流速。三个方向的紊流强度计算公式如下:

$$\sigma_u = \left[\frac{1}{n} \sum_{i=0}^{n-1} (u_i - u)^2 \right]^{0.5} \tag{13.4}$$

$$\sigma_v = \left[\frac{1}{n} \sum_{i=0}^{n-1} (v_i - v)^2 \right]^{0.5} \tag{13.5}$$

$$\sigma_w = \left[\frac{1}{n} \sum_{i=0}^{n-1} (v_i - v)^2 \right]^{0.5} \tag{13.6}$$

式中:σ_u、σ_v 和 σ_w 分别为纵向、横向和垂向的紊流强度。

13.1.4　十字形方体护岸结构对流场的影响

1. 时均流场

图 13.5 给出了十字形方体护岸结构在 54 cm 水深条件下距离水槽底部 11 cm 层面的水平流场,数据由 ADV 流速仪测得,测量区域集中在十字形方体护岸结构附近。图中结果显示,上游区域略有减速,十字形方体护岸结构内部开始到下游区域流速明显减小,框架对两侧的纵向流场影响较小。

图 13.6 给出了十字形方体护岸结构在距离水槽底部 11 cm 处测得的水平流速等值线图,由于测量层面在十字形方体护岸结构高度的中间位置,在结构体内部高流速和低流速区域交错分布,格局明显,是十字形方体护岸结构特有的水动力特点,有利于各种水生物的附着和生存,有利于鱼类的戏水和觅食。降低水位,加大流速后,人工礁体周边的水流结构未见明显变化,高

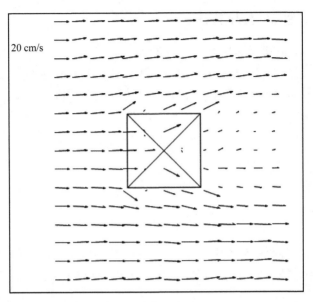

图 13.5 54 cm 水深十字形方体护岸结构在 $z=11$ cm 层面的水平流场(ADV)

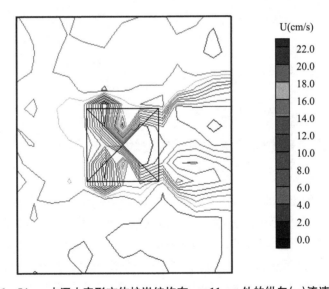

图 13.6 54 cm 水深十字形方体护岸结构在 $z=11$ cm 处的纵向(x)流速等值线

流速带和低流速带分别占据一定区域,存在明显的回流,见图 13.7。

十字形方体护岸结构产生的上升流和下降流可以由横断面上的流场清楚表达,图 13.8~图 13.10 为十字形方体护岸结构中心、中心上游 20 cm 以

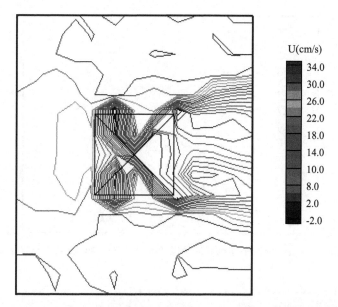

图 13.7　37 cm 水深十字形方体护岸结构在 $z = 11$ cm 处的纵向(x)流速等值线

及中心下游 20 cm 三个横断面的流场。结构中心及上游存在着明显的上升流,下游断面下降流盛行,在每个横断面上均存在着由于水流上下产生的涡旋,有利于上下水体的交换。

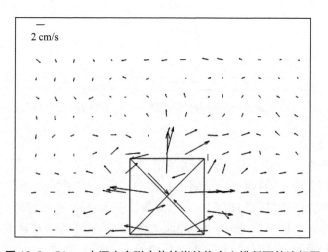

图 13.8　54 cm 水深十字形方体护岸结构中心横断面的流场图

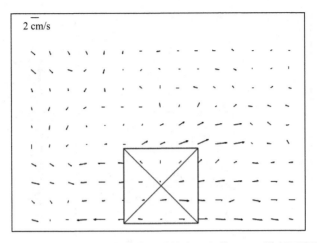

图 13.9　54 cm 水深十字形方体护岸结构中心上游 20 cm 横断面的流场图

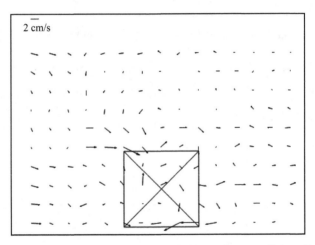

图 13.10　54 cm 水深十字形方体护岸结构中心下游 20 cm 横断面的流场图

2. 紊流场

十字形方体护岸结构能成为鱼类的栖息地不仅与结构体周围水流的时均流场有着直接关系,而且也与周围水体的紊流结构密切相关。图 13.11 描绘了十字形方体护岸结构在 54 cm 水深条件下 $z=11$ cm 层面的紊流强度分布。紊流分布类似于流速场,在结构体的内部存在着低紊动区域,有利于水生物停留和吸附,两侧的强紊动带又提供给鱼类戏水空间。无论纵向紊流强度,还是横向、垂向的紊流强度,都存在强弱连续转换水域,可以满足多种生物特性需求。

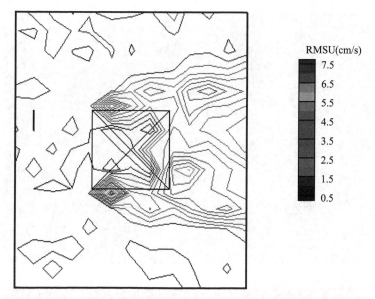

图 13.11　54 cm 水深十字形方体护岸结构在 $z=11$ cm 处的纵向紊流强度等值线

13.2　多层四面六边框架的水槽试验

13.2.1　多层四面六边框架结构型式

　　四面六边透水框架最早是由西北水利科学研究所提出的,是一种主要用于护堤固岸的护岸技术。这种结构型式能够消减水流,促淤保滩,并且适应河床变形能力强,施工工艺简单,可工厂批量化生产,成本低。近年来研究发现,由于其透水性,四面六边透水框架不会破坏水域与陆地间生物的生活通道,同时,四面六边透水框架群内部空隙及边杆还能为某些附着生物、底栖生物提供栖息场所。因此,四面六边框架透水框架是一种具有生态功能的防护技术,值得推广应用。本研究提出多层透水框架群防护技术,通过试验研究多层透水框架群的减速机理及防护效果。

　　多层透水框架模型由硬塑料制成,杆件长为 5 cm,将各单个透水框架用细铁丝在各角处铰接,形成 40 cm×60 cm 的结构,按单个框架的层数,有单层、两层和三层三个规格,见图 13.12。

图 13.12　多层四面六边框架框架模型

13.2.2　概化模型设计

试验在 4 m 宽试验水槽中进行,为便于测量各水流要素,研究减速机理以及定床试验,透水四面六边框架采用 1∶20 的较大比尺。

流速采用日本 KNEK 公司生产的电磁流速仪进行测量,该流速仪测量头部较小,能够伸入框架内,可测时均流速和紊动流速。

试验工况见表 13.1。

表 13.1 试验工况

工况	Q (l/s)	H (cm)
一	34.6	10.3
二	34.6	13.3
三	34.6	15.8

13.2.3 试验成果

13.2.3.1 各测点垂线流速分布

工况三条件下单层、双层、三层框架流速分布沿程变化见图 13.13、图 13.14、图 13.15。定义减速率 η,表示设置透水框架前后流速的变化幅度,其定义式为:$\eta=(u_1-u_2)/u_1$,则可以得到减速率的分布特征。单层、双层、三层框架减速率分布沿程变化见图 13.16、图 13.17、图 13.18。

水流经过多层透水框架时,产生绕杆件的非定常漩涡以及穿越杆件空隙后的复杂射流,使得透水框架内部和尾部的水流形成强烈的相互作用,在一定范围内消减水流能量。从所框架内部及附近出现流速以及相应的减速率分布来看,通过框架群的水流流速大大减缓,减速率甚至达到 80% 左右,对于单层,和多层的框架群来说,临底减速率相差不大,主要的区别在于多层框架体所形成的减速区高度有相应增加。

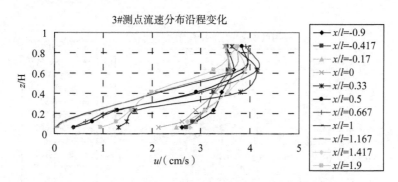

图 13.13 工况三条件下单层框架流速分布沿程变化

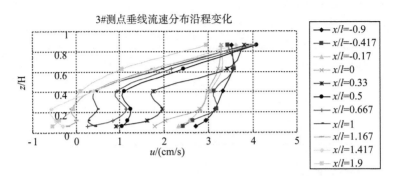

图 13.14　工况三条件下两层框架流速分布沿程变化

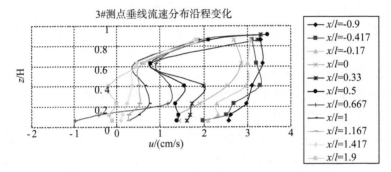

图 13.15　工况三条件下三层框架流速分布沿程变化

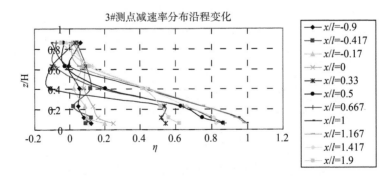

图 13.16　工况三条件下单层框架减速率分布沿程变化

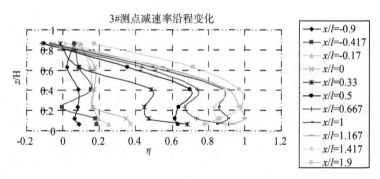

图 13.17　工况三条件下两层框架减速率分布沿程变化

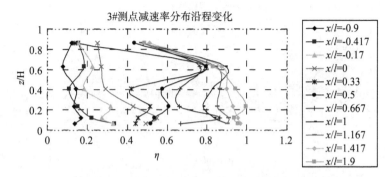

图 13.18　工况三条件下三层框架减速率分布沿程变化

13.2.3.2　紊动强度分布

透水框架在降低底部流速的同时也造成河床底部紊动强度的加大。

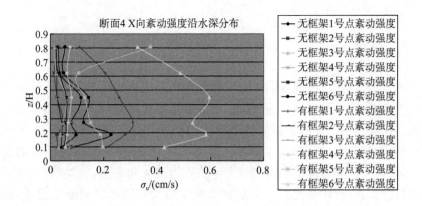

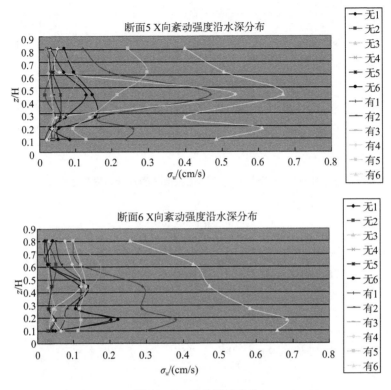

图 13.19 紊动强度分布

图 13.19 给出断面 4、5、6 单个框架周围及内部紊动强度沿水深的分布，从图中可以看出，水流紊动强度有一定增强，但幅度不大。针对这一情况，本项目提出在铰接式透水框架内部充填一层块体，以消弱紊动增加所带来的不利影响。

13.3 本章小结

通过水槽试验，系统量测了十字形方体护岸结构放置后周围水体的流场和紊流特征，从水动力学角度分析了十字形方体护岸结构的减速机制和集鱼机理。投放十字形方体护岸结构后产生的上升流和下降流促进了上下水体的交换，有利于底栖动物的生长和鱼类的产卵；高流速区和低流速区的交替分布，使得十字形方体护岸结构成为浮游生物滞留和繁衍，鱼类索饵、生活及戏水的好去处；紊流强度在十字形方体护岸结构周边水域的连续变化，提供给各类水生生物和鱼类适宜的水动力环境。

　　十字形方体护岸结构的生态效应表现为：① 十字形方体护岸结构能改善环境，结构体上会附着很多生物，从而引诱来很多小鱼小虾形成一个饵料场；② 十字形方体护岸结构会产生多种流态，上升流、线流、涡流等，从而改善环境；③ 十字形方体护岸结构体内空间可保护幼鱼，从而使资源增殖。

　　生态工程设计的原则可概括为：规模最小化、外型缓坡化、内外透水化、表面粗糙化、材质自然化和成本经济化。多层透水框架群具有促淤减速效果，可以防止因暴雨、洪水和波浪等所造成的侵蚀和冲刷，保证岸坡的稳定，同时四面六边框架透水框架群内部空隙还能为某些附着生物、底栖生物提供栖息场所。

第14章 窝崩防护工程措施概化模型试验

14.1 窝崩破坏现象及过程

窝崩大部分发生在弯道凹岸,但南京河段弯道窄段的边滩或沙洲也曾发生过一两次大的窝崩。窝崩是在较短的时间内(几小时到几十小时)分若干次完成的。每次时间间隔为几分钟、十几分钟或几小时不等,而且是由外向里、由中间向两边呈成块的土体向下崩坍。土块崩塌时,一方面影响它后面的土体开裂,另一方面也推挤已塌入水下的土块。每块土体下塌时都搅动水流,往往形成高于岸边的浪头(最高可达 5 m 以上)。发生窝崩的瞬间,崩窝内已测到回流的流速达 1.5～2.0 m/s,窝崩接近稳定时一般在 10 m/s 左右。强烈的回流将塌下的土块分解为散体,然后形成泥沙浓度较大的水流向崩窝外运动。当一次崩下泥沙基本上运动到崩窝外时,已开裂的土体成为陡坡,坡脚被继续淘刷,于是又发生塌方。向外运动的水流挟带的泥沙淤积在崩窝外的深槽里,当崩窝外深槽淤至与楔入崩窝内的深槽基本相平,且回流流速减弱到与其河床边界抗冲能力相平衡时,窝崩基本停止,图 14.1 为窝崩形成过程中不同时段破坏示意图。

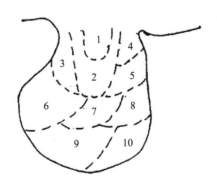

图 14.1 窝崩过程示意图

14.2　试验布置与设计

14.2.1　窝崩河段的模拟与布置

天然河流的窝崩形态选取长江南京河段栖霞区龙潭三官村友庄圩于 2008 年 11 月 18 日发生崩岸时所具有的形态,此窝崩位于龙潭弯道的下段,为模拟弯道的水流条件,将试验水槽设计成弯道形状,两岸的弯曲半径为 11.5 m、12.5 m。弯道由三个反弯段(每个弯段的中心角分别为:20°、30°、15°)组成,两反弯段之间由直线段连接(直线段的长度为 1.76 m)。水槽宽度为 1.0 m,窝崩区位于弯顶以下 0.55 m。水槽及窝崩区的具体布置见图 14.2。

根据实际岸坡地形的测量资料,崩岸后的水下地形高程在 $-30 \sim -35$ m 之间,边坡在 1:3 左右。因此,将水槽靠崩岸一侧的岸坡也设为 1:3,水槽底面高程取为 -32 m,坡顶高程取为 $+4$ m,$+4$ m 以上为边墙,具体见图 14.3。窝内地形采用三江口实测地形,按 1:200 比尺缩小后制成。按模型相似理论,流速比尺为 $\lambda_v = \lambda_l^{\frac{1}{2}} = 14.14$。

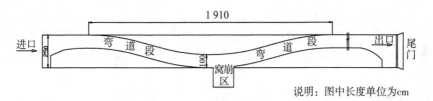

说明:图中长度单位为cm

图 14.2　弯曲水槽平面布置图

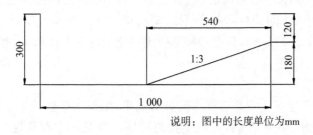

说明:图中的长度单位为mm

图 14.3　弯曲水槽横断面布置图

14.2.2 防护结构与材料的模拟

1. 坝体

用于天然河流中的窝崩锁口材料主要为抛石或树梢束坝,其主要功能是减缓崩窝内的水流速度,防止水流进一步冲刷岸坡,或促使窝内泥沙淤积。认为天然河流中抛石在水流作用下稳定,概化模型中模拟抛石潜锁坝时,主要考虑坝顶的高程,采用橡皮泥制作三种不同坝高的坝体(见图 14.4)进行试验。三种坝坝顶高程相当于原体的−23 m、−20 m、−18 m。上、下游侧口门导堤保持堤高为 4 m(另外两个方案的堤高分别为 2 m 和 6 m),从上、下游口门的水面一直伸至水下−20 m 高程。

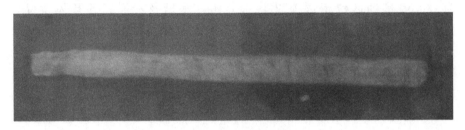

图 14.4 口门锁坝坝体

2. 四面六边框架

试验采用的四面六边框架由横截面为 2 mm×2 mm 的方形塑料条制成,四面六边框架的每边长为 2.5 cm,制成后四面六边框架高为 2.04 cm,见图 14.5。

3. 树冠

树冠在抢护工程中也是常见的一种材料,抢护时,根据窝崩附近的树木的树种,生长年限等不同情况,树冠也是各不相同,为模拟树冠对水流的影响,模型采用人工的塑料草进行模拟,塑料草由 6 片叶子组成,每片叶子最宽处为 0.5 cm,长 3.5 cm,整个塑料草所覆盖范围高为 1.0 cm,直径为 6.5 cm,见图 14.6。

4. 布帘坝

树冠用于抢护工程具有较为明显的效果,但树木的砍伐一定程度上破坏了环境。考虑到树冠较高,可以干扰离河底较高处的水流流速。为此,设计一种布帘坝,布帘坝的布置位置与潜锁坝相同,布帘坝坝顶高程−20 m。布帘坝的下端固定在河床上,上端系泡沫条或浮筒,使其浮于水中,起到减小流速的目的,见图 14.7。

图 14.5　四面六边框架

图 14.6　树冠(塑料草)

图 14.7　布帘坝

14.2.3　流速测点的布置及流速测量

为了测量窝内水流分布情况,在窝内布置了 27 个测点(1~27 号测点),其中 1 号、7 号测点布置在窝崩口门上下游较深处(-20 m 等深线左右),15 号测点布置在窝内最深处,6 号、13 号、19 号、24 号、25 号、26 号、27 号测点布置在窝崩沿岸带(-15 m 等深线左右),其他测点则按地形和水流情况布置,具体见图 14.8。

各测点的流速采用 ADV 测量,受 ADV 的限制,本次试验在每个测点所在的垂线上只选取一个点进行测量,此点位于河底以上 3 cm,每个测点上测量时间为 1 min,仪器获取 1500 个流速值。

14.2.4　试验组次安排

此次研究所采用的是概化模型,概化模型与原型不可能达到完全相似,但通过概化模型进行各种工程方案作用效果试验,可以探索各方案相互间相对变化趋势,揭示其内在规律,用以指导实际应用。

三江口窝崩口门实测流速最大值仅为 0.18 m/s,这除了与实测时流量较

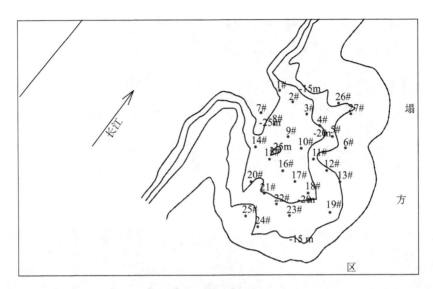

图 14.8 窝崩内流速测点分布

小有关外,还与窝崩口门与窝内采取了人工护岸工程有关,0.18 m/s 的流速不会对窝崩产生危害,以这个流速作为概化口门的控制流速偏小,考虑到六圩窝崩口门的实测流速在 0.57 m/s 左右,而此流速与南京河段床沙起动流速相近,河床泥沙能够起动,但不会使河床发生较大的变形。考虑到窝崩防治的各工程方案主要是以防止河岸冲刷或增加窝内淤积为目的,其流速值应比起动流速大,故选用口门流速(7♯点)作为控制条件,试验各方案及不同方案间工程效果比较均以口门流速 $v_2 = 0.82$ m/s 为控制;作为趋势性比较,部分方案还进行了口门流速 $v_1 = 0.46$ m/s、$v_3 = 1.30$ m/s 时窝内流速的试验。

试验方案分三类:第一类为无工程试验(共 1 组,3 次),第二类为口门工程试验(共 3 组,15 次),第三类为窝内工程(包括窝内+口门)试验(共 2 组,10 次),各试验组次安排见表 14.1。

表 14.1 各试验组次

组次		口门流速 (m/s)	工程名称	布置型式
1	1	0.82	无工程 1	
	2	0.46	无工程 2	
	3	1.30	无工程 3	

续表

组次		口门流速（m/s）	工程名称	布置型式
2	1	0.82	潜锁坝 1	坝顶高程－23 m
	2	0.82	潜锁坝 2	坝顶高程－20 m
	3	0.82	潜锁坝 3	坝顶高程－18 m
	4	1.30	潜锁坝 4	坝顶高程－23 m
	5	1.30	潜锁坝 5	坝顶高程－20 m
	6	1.30	潜锁坝 6	坝顶高程－18 m
	7	0.46	潜锁坝 7	坝顶高程－23 m
	8	0.46	潜锁坝 8	坝顶高程－20 m
	9	0.46	潜锁坝 9	坝顶高程－18 m
3	1	0.82	软体潜锁坝	坝顶高程－20 m
4	1	0.82	上游侧口门导堤	堤高 4 m，－20 m 高程至水面止
	2	0.82	下游侧口门导堤	堤高 2 m，－20 m 高程至水面止
	3	0.82	下游侧口门导堤	堤高 4 m，－20 m 高程至水面止
	4	0.82	下游侧口门导堤	堤高 6 m，－20 m 高程至水面止
	5	0.82	两侧口门导堤	堤高 4 m，－20 m 高程至水面止
5	1	0.82	四面六边框架 1	窝内均匀布置间距 20 m 的四面六边框架，共 172 架
	2	0.82	四面六边框架 2	仅在沿岸带（－15 m 等深线以上）均匀布置间距 20 m 的四面六边框架，共 82 架
	3	0.82	四面六边框架 3	原型－15 m 等深线以下间距 20 m＋沿岸带间距 10 m，共 280 架
	4	0.82	四面六边框架 4	仅沿岸带均匀布置间距 10 m 的四面六边框架，共 190 架
	5	0.82	四面六边框架 5	原型－15 m 等深线以下间距 20 m＋沿岸带密排，共 790 架
	6	0.82	四面六边框架 6	仅沿岸带密排，共 700 架
	7	0.82	四面六边框架 7	间距 20 m＋沿岸带间距 10 m＋潜锁坝（坝顶高程－20 m）
6	1	0.82	树冠 1	窝内均匀布置间距 20 m
	2	0.82	树冠 2	窝内均匀布置间距 20 m＋口门潜锁坝（坝顶高程－20 m）
	3	0.82	树冠 3	窝内均匀布置间距 20 m＋下游侧口门导堤（堤高 4 m）

14.3　试验结果

14.3.1　窝内表面流状和垂线流速分布

由于崩窝伸入河岸（滩），主河道内流速较大，受主河道流速的作用，在窝内形成二次流，二次流的形成与主流流速、流向、口门形态、水下地形等因素有关，三江口窝崩模型内的二次流主要由两个方向相反的竖轴环流（平面回流）组成，见图 14.9，两个回流在平面上的位置相对一致，但回流的大小和强度会随时间发生变化。

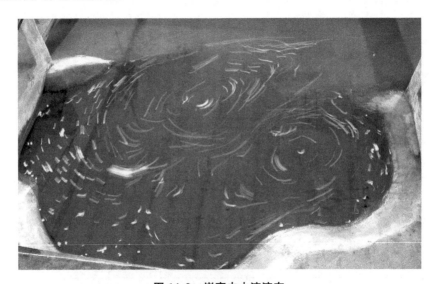

图 14.9　崩窝内水流流态

为了解窝内工程方案对垂线流速分布的影响，当口门流速为 0.82 m/s 时，测量了 10♯测点的垂线流速分布，流速采用螺旋桨式流速仪测量，从水面到河底每隔 2 cm（相当于原型 4 m）取一测点。无工程时垂线流速分布以及窝内放置四面六边框架工程方案 1 情况下的垂线流速分布见图 14.10。由图可见，窝内流速分布与天然河道中的流速分布相同，在放置四面六边框架后，垂线平均流速有所减小，但其流速分布形态与天然河道中的流速分布一致。

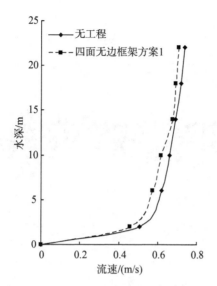

图 14.10　窝内有无工程时垂线流速分布

14.3.2　不同工程方案窝内各测点流速值

　　口门处流速 0.82 m/s 时:无工程方案窝内不同测点的流速值各不相同,即使是同一测点,流速随时间也发生变化,图 14.11 为窝内四个测点的流速变色过程,为方便比较,采用各测点三个方向流速测量的平均值,见表 14.2(以下各方案均相同);坝顶高程分别为一23 m、一20 m(见图 14.12)、一18 m 的三种潜锁坝方案各测点的流速测量值分别见表 14.3~表 14.5;布帘坝(坝顶高程一20 m,见图 14.13)方案的流速测量值见表 14.6;上、下游侧口门导堤及两侧口门导堤设置(见图 14.14)后各测点的流速测量值分别见表 14.7~表14.11;七种四面六边框架方案(见图 14.15)各测点的流速测量值见表14.12~表 14.18;三种树冠(塑料草)方案(见图 14.16)各测点的流速测量值见表 14.19~表 14.21。

　　口门处流速 1.30 m/s 时:无工程时各测点流速测量值见表 14.22;三种坝顶高程潜锁坝方案各测点流速测量结果分别见表 14.23~表 14.25。

　　口门处流速 0.46 m/s 时:无工程时各测点流速测量值见表 14.26;三种坝顶高程(一23 m、一20 m、一18 m)潜锁坝方案各测点的流速测量结果分别见表 14.27~表 14.29。

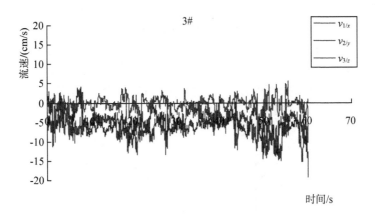

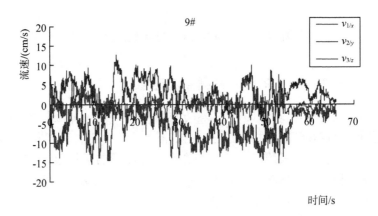

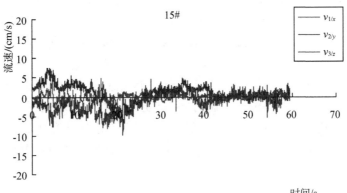

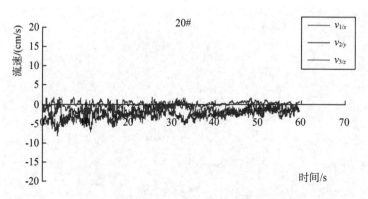

图 14.11　无工程时窝内 3♯、9♯、15♯、20♯测点流速变化过程

图 14.12　口门潜锁坝(坝顶高程－20 m)

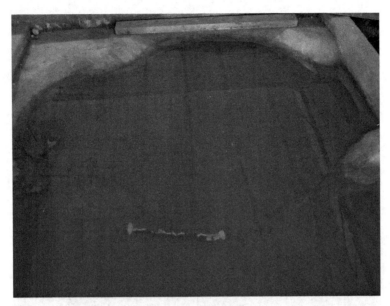

图 14.13 布帘坝(坝顶高程－20 m)

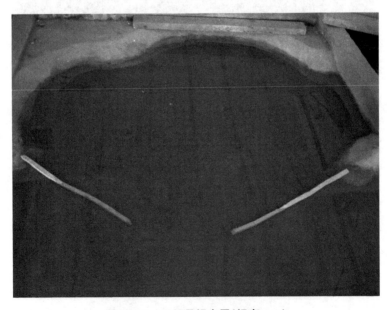

图 14.14 口门导堤布置(堤高 4 m)

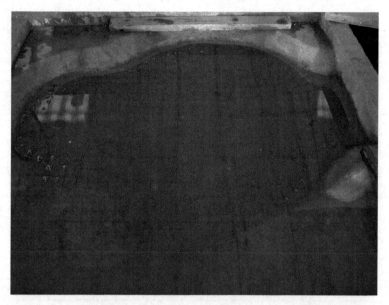

图 14.15 窝内四面六边框架布置(中间间距 20 m,沿岸带间距 10 m)

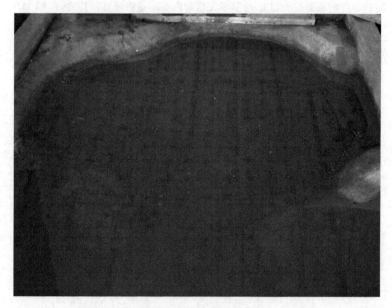

图 14.16 窝内树冠(塑料草,间距 20 m)布置

表 14.2　无工程窝内各测点流速(口门流速 0.82 m/s)

单位：cm/s

测 点	v_x	v_y	v_z	测 点	v_x	v_y	v_z
1	−31.08	−8.88	4.31	15	−18.27	12.37	−0.37
2	−113.93	−23.25	−7.28	16	−30.77	−23.96	1.98
3	−84.73	−73.04	−4.60	17	0.91	−2.23	−0.69
4	−76.37	−51.43	−4.20	18	41.42	−16.87	5.49
5	28.14	32.43	−0.38	19	26.28	−2.91	0.17
6	35.51	39.56	13.27	20	−28.96	−35.54	−1.15
7	−2.93	81.93	−5.54	21	−8.23	−34.20	−0.18
8	−76.45	86.54	−9.60	22	−10.58	−23.99	1.46
9	−86.75	41.54	6.49	23	22.37	−43.52	0.95
10	−51.19	31.54	−8.92	24	−3.66	−37.12	1.36
11	−1.67	22.36	−4.58	25	−11.09	−45.69	−0.40
12	38.66	31.57	3.49	26	17.14	41.65	2.67
13	50.40	26.81	−0.13	27	21.30	17.49	1.43
14	−38.23	17.14	−1.19				

表 14.3　坝顶高程−23 m 潜锁坝工程窝内各测点流速(口门流速 0.82 m/s)

单位：cm/s

测 点	v_x	v_y	v_z	测 点	v_x	v_y	v_z
1	−19.95	−11.14	1.95	15	−29.87	12.23	1.02
2	−100.40	−18.09	−4.70	16	−17.17	16.43	0.30
3	−95.67	−22.98	−13.39	17	2.63	6.07	2.28
4	−36.53	9.53	−9.52	18	30.56	−5.50	1.98
5	20.36	39.73	−0.51	19	18.16	−0.40	0.10
6	33.81	31.61	−1.00	20	−24.96	−21.48	−0.57
7	−10.25	77.02	−7.24	21	0.42	22.77	−1.44
8	−80.13	73.69	−14.81	22	2.94	19.08	0.42
9	−82.34	29.73	−7.33	23	18.22	−37.29	0.86
10	−19.66	34.86	−1.92	24	0.49	−40.67	0.40
11	7.95	22.88	−0.51	25	−4.74	23.05	−1.10
12	27.70	29.43	1.78	26	18.82	36.66	2.08
13	36.67	21.54	1.48	27	20.44	35.38	3.20
14	−27.49	29.57	1.63				

表 14.4　坝顶高程－20 m 潜锁坝工程窝内各测点流速(口门流速 0.82 m/s)

单位：cm/s

测　点	v_x	v_y	v_z	测　点	v_x	v_y	v_z
1	−24.92	−9.93	3.10	15	−33.93	17.66	0.58
2	−104.54	−3.51	−10.73	16	−17.56	−2.35	0.76
3	−89.41	−8.16	−11.23	17	−0.68	1.24	0.65
4	−19.71	7.35	−7.40	18	20.59	−7.95	0.91
5	15.83	20.25	−3.22	19	31.06	−2.94	−0.16
6	35.40	34.25	−0.66	20	−21.31	−21.81	−1.16
7	−14.17	68.79	−3.73	21	13.58	4.82	1.15
8	−60.56	86.08	−12.94	22	1.46	−13.39	0.37
9	−52.52	38.31	−7.34	23	18.67	−28.89	2.04
10	−21.45	25.68	−5.30	24	3.38	−36.56	6.46
11	1.36	21.76	−2.64	25	−1.85	−20.89	−0.64
12	26.59	23.60	1.74	26	15.39	39.77	5.26
13	39.43	23.24	2.64	27	14.20	18.57	0.21
14	−27.73	14.16	1.54				

表 14.5　坝顶高程－18 m 潜锁坝工程窝内各测点流速(口门流速 0.82 m/s)

单位：cm/s

测　点	v_x	v_y	v_z	测　点	v_x	v_y	v_z
1	−13.70	−1.63	6.94	15	−24.23	14.24	−1.63
2	−104.43	−13.02	−8.94	16	−6.69	3.82	−1.30
3	−63.44	20.65	−12.15	17	11.27	−6.76	0.37
4	−35.98	9.50	−9.02	18	20.76	−4.45	1.19
5	15.37	24.99	−2.39	19	32.92	−0.86	0.37
6	38.96	25.05	−1.43	20	−10.34	−16.11	−3.48
7	−45.99	64.25	−5.59	21	−7.35	−27.46	−0.69
8	−50.70	47.36	−4.33	22	4.84	−37.09	0.11
9	−37.56	42.79	−11.79	23	14.37	−33.77	0.85
10	−10.17	17.65	−2.73	24	6.02	−27.52	−0.85
11	10.93	24.65	−5.80	25	−6.80	−23.12	−1.85
12	26.70	19.97	1.33	26	4.60	30.49	−1.41
13	28.67	17.76	−1.16	27	15.78	16.70	1.67
14	−46.99	4.06	−1.29				

表 14.6　坝顶高程－20 m 布帘坝方案窝内各测点流速（口门流速 0.82 m/s）

单位：cm/s

测　点	v_x	v_y	v_z	测　点	v_x	v_y	v_z
1	－53.39	－10.78	3.59	15	－19.01	13.52	－1.61
2	－90.52	－16.35	－8.64	16	－18.06	－2.06	－2.14
3	－72.17	－14.31	－6.38	17	15.44	－16.04	1.03
4	－32.67	－10.55	－7.40	18	30.72	－13.10	2.12
5	16.01	9.53	－0.08	19	23.04	－0.71	0.96
6	27.92	30.09	－1.80	20	－27.15	－26.76	－1.29
7	－5.15	83.38	－5.85	21	－2.86	－22.32	－1.87
8	－68.74	59.37	－6.25	22	2.53	－12.26	－1.48
9	－60.66	31.08	－3.93	23	18.79	－37.96	0.74
10	－9.94	40.59	－5.20	24	2.86	－22.47	－1.17
11	17.49	28.74	－2.16	25	－5.69	－29.02	－1.43
12	27.56	25.05	1.61	26	18.31	24.90	1.67
13	33.84	17.96	1.00	27	29.06	11.31	0.13
14	－26.46	－14.16	－2.87				

表 14.7　上游侧口门导堤方案窝内各测点流速（坝高 4 m，口门流速 0.82 m/s）

单位：cm/s

测　点	v_x	v_y	v_z	测　点	v_x	v_y	v_z
1	－73.86	36.88	－6.07	15	－7.68	1.36	－1.43
2	－80.57	12.60	－14.06	16	－6.84	－4.37	－2.70
3	－24.32	27.27	－11.87	17	5.95	－8.53	0.52
4	6.77	38.76	－2.86	18	16.15	－8.85	0.91
5	22.19	32.24	－1.17	19	30.83	－1.30	1.58
6	31.17	37.25	－3.08	20	－25.34	－31.49	－1.32
7	－47.96	66.40	－2.64	21	－7.41	－35.57	－0.65
8	－42.82	34.83	－7.06	22	－0.40	－25.89	0.44
9	－25.22	1.40	－9.48	23	23.97	－34.93	0.40
10	9.87	19.76	0.04	24	－0.25	－33.90	－0.64
11	13.25	11.05	－1.30	25	－8.00	－52.35	－2.72
12	29.16	18.64	0.86	26	13.00	17.66	0.23
13	45.99	26.54	1.80	27	5.18	13.94	1.81
14	－40.81	0.44	－1.36				

表 14.8　下游侧口门导堤方案窝内各测点流速(坝高 2 m,口门流速 0.82 m/s)

单位：cm/s

测　点	v_x	v_y	v_z	测　点	v_x	v_y	v_z
1	−48.92	−2.38	−1.47	15	−16.02	−3.13	−0.85
2	−111.24	−11.13	−21.00	16	−12.25	25.64	−0.35
3	−76.14	−68.09	−3.54	17	−12.01	5.60	−2.18
4	−38.48	−61.45	0.57	18	−14.51	−7.24	−3.44
5	−22.83	−21.84	−1.15	19	16.11	3.73	−2.56
6	54.19	19.83	1.39	20	3.51	22.39	−0.55
7	37.08	47.46	−2.94	21	2.22	26.95	−0.72
8	−54.62	56.85	−3.76	22	−2.98	14.54	−0.59
9	−83.86	29.98	−6.97	23	−7.33	33.66	−0.52
10	−29.68	11.94	−4.51	24	−0.58	33.18	−3.69
11	−12.97	−21.60	4.30	25	4.07	23.89	−0.13
12	−3.93	−15.15	−1.40	26	4.43	25.24	−0.85
13	30.62	26.43	−0.25	27	20.45	11.71	5.28
14	−3.45	29.92	3.62				

表 14.9　下游侧口门导堤方案窝内各测点流速(坝高 4 m,口门流速 0.82 m/s)

单位：cm/s

测　点	v_x	v_y	v_z	测　点	v_x	v_y	v_z
1	−64.05	−13.93	−7.24	15	−12.57	11.31	1.97
2	−91.61	−25.05	−18.00	16	27.03	10.51	−1.09
3	−27.62	−25.06	−1.77	17	−8.41	5.60	−1.09
4	24.95	−29.83	2.62	18	−9.84	−6.29	0.57
5	5.36	−15.98	−0.66	19	−21.65	6.00	−3.04
6	11.94	−2.29	1.70	20	−10.49	4.10	−4.02
7	−49.96	47.86	−8.22	21	9.26	7.69	−1.85
8	−46.68	33.40	−7.31	22	−3.90	7.42	−3.62
9	−42.75	18.46	0.82	23	5.13	−16.18	−1.95
10	−47.26	−18.17	−0.07	24	2.79	−13.21	−0.14
11	0.76	−12.06	−1.67	25	2.55	−19.60	−1.00
12	7.86	−6.96	1.41	26	3.48	28.04	0.91
13	−24.18	−29.71	−1.97	27	16.11	16.08	0.86
14	−6.97	17.78	−1.05				

表 14.10　下游侧口门导堤方案窝内各测点流速(坝高 6 m,口门流速 0.82 m/s)

单位：cm/s

测　点	v_x	v_y	v_z	测　点	v_x	v_y	v_z
1	−16.70	−27.58	−2.66	15	12.52	6.07	1.12
2	−76.98	−16.93	−15.92	16	−16.50	6.82	−2.29
3	−54.31	−29.49	−3.80	17	10.82	−11.05	−1.99
4	−17.97	−42.57	0.14	18	−15.66	−8.63	−0.52
5	11.17	10.10	0.74	19	13.28	3.03	0.35
6	25.50	−13.35	4.21	20	20.52	23.24	−0.98
7	−11.47	54.73	−6.26	21	3.59	16.69	−0.81
8	−49.29	42.84	−5.67	22	−1.98	12.70	0.31
9	−38.95	−23.49	−2.28	23	1.05	5.98	−3.75
10	−47.25	−22.23	0.74	24	−3.65	27.76	−1.13
11	−10.13	−5.69	0.61	25	−0.27	18.50	−0.69
12	−6.08	−8.84	−0.30	26	3.35	22.25	−0.41
13	−14.76	−18.33	−1.57	27	12.19	3.38	0.25
14	17.96	14.54	2.02				

表 14.11　上、下游两侧口门导堤方案窝内各测点流速(坝高 4 m,口门流速 0.82 m/s)

单位：cm/s

测　点	v_x	v_y	v_z	测　点	v_x	v_y	v_z
1	−73.04	3.01	−16.80	15	0.80	2.32	−0.86
2	−44.94	−4.81	−3.55	16	−1.47	0.74	−0.52
3	4.41	−4.85	−0.31	17	−10.48	−0.20	0.18
4	4.10	2.38	−1.00	18	14.74	−5.67	−0.41
5	10.31	12.06	−1.57	19	9.70	−0.51	1.00
6	12.67	14.67	−1.05	20	−7.68	−5.13	0.11
7	−55.30	20.86	−3.51	21	−0.37	−10.13	0.25
8	−41.08	16.56	−3.55	22	−1.22	−11.46	0.51
9	−12.90	−17.27	−4.33	23	13.32	4.07	−2.12
10	−9.23	9.19	−1.84	24	−0.38	−14.09	1.13
11	−0.88	13.76	−1.24	25	−6.77	−19.18	−0.07
12	15.09	2.90	1.77	26	1.65	5.19	−0.35
13	16.48	9.72	1.13	27	9.07	9.18	1.57
14	23.35	0.17	0.58				

表 14.12 四面六边框架方案(间距 20 m)窝内各测点流速(口门流速 0.82 m/s)

单位:cm/s

测 点	v_x	v_y	v_z	测 点	v_x	v_y	v_z
1	−19.40	−20.42	−6.63	15	−28.07	3.21	−0.81
2	−116.60	−24.36	−3.86	16	−0.49	4.57	−0.33
3	−71.38	−9.83	−9.88	17	−1.40	−1.41	−1.36
4	−15.27	17.31	−3.42	18	18.25	−3.55	0.08
5	26.03	29.41	−0.74	19	19.20	−1.00	0.17
6	22.68	19.63	−0.45	20	16.56	17.69	−1.06
7	−3.90	91.58	−4.89	21	6.53	24.63	−1.74
8	−65.75	58.45	−7.75	22	−7.47	−27.74	−1.40
9	−32.13	33.12	−4.61	23	20.38	−24.48	−0.34
10	−50.21	10.61	−8.34	24	3.65	−23.73	0.65
11	−25.52	−0.17	−4.07	25	−4.95	−30.16	−3.56
12	18.96	15.21	1.60	26	16.28	21.75	1.67
13	33.95	23.29	0.79	27	22.57	19.34	−0.45
14	−32.13	30.03	0.96				

表 14.13 四面六边框架方案(沿岸带间距 20 m)窝内各测点流速(口门流速 0.82 m/s)

单位:cm/s

测 点	v_x	v_y	v_z	测 点	v_x	v_y	v_z
1	−32.39	6.35	−5.60	15	−27.78	10.37	−1.41
2	−56.44	−63.63	2.25	16	−30.53	−0.58	−1.50
3	−90.48	3.86	−10.51	17	4.24	11.00	0.30
4	−66.52	−12.26	−6.21	18	31.69	−3.28	3.22
5	12.50	8.74	4.04	19	25.26	2.60	0.41
6	24.13	18.87	0.20	20	20.65	−32.58	−3.69
7	−20.46	93.69	−4.86	21	−8.90	−36.23	−1.54
8	−69.61	72.68	−10.88	22	6.66	−27.42	−1.06
9	−77.94	25.33	−10.04	23	22.75	−33.35	3.32
10	−47.49	22.20	−13.15	24	8.24	−33.76	0.04
11	14.64	14.16	−4.55	25	3.30	33.55	−0.83
12	36.76	30.86	4.31	26	21.91	31.82	4.85
13	−48.54	−19.23	−3.95	27	22.91	19.83	0.21
14	7.89	42.50	6.70				

表 14.14 四面六边框架方案(间距 20 m+沿岸带间距 10 m)窝内各测点流速(口门流速 0.82 m/s)

单位：cm/s

测 点	v_x	v_y	v_z	测 点	v_x	v_y	v_z
1	−17.31	−34.51	2.33	15	−14.72	−1.34	−1.36
2	−112.67	−26.01	−12.32	16	−19.95	−12.09	−3.54
3	−64.36	−8.15	−11.26	17	9.09	0.07	−1.75
4	−20.35	2.70	−0.51	18	20.01	−9.02	1.61
5	17.51	16.96	0.14	19	11.75	−5.46	−0.11
6	21.17	27.58	−4.64	20	−21.98	−29.60	−1.36
7	−8.63	75.58	1.39	21	−1.46	−12.69	−1.60
8	−69.30	58.49	−6.35	22	−2.94	−28.86	1.63
9	−64.57	22.47	−5.15	23	21.38	−26.71	2.11
10	−24.96	13.08	−0.08	24	3.25	12.11	−2.35
11	−30.69	30.86	4.09	25	−3.80	−22.85	0.18
12	32.39	11.94	2.29	26	7.40	14.99	−2.29
13	0.42	22.26	−0.40	27	15.94	23.55	−1.37
14	−29.98	24.44	−0.01				

表 14.15 四面六边框架方案(沿岸带间距 10 m)窝内各测点流速(口门流速 0.82 m/s)

单位：cm/s

测 点	v_x	v_y	v_z	测 点	v_x	v_y	v_z
1	−32.95	−3.27	4.85	15	−15.97	14.41	−4.03
2	−103.28	−35.89	−7.33	16	−2.36	23.01	−2.36
3	−82.89	−15.16	−10.42	17	5.37	−16.93	3.27
4	−38.08	−18.60	1.71	18	18.82	−17.41	1.23
5	7.55	21.89	−5.42	19	25.23	5.30	2.01
6	23.60	13.58	1.50	20	−34.55	−19.26	−0.92
7	−3.56	69.23	−6.05	21	−5.03	30.67	−3.35
8	−73.62	72.80	−9.52	22	17.82	−25.06	1.71
9	−71.47	30.65	−13.21	23	−21.79	4.50	−1.33
10	−24.48	11.74	−4.16	24	4.68	−18.31	0.35
11	9.87	21.48	−2.70	25	−0.74	−29.92	−1.70
12	19.83	17.51	2.06	26	21.50	10.03	2.21
13	39.81	23.36	0.66	27	24.71	17.20	19.64
14	33.81	12.77	−1.85				

表 14.16　四面六边框架方案(间距 20 m＋沿岸带密排)窝内各测点流速(口门流速 0.82 m/s)

单位：cm/s

测　点	v_x	v_y	v_z	测　点	v_x	v_y	v_z
1	−23.31	−7.92	0.82	15	−25.14	0.91	−1.40
2	−100.45	−22.15	−7.61	16	−1.46	−3.89	−1.67
3	−71.09	−10.34	−6.68	17	22.49	2.31	4.64
4	−9.11	14.21	1.97	18	22.64	−2.18	−0.03
5	14.07	25.37	2.16	19	13.66	−1.65	0.62
6	18.31	18.95	−1.16	20	−12.25	−20.18	−1.13
7	3.68	91.87	−0.35	21	−6.69	−26.40	1.16
8	−79.46	69.58	−10.22	22	3.31	−26.35	−0.06
9	−72.08	33.64	−0.72	23	18.02	−18.75	0.41
10	−8.20	24.21	−4.20	24	2.72	−3.39	−0.44
11	13.77	21.50	−1.73	25	2.05	−22.36	−2.56
12	17.68	17.78	1.36	26	2.91	15.90	−0.74
13	22.02	11.99	2.84	27	29.59	13.72	1.23
14	−34.20	28.21	1.05				

表 14.17　四面六边框架方案(沿岸带密排)窝内各测点流速(口门流速 0.82 m/s)

单位：cm/s

测　点	v_x	v_y	v_z	测　点	v_x	v_y	v_z
1	−31.71	−9.14	−0.03	15	−7.99	10.34	−0.44
2	−84.07	−16.93	−9.07	16	−38.35	17.30	−3.82
3	−80.92	−46.78	−8.13	17	−3.72	−9.43	−1.67
4	−62.71	−20.59	−9.01	18	−3.01	−21.35	−4.04
5	−35.09	−15.51	−1.70	19	14.16	1.30	−0.71
6	21.75	34.24	−0.99	20	−18.95	−34.35	−3.05
7	−1.63	72.65	−2.83	21	−5.74	−33.73	1.06
8	−66.51	25.98	−6.04	22	0.83	−31.41	−0.20
9	−44.55	34.48	−2.70	23	4.37	−12.02	−0.89
10	8.94	27.90	−3.34	24	5.71	−10.71	−1.81
11	18.87	19.43	2.31	25	3.28	−11.94	−2.38
12	26.25	20.34	2.81	26	14.11	19.19	2.80
13	42.55	27.05	−2.46	27	18.03	31.16	2.57
14	30.66	41.79	5.25				

表 14.18　四面六边框架方案(间距 20 m＋沿岸带间距 10 m＋坝顶高程－20 m 的潜锁坝)
窝内各测点流速(口门流速 0.82 m/s)

单位: cm/s

测　点	v_x	v_y	v_z	测　点	v_x	v_y	v_z
1	6.22	20.07	2.19	15	−17.55	−3.82	1.12
2	−70.14	−1.37	−11.91	16	−10.31	8.39	0.18
3	−107.59	−14.65	−14.52	17	−3.37	−3.22	1.26
4	−59.35	−10.07	−4.78	18	6.08	−8.39	−0.79
5	10.75	16.08	−0.51	19	21.04	1.30	−0.07
6	23.41	16.93	−2.25	20	−15.90	−14.28	−0.25
7	−41.42	60.91	2.18	21	−0.45	−19.87	−1.60
8	−68.76	65.51	−13.18	22	7.48	−16.11	−0.08
9	−47.22	18.85	−5.36	23	16.18	−19.52	1.41
10	−13.51	23.48	−2.87	24	3.49	−5.98	−2.38
11	20.29	−1.07	−0.23	25	−2.63	−15.80	−1.43
12	21.37	17.27	0.49	26	7.58	19.08	−0.24
13	32.24	16.80	−0.58	27	11.95	26.09	−1.02
14	−3.79	34.61	4.06				

表 14.19　树冠方案(塑料草,间距 20 m)窝内各测点流速(口门流速 0.82 m/s)

单位: cm/s

测　点	v_x	v_y	v_z	测　点	v_x	v_y	v_z
1	−26.67	−25.44	−2.14	15	−22.10	1.98	1.98
2	−90.40	−13.86	−13.91	16	−27.77	−9.57	0.44
3	−67.83	−1.13	−11.76	17	12.25	0.21	0.51
4	−10.14	−3.04	0.06	18	0.58	−1.73	−2.29
5	18.50	25.32	−1.61	19	28.14	−0.66	−1.26
6	20.88	27.50	−5.30	20	−12.41	−16.33	−2.69
7	−21.05	65.37	−2.33	21	−9.29	−24.80	−0.96
8	−68.82	56.77	−4.03	22	2.74	−28.73	3.45
9	−45.94	19.65	−6.63	23	−2.39	13.87	0.13
10	−13.73	19.26	−8.30	24	5.97	−27.56	−0.83
11	15.75	0.79	0.59	25	−7.18	−28.03	−2.55
12	20.26	16.26	−0.14	26	5.27	22.81	2.97
13	32.39	14.83	0.52	27	20.72	18.41	0.14
14	−45.26	21.97	−0.58				

表 14.20 树冠方案(间距 20 m＋坝顶高程－20 m 潜锁坝)窝内各测点流速(口门流速 0.82 m/s)

单位：cm/s

测 点	v_x	v_y	v_z	测 点	v_x	v_y	v_z
1	−13.93	−7.11	−0.52	15	−8.61	27.01	−1.84
2	−101.13	−10.00	−14.45	16	−0.78	−2.09	−0.40
3	−74.81	−6.48	−14.00	17	10.07	−1.20	0.03
4	−19.81	10.85	−9.52	18	12.87	−5.71	0.48
5	8.54	18.60	−3.79	19	25.05	−0.47	−0.72
6	16.87	12.67	−1.10	20	−20.99	−21.41	2.97
7	−36.88	63.26	−5.08	21	−4.81	−31.62	1.40
8	−70.47	57.05	−8.92	22	−1.97	−21.48	0.95
9	−60.49	27.70	−5.02	23	5.36	−9.79	−0.48
10	−6.28	7.78	−2.06	24	4.85	−24.55	−0.17
11	2.31	13.31	0.74	25	−5.43	−27.31	−2.57
12	19.52	25.78	−1.46	26	10.72	19.43	3.41
13	26.32	13.97	0.65	27	15.44	17.24	0.52
14	−28.09	22.83	3.18				

表 14.21 树冠方案(间距 20 m＋下游侧口门导堤堤高 4 m)窝内各测点流速(口门流速 0.82 m/s)

单位：cm/s

测 点	v_x	v_y	v_z	测 点	v_x	v_y	v_z
1	−26.42	−18.44	4.77	15	−9.53	5.91	−2.57
2	−64.18	−16.50	−13.85	16	8.71	−0.86	0.04
3	−43.56	−66.51	−4.51	17	−13.12	−1.94	1.90
4	7.67	11.70	−1.57	18	5.46	7.23	−0.66
5	62.64	21.98	−2.19	19	2.66	−0.23	−0.31
6	62.64	21.98	−2.19	20	13.07	10.59	−0.54
7	−9.87	41.30	−0.68	21	6.10	−0.99	−2.08
8	−15.22	20.70	0.03	22	−1.63	39.05	−2.02
9	−49.44	6.86	0.45	23	8.12	−2.72	−0.89
10	−6.76	17.34	−5.74	24	2.23	4.71	−2.56
11	5.90	−5.67	−0.93	25	6.19	9.22	−0.85
12	8.74	−13.97	0.62	26	−10.51	−8.82	0.57
13	24.51	11.21	0.31	27	11.74	9.83	−0.82
14	31.23	22.81	3.13				

表 14.22 无工程窝内各测点流速(口门流速 1.30 m/s)

单位:cm/s

测点	v_x	v_y	v_z	测点	v_x	v_y	v_z
1	73.52	−41.93	12.49	15	59.06	71.01	−1.13
2	10.14	−88.63	5.01	16	−4.36	67.01	−3.27
3	−55.07	−120.72	3.44	17	−49.13	52.74	−6.19
4	−192.45	−168.70	−17.45	18	−109.70	32.89	−7.28
5	−151.14	−206.05	−5.03	19	−74.63	15.61	−8.81
6	−122.91	−185.35	8.39	20	95.08	142.28	−0.91
7	121.17	49.29	−1.60	21	32.91	152.14	−1.75
8	47.76	16.01	5.69	22	−20.92	125.37	−6.62
9	−27.94	−41.59	0.83	23	−65.66	122.05	−5.70
10	−37.17	−51.53	4.23	24	−8.05	143.95	−9.42
11	−112.51	−85.63	5.61	25	26.88	120.18	−2.93
12	−160.32	−116.96	−12.88	26	−105.13	−65.92	−3.00
13	50.91	25.31	−0.23	27	−25.89	−42.14	−3.18
14	136.99	101.10	4.29				

表 14.23 坝顶高程−23 m 潜锁坝工程窝内各测点流速(口门流速 1.30 m/s)

单位:cm/s

测点	v_x	v_y	v_z	测点	v_x	v_y	v_z
1	61.02	−38.21	10.69	15	69.85	80.02	−2.22
2	2.50	−85.23	7.35	16	−55.01	35.92	0.40
3	−92.24	−110.70	3.05	17	−50.91	48.83	−3.30
4	−148.11	−193.83	−5.91	18	−106.35	32.82	−6.51
5	−123.80	−142.68	−0.55	19	−80.51	13.52	−9.02
6	−88.42	−176.01	10.88	20	96.25	139.16	−2.29
7	115.44	46.33	0.57	21	28.54	144.00	1.44
8	50.86	9.53	0.48	22	−24.89	114.35	−4.70
9	−3.34	−25.16	−1.07	23	−64.21	112.60	0.23
10	−32.43	−29.30	−0.04	24	−13.79	119.26	−7.81
11	−111.26	−79.00	6.14	25	26.18	132.47	−2.69
12	−154.26	−118.77	−11.34	26	−102.73	−39.24	−3.55
13	−88.06	−67.03	0.93	27	−0.62	18.13	−2.12
14	128.00	92.59	4.14				

表 14.24　坝顶高程－20 m 潜锁坝工程窝内各测点流速(口门流速 1.30 m/s)

单位：cm/s

测 点	v_x	v_y	v_z	测 点	v_x	v_y	v_z
1	58.86	－41.01	8.43	15	62.52	88.42	0.48
2	－19.54	－73.48	11.40	16	13.31	57.57	－0.37
3	－70.84	－105.81	1.58	17	－44.68	42.54	－1.10
4	－151.52	－184.71	－7.40	18	－96.59	32.98	－4.19
5	－129.97	－98.29	－11.75	19	－72.66	21.93	－8.65
6	－45.35	149.16	12.69	20	92.91	127.51	0.61
7	119.03	48.93	1.98	21	20.08	134.44	0.18
8	55.55	20.44	－3.05	22	－16.43	133.06	－2.52
9	－3.03	－37.26	－1.81	23	－51.41	102.77	－6.05
10	－34.25	－38.64	5.22	24	－7.31	123.49	－10.07
11	－116.46	－75.89	5.37	25	－47.56	97.38	－1.05
12	－128.82	－105.98	－8.88	26	－87.70	－19.95	－5.56
13	－146.36	－92.69	－7.57	27	0.35	－6.92	－7.62
14	118.19	87.03	5.53				

表 14.25　坝顶高程－18 m 潜锁坝工程窝内各测点流速(口门流速 1.30 m/s)

单位：cm/s

测 点	v_x	v_y	v_z	测 点	v_x	v_y	v_z
1	53.10	－17.30	9.52	15	57.32	57.56	－2.38
2	－1.29	－60.94	10.17	16	1.26	69.40	－1.15
3	－180.98	－14.40	－22.26	17	14.59	2.19	1.47
4	－88.77	－14.64	－9.79	18	－79.13	39.81	－4.29
5	－67.03	－25.19	－7.14	19	－94.19	9.94	－7.85
6	－29.64	－44.00	－1.43	20	89.41	121.14	－1.02
7	106.55	47.52	2.38	21	19.52	113.96	0.78
8	－51.32	49.20	－5.33	22	23.15	－28.07	0.14
9	12.76	－18.72	3.25	23	－51.21	71.39	－7.93
10	－31.86	－47.23	4.07	24	－6.94	84.27	7.58
11	－12.61	49.89	－16.19	25	32.97	102.95	－3.90
12	30.59	39.10	0.00	26	－97.79	－24.40	－5.37
13	－93.86	－58.83	－8.64	27	－27.10	－47.69	－2.63
14	122.15	95.93	3.85				

表 14.26 无工程窝内各测点流速(口门流速 0.46 m/s)

单位：cm/s

测 点	v_x	v_y	v_z	测 点	v_x	v_y	v_z
1	−41.25	9.14	−5.36	15	−9.81	−6.28	−3.35
2	−65.14	−6.10	−7.14	16	8.16	2.94	0.91
3	−16.25	10.37	−2.55	17	0.40	−3.48	0.62
4	9.57	14.55	2.04	18	8.91	−1.88	0.55
5	10.07	18.47	−1.12	19	19.32	−1.58	1.05
6	14.16	18.43	−1.70	20	−11.17	−13.21	−0.76
7	−16.21	43.91	−3.68	21	−10.48	−21.75	0.13
8	−39.43	27.05	−7.45	22	2.36	−17.03	1.17
9	−22.34	12.26	−2.98	23	11.16	−14.96	0.68
10	5.57	13.60	−1.17	24	−1.64	−18.19	−0.40
11	14.61	17.85	−0.82	25	−1.47	−22.06	−1.61
12	17.03	16.28	0.78	26	7.62	13.34	1.57
13	18.27	11.92	0.78	27	2.01	4.57	−1.12
14	−22.23	−4.95	0.62				

表 14.27 坝顶高程−23 m 潜锁坝工程窝内各测点流速(口门流速 0.46 m/s)

单位：cm/s

测 点	v_x	v_y	v_z	测 点	v_x	v_y	v_z
1	−42.23	6.97	−3.58	15	−29.87	1.81	−1.19
2	−55.54	−0.68	−5.20	16	3.73	−5.39	−0.28
3	−13.77	−2.43	−6.22	17	12.61	0.03	0.13
4	1.78	7.03	−3.79	18	9.91	−1.03	0.34
5	8.71	15.92	−1.67	19	11.48	−2.79	0.20
6	5.94	16.19	−1.70	20	−15.09	−12.26	−1.82
7	−19.95	34.32	−2.97	21	−3.10	−19.52	0.42
8	−32.70	22.57	−4.96	22	3.38	−16.52	0.59
9	−18.92	11.14	−0.82	23	7.33	−12.09	0.03
10	6.99	14.28	−1.05	24	−0.65	−15.20	0.20
11	9.28	9.66	0.07	25	4.92	−20.12	−0.78
12	14.86	13.69	1.23	26	5.20	11.07	0.99
13	19.21	13.02	1.07	27	4.51	7.57	0.68
14	−13.05	−2.88	0.11				

表 14.28 坝顶高程－20 m 潜锁坝工程窝内各测点流速（口门流速 0.46 m/s）

单位：cm/s

测 点	v_x	v_y	v_z	测 点	v_x	v_y	v_z
1	−39.13	7.18	−9.57	15	−6.89	0.44	0.40
2	−42.81	8.34	−4.98	16	−2.29	−6.69	2.57
3	−11.02	5.37	−0.17	17	7.54	4.86	0.42
4	5.97	10.42	−1.03	18	8.80	−0.82	−0.49
5	10.85	14.31	−5.09	19	13.19	−0.76	−0.10
6	7.30	14.91	−1.90	20	−9.56	−11.44	−0.08
7	−21.28	31.13	−2.69	21	−4.99	−16.01	0.38
8	−31.25	24.86	−5.35	22	−3.11	−9.66	0.01
9	−5.32	7.11	−1.92	23	8.85	−15.46	1.12
10	0.48	10.17	−2.45	24	−3.01	−14.84	−0.31
11	2.66	9.32	−3.72	25	−2.12	−15.53	−0.96
12	13.02	10.30	1.10	26	4.89	8.92	0.72
13	17.20	10.80	0.45	27	3.75	5.47	0.74
14	−16.28	3.61	−1.09				

表 14.29 坝顶高程－18 m 潜锁坝工程窝内各测点流速（口门流速 0.46 m/s）

单位：cm/s

测 点	v_x	v_y	v_z	测 点	v_x	v_y	v_z
1	−36.10	3.32	−4.07	15	−3.97	1.48	−1.13
2	−42.60	8.46	−4.86	16	−2.62	−4.17	−0.59
3	−9.26	14.98	−5.22	17	1.63	0.41	−1.06
4	4.96	9.76	−0.58	18	6.28	1.92	−0.40
5	10.82	19.59	−1.77	19	18.09	0.69	−0.55
6	2.08	17.23	−2.22	20	−7.42	−11.20	−1.05
7	12.26	23.93	−2.01	21	−4.00	−11.57	−0.74
8	−19.73	6.15	−6.82	22	0.04	−12.19	0.20
9	−2.70	8.09	−0.40	23	8.12	−11.41	0.13
10	−1.07	4.20	−0.44	24	1.71	−12.36	−0.65
11	12.42	7.51	−1.53	25	0.14	−6.26	−0.37
12	9.86	10.30	0.72	26	0.69	4.61	−0.27
13	4.82	9.19	−0.82	27	7.06	11.77	1.07
14	19.21	−3.18	0.01				

14.4 试验结果分析

14.4.1 无工程方案流态

无工程方案(口门处流速 0.82 m/s)各测点 3 个方向的流速值见表 14.2,根据表 14.2 点绘的平面流速值见图 14.17,由图可见:窝内各点的流速值各不相同,靠近口门侧的流速值较大,远离口门的流速较小;受窝内回流的影响,水平面上两个方向(x、y 方向)的流速互有大小,属同一级别,测点流速(模型离底 3 cm,原型离底 6 m)最大值约为口门外平均流速的 1/5;垂直方向的流速较小,均在 0.15 m/s 以下(见表 14.2)。

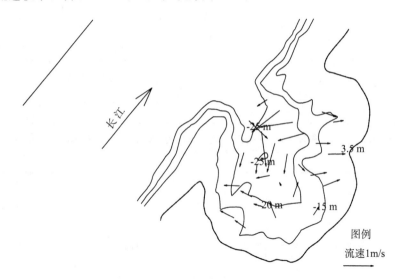

图 14.17 无工程方案各测点平面流速

14.4.2 口门流速变化对窝内流速的影响

试验进行了无工程时三种口门流速下的窝内流场测量,各测点所测得的流速值见表 14.2、表 14.22、表 14.26。流速测量数据表明,窝内水流具有强烈三维水流的性质,即使同一点的水流,不同时间测量的流速流向也有一定的变化(见图 14.11),为便于比较,将窝内三个方向的流速值合成一个流速,即 $V=\sqrt{v_x^2+v_y^2+v_z^2}$,式中 v_x、v_y、v_z 分别为 x、y、z 三个方向的流速。表 14.30 中统计了无工程时三种口门流速下窝内各测点流速的平均值。由表可见,当口门处流速分别为 1.30 m/s、0.82 m/s、0.46 m/s 时,无工程方案窝内各测点流速的平均值分别为 1.25 m/s、0.53 m/s、0.22 m/s,这些流速分别为口门流速的 95.85%、64.51%、48.47%。由此可以说明,随着口门流速的增大,窝内回流强度增大,回流速度值也增大,且窝内流速与口门流速的比值也增大。

表 14.30 中还统计了三种潜锁坝方案在三种口门流速下窝内各测点流速的平均值。对不同坝高的锁坝工程,窝内流速随口门流速的变化趋势与无工程方案相同。随着口门流速的增大,窝崩下侧口门边界对水流的作用加强,窝内最大流速值向窝内移动。如口门处流速 0.46 m/s 时,窝内流速值最大的是 2 号测点,1 号测点次之;口门处流速 0.82 m/s 时,窝内流速值最大的是 2 号测点,3 号测点次之;口门处流速 1.30 m/s 时,窝内流速值最大的是 4 号测点,5 号测点次之(坝顶高程−18 m 方案为 3 号最大,4 号次之)。

表 14.30 三种口门流速下无工程及三种潜锁坝方案窝内各测点流速的平均值

方案	1.30 m/s	占口门流速	0.82 m/s	占口门流速	0.46 m/s	占口门流速
无工程	124.6 m/s	95.85%	52.9 m/s	64.51%	22.3 m/s	48.47%
潜锁坝(坝顶高程−23 m)	117.1 m/s	90.07%	44.1 m/s	53.78%	20.1 m/s	43.69%
潜锁坝(坝顶高程−20 m)	112.4 m/s	86.46%	39.2 m/s	47.80%	17.0 m/s	36.96%
潜锁坝(坝顶高程−18 m)	83.1 m/s	63.82%	37.2 m/s	45.37%	14.6 m/s	31.74%

14.4.3 锁口高度对窝内流速的影响

三种坝高(−23 m、−20 m、−18 m)潜锁坝方案的流速测量结果见表 14.3~表 14.5,由表点绘的各测点平面流速见图 14.18~图 14.20。无工程和三种坝高方案下各测点的流速值见表 14.31,由表可知,随着坝高的增高,窝内各测点的流速值大多呈减小的趋势,无工程和−23 m、−20 m、−18 m 三种坝高方案下各测点流速的平均值分别为 0.528 m/s、0.442 m/s、0.392 m/s 和 0.372 m/s。其中三种坝高潜锁坝方案实施后窝内平均流速为工程实施前流速的 83.4%、74.1%和 70.3%,如果以坝顶宽为 1 m、边坡 1∶2 来计算坝体体积,则三种坝体的体积分别为 2 520 m³、4 760 m³ 和 10 550 m³,说明潜锁坝对窝内流速有一定的减弱作用,坝高越高,窝内的流速值越小,但坝高越高,工程量也越大。

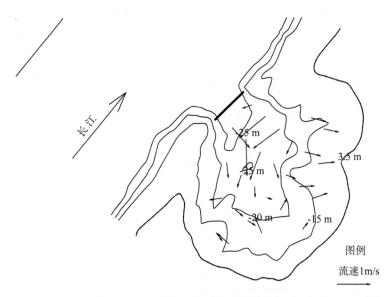

图 14.18 坝顶高程－23 m 潜锁坝各测点平面流速(口门流速 0.82 m/s)

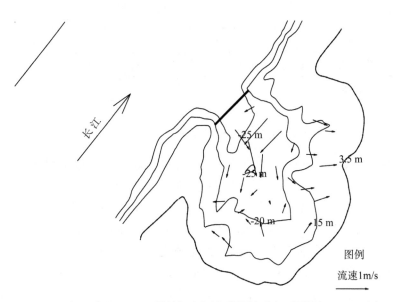

图 14.19 坝顶高程－20 m 潜锁坝各测点平面流速(口门流速 0.82 m/s)

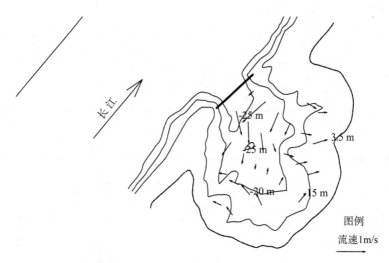

图 14.20　坝顶高程－18 m 潜锁坝各测点平面流速(口门流速 0.82 m/s)

14.4.4　布帘坝对窝内流速的影响

布帘坝设置后窝内流速值列于表 14.31 中,相应流速分布见图 14.21。无工程时窝内各测点平均流速为 0.528 m/s,布帘坝方案实施后的平均流速为 0.404 m/s,可见布帘坝方案对窝内流速也有减小作用。由于布帘坝坝顶高程为－20 m,与相同坝顶高程的抛石坝比较,两者的流速分布分别见图14.19 和图 14.21,两者流速分布较为相似,但布帘坝方案的流速减小值(从0.528 m/s 到 0.404 m/s)比相同高度的抛石坝(从 0.528 m/s 到0.392 m/s)略小,这是由于布帘在水流作用下会倾斜,各布条间也可以过水所致。

可见布帘坝降低窝内流速效果与抛石坝相近,由于布帘坝采用布帘来代替抛石坝体,因此工程投资应比抛石坝节省,但具体能省多少,布帘坝如何实施,还得从施工工艺、耐久性、工程费用等方面进行进一步论证。

表 14.31　潜锁坝工程各测点流速值(口门流速 0.82 m/s)

单位:cm/s

测点	无工程	坝顶高程 －23 m	坝顶高程 －20 m	坝顶高程 －18 m	坝顶高程 －20 m 布帘坝
1	32.61	22.94	27.00	15.45	54.58
2	116.51	102.12	105.15	105.61	92.39

续表

测点	无工程	坝顶高程 －23 m	坝顶高程 －20 m	坝顶高程 －18 m	坝顶高程 －20 m 布帘坝
3	111.96	99.30	90.48	67.81	73.85
4	92.17	38.93	22.30	38.29	35.12
5	42.94	44.64	25.90	29.44	18.63
6	54.79	46.30	49.26	46.34	41.09
7	82.16	78.03	70.33	79.21	83.75
8	115.87	109.87	106.04	69.51	91.05
9	96.40	87.84	65.42	58.15	68.27
10	60.79	40.07	33.88	20.55	42.11
11	22.88	24.23	21.97	27.58	33.71
12	50.04	40.46	35.60	33.37	37.28
13	57.09	42.55	45.84	33.74	38.33
14	41.91	40.41	31.17	47.19	30.15
15	22.07	32.29	38.25	28.15	23.38
16	39.05	23.77	17.74	7.81	18.30
17	2.51	6.99	1.56	13.15	22.29
18	45.06	31.12	22.09	21.27	33.46
19	26.44	18.16	31.20	32.94	23.07
20	45.86	32.94	30.51	19.45	38.14
21	35.17	22.82	14.45	28.44	22.58
22	26.25	19.31	13.48	37.41	12.61
23	48.94	41.51	34.46	36.71	42.36
24	37.33	40.68	37.28	28.19	22.68
25	47.02	23.56	20.98	24.17	29.61
26	45.12	41.26	42.96	30.87	30.96
27	27.60	40.99	23.38	23.04	31.19
平均	52.83	44.19	39.21	37.18	40.40

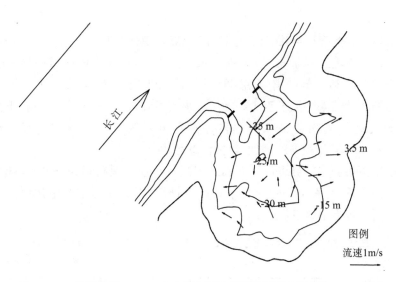

图 14.21　坝顶高程－20 m 布帘坝各测点平面流速(口门流速 0.82 m/s)

14.4.5　口门导堤方案

通过对口门流态的观察,水流主要从口门的下游侧流入窝内,从口门上游侧流出,沿口门边界形成一个回流,口门导堤方案即在口门设置一条沿口门脊线布置,并与口门脊线平行的低堤,堤高 4 m,见图 14.14。口门导堤方案首先进行了上游侧口门导堤、下游侧口门导堤和两侧口门导堤三个方案(堤高 4 m)的试验,各方案流速测量值见表 14.7、表 14.9、表 14.11,相应方案窝内各点流速分布见图 14.22～图 14.24。由图可见:设置上游侧口门导堤时,窝内口门附近及沿岸带测点的流速均较大,而设置下游侧口门导堤后,窝内口门附近流速虽然较大,但沿岸带的流速已有较大幅度的减小;当设置上、下游两侧口门导堤后,口门附近流速进一步减小,但沿岸带的流速减幅则不十分明显。将表 14.7、表 14.9、表 14.11 中各测点流速的合成流速值及工程前流速汇于表 14.32,由表可知,无工程、上游侧口门导堤(堤高 4 m)、下游侧口门导堤(堤高 4 m)及上下游两侧口门导堤(堤高 4 m)四种情况下窝内各测点流速的平均值分别为 0.528 m/s、0.373 m/s、0.296 m/s、0.191 m/s,三种导堤方案下的流速分别为工程前流速的 70.6%、55.9%和 36.1%,可见两侧口门导堤方案效果最好,下游侧口门导堤效果好于上游口门导堤的效果。上述三种方案是在口门两侧各加 4 m 高的导堤,计算得出上游侧口门导堤、下游侧口门导堤及两侧口门导堤的工程量分别为 2 570 m³、3 170 m³、

5 740 m³。

比较上游侧口门导堤、下游侧口门导堤及两侧口门导堤三个方案可知，下游侧口门导堤工程量较小，工程效果好。为此，针对下游侧口门导堤进行了堤高为 2 m 和 6 m 的窝内流速测量，测量结果见表 14.8 和表 14.10，对两表流速的统计结果也汇于表 14.32 中。由表可知，2 m、4 m、6 m 三种下游侧口门导堤高程窝内各测点的平均流速值分别为 0.407 m/s、0.296 m/s、0.290 m/s，可见随坝高的增加，窝内流速减小。

由于下游侧口门导堤（堤高 4 m）工程量小于坝顶高程为－20 m 的口门潜锁坝的工程量，而工程效果好于口门潜锁坝，因此口门方案中建议采用下游侧口门导堤方案（堤高 4 m）。

表 14.32　各口门导堤工程中每个测点流速值（口门流速 0.82 m/s）

单位：cm/s

测点	无工程	上游侧口门导堤(4 m)	下游侧口门导堤(2 m)	下游侧口门导堤(4 m)	下游侧口门导堤(6 m)	两侧口门导堤(4 m)
1	32.61	82.78	49.00	65.95	32.35	75.01
2	116.51	82.75	113.75	96.67	80.41	45.34
3	111.96	38.42	102.21	37.34	61.91	6.56
4	92.17	39.45	72.50	38.97	46.21	4.84
5	42.94	39.16	31.61	16.87	15.08	15.95
6	54.79	48.67	57.72	12.27	29.09	19.41
7	82.16	81.95	60.30	69.67	56.27	59.20
8	115.87	55.65	78.93	57.87	65.55	44.44
9	96.40	26.97	89.33	46.57	45.54	21.98
10	60.79	22.09	32.31	50.64	52.22	13.16
11	22.88	17.30	25.55	12.20	11.63	13.84
12	50.04	34.62	15.71	10.59	10.73	15.47
13	57.09	53.13	40.45	38.36	23.59	19.16
14	41.91	40.84	30.34	19.12	23.20	23.36
15	22.07	7.93	16.35	17.03	13.95	2.60
16	39.05	8.56	28.42	29.02	18.00	1.73
17	2.51	10.41	13.43	10.17	15.59	10.48

测点	无工程	上游侧口门导堤(4 m)	下游侧口门导堤(2 m)	下游侧口门导堤(4 m)	下游侧口门导堤(6 m)	两侧口门导堤(4 m)
18	45.06	18.44	16.58	11.70	17.88	15.79
19	26.44	30.90	16.73	22.67	13.62	9.77
20	45.86	40.45	22.67	11.96	31.01	9.24
21	35.17	36.34	27.06	12.18	17.09	10.14
22	26.25	25.90	14.85	9.14	12.86	11.53
23	48.94	42.37	34.45	17.09	7.14	14.09
24	37.33	33.91	33.39	13.50	28.02	14.14
25	47.02	53.03	24.23	19.79	18.51	20.34
26	45.12	21.93	25.64	28.27	22.50	5.46
27	27.60	14.98	24.15	22.78	12.65	13.00
平均	52.83	37.37	40.65	29.57	28.99	19.11

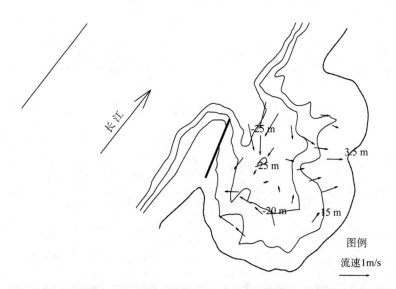

图 14.22　上游侧口门导堤(堤高 4 m)各测点平面流速(口门流速 0.82 m/s)

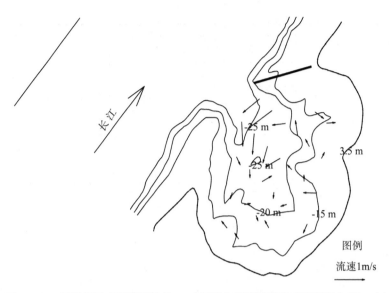

图 14.23　下游侧口门导堤(堤高 4 m)各测点平面流速(口门流速 0.82 m/s)

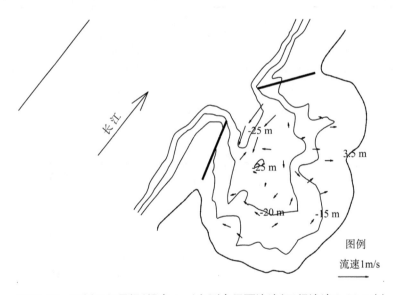

图 14.24　两侧口门导堤(堤高 4 m)各测点平面流速(口门流速 0.82 m/s)

14.4.6　四面六边框架方案

14.4.6.1　试验结果分析

共进行了 7 个四面六边框架方案试验,各方案的布置说明见表 14.1。方案 1、3、5、7 为整个窝内布置四面六边框架,方案 1、3、5 的差别为沿岸带(-15 m 等高线以上区域)四面六边框架的布置间距的不同。方案 1 是在整个窝内每隔 10 cm(模型间距,下同)布置一个四面框架,见图 14.25(a);方案 3 中的四面框架布置分为两部分,-15 m 等高线以下布置与方案 1 相同,即每隔 10 cm 布置一个四面框架,-15 m 等高线以上为每隔 5 cm 布置一个四面框架[(见图 14.15,图 14.25(b)];方案 5 中的四面框架布置也分为两部分,-15 m 等高线以下布置与方案 1 相同,即每隔 10 cm 布置一个四面框架,-15 m 等高线以上采用密排方式,即以每个四面框架平面投影的长×高为边长的矩形内(2.5 cm×2.165 cm)布置一个四面框架,见图 14.25(c)。方案 7 在方案 3 的基础上,在口门处加了一条坝顶高程为-20 m 的潜锁坝;方案 2、4、6 仅在沿岸带区域布置四面六边框架,其布置型式与方案 1、3、5 中的沿岸带布置相一致。

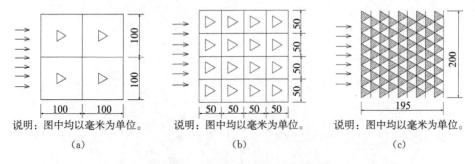

图 14.25　四面六边框架布置示意图

方案 1~方案 7 所测得的流速值见表 14.12~表 14.18,各方案的流速分布见图 14.26~图 14.32。七个方案各测点流速的统计值见表 14.33,由表可见,无工程,方案 1~方案 7,这八种方案下窝内测点平均流速(模型测量值)分别为:3.74 cm/s、2.68 cm/s、3.23 cm/s、2.55 cm/s、2.83 cm/s、2.47 cm/s、2.77 cm/s 和 2.32 cm/s。相当于原型流速分别为:0.529 m/s、0.379 m/s、0.457 m/s、0.363 m/s、0.401 m/s、0.358 m/s、0.391 m/s 和 0.334 m/s。方案 1~方案 7 下的流速为工程前流速的 71.7%、86.4%、68.2%、75.7%、66.0%、74.0%和 62.0%。

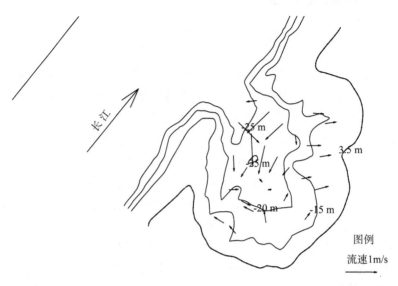

图 14.26　间距为 20 m 四面六边框架方案各测点平面流速

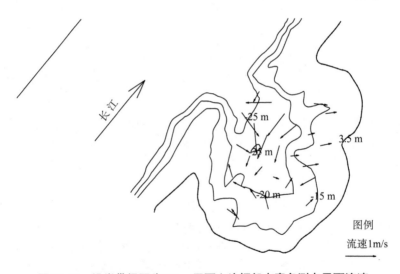

图 14.27　沿岸带间距为 20 m 四面六边框架方案各测点平面流速

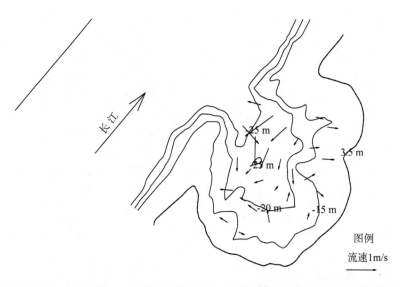

图 14.28 间距为 20 m＋沿岸带间距 10 m 四面六边框架方案各测点平面流速

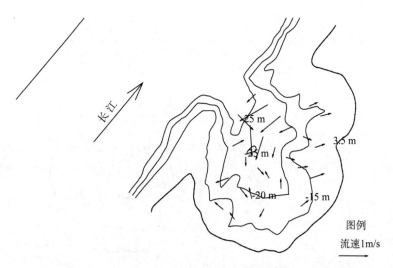

图 14.29 沿岸带间距 10 m 四面六边框架方案各测点平面流速

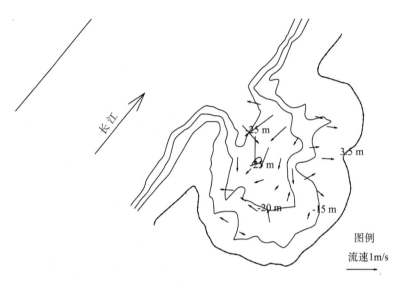

图 14.30　间距为 20 m＋沿岸带密排四面六边框架方案各测点平面流速

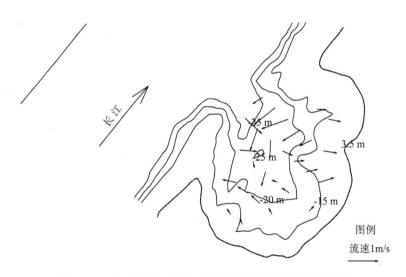

图 14.31　沿岸带密排四面六边框架方案各测点平面流速

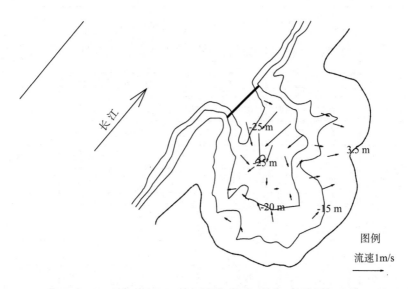

图 14.32　间距为 20 m＋沿岸带间距 10 m 四面六边框架＋顶部高程－20 m 坝方案各测点平面流速

表 14-33　四面六边框架七个方案各测点流速(口门流速 0.82 m/s)

单位：cm/s

测点	无工程	间距20 m	沿岸带间距20 m	间距20 m＋沿岸带间距10 m	沿岸带间距10 m	间距20 m＋沿岸带密排	沿岸带密排	间距20 m＋沿岸带间距10 m＋顶高程－20 m坝
1	32.61	28.94	33.47	38.68	33.47	24.63	33.00	21.12
2	116.51	119.18	85.08	116.29	109.58	103.14	86.24	71.16
3	111.96	72.73	91.17	65.84	84.90	72.15	93.82	109.55
4	92.17	23.33	67.93	20.54	42.42	16.99	66.61	60.39
5	42.94	39.28	15.78	24.37	23.78	29.09	38.40	19.35
6	54.79	30.00	30.63	35.07	27.27	26.38	40.57	28.97
7	82.16	91.80	96.02	76.08	69.58	91.94	72.72	73.69
8	115.87	88.32	101.22	90.90	103.98	106.12	71.66	95.88
9	96.40	46.37	82.56	68.56	78.88	79.55	56.40	51.13
10	60.79	51.99	54.05	28.18	27.47	25.91	29.49	27.24

测点	无工程	间距 20 m	沿岸带 间距 20 m	间距20 m ＋沿岸带 间距10 m	沿岸带 间距10 m	间距20 m ＋沿岸带 密排	沿岸带 密排	间距20 m＋ 沿岸带间距 10 m＋顶高 程－20 m坝
11	22.88	25.85	20.87	43.71	23.80	25.59	27.18	20.32
12	50.04	24.36	48.18	34.59	26.53	25.11	33.32	27.48
13	57.09	41.18	52.36	22.27	46.16	25.23	50.49	36.36
14	41.91	43.99	43.74	38.68	36.19	44.34	52.10	35.05
15	22.07	28.26	29.68	14.85	21.88	25.20	13.07	18.00
16	39.05	4.61	30.58	23.60	23.25	4.48	42.25	13.29
17	2.51	2.41	11.80	9.26	18.06	23.07	10.28	4.83
18	45.06	18.60	32.02	22.01	25.67	22.75	21.94	10.39
19	26.44	19.23	25.39	12.96	25.86	13.78	14.23	21.08
20	45.86	24.25	38.75	36.89	39.57	23.63	39.35	21.37
21	35.17	25.54	37.34	12.87	31.26	27.26	34.23	19.94
22	26.25	28.76	28.24	29.06	30.80	26.55	31.42	17.76
23	48.94	31.85	40.51	34.28	22.29	26.01	12.82	25.39
24	37.33	24.01	34.75	12.75	18.91	4.37	12.27	7.32
25	47.02	30.77	33.72	23.17	29.98	22.60	12.60	16.08
26	45.12	27.21	38.93	16.87	23.82	16.18	23.99	20.53
27	27.60	29.73	30.30	28.47	35.94	32.63	36.09	28.72
平均	52.83	37.87	45.74	36.33	40.05	35.73	39.13	33.42

方案1窝内平均流速较方案2小了0.55 cm/s(模型值,下同),为工程前流速的14.7%;方案3较方案4小了0.28 cm/s,为工程前流速的7.5%;方案5较方案6小了0.30 cm/s,为工程前流速的7.9%;平均较工程前流速值减小了10.1%。可见窝内－15 m等深线以下布置四面六边框架对窝内流速起到一定的限制作用。

随着沿岸带四面六边框架的加密,窝内流速不断减小,如方案1、3、5,沿岸带四面六边框架从10 cm间距到密排,流速(模型)分别为2.68 cm/s、2.55 cm/s和2.47 cm/s,减小了0.21 cm/s,占工程前流速的5.6%;方案2、4、6,沿岸带四面六边框架从10 cm间距到密排,流速(模型)分别为

3.23 cm/s、2.83 cm/s 和 2.77 cm/s,减小了 0.46 cm/s,占工程前流速
的 12.3%。

　　为了比较沿岸带四面六边框架对沿岸带流速的影响,选择了沿岸带的
6♯、13♯、19♯、24♯、25♯、26♯和 27♯这 7 个测点,统计了无工程及方案
1～方案 6 这 7 个点的流速平均值,分别为:2.98 cm/s、2.04 cm/s、
2.49 cm/s、1.67 cm/s、2.10 cm/s、1.43 cm/s 和 1.92 cm/s,相当于原型流速
分别为:0.421 m/s、0.288 m/s、0.352 m/s、0.236 m/s、0.297 m/s、0.202 m/s、
0.271 m/s。可见无工程方案及方案 1、3、5,沿岸带四面六边框架从 10 cm 间
距到密排,岸边流速(模型)平均值从 2.04 cm/s 减小到 1.43 cm/s,减小了
0.61 cm/s,占无工程时岸边流速的 20.5%。无工程方案及方案 2、4、6,沿岸
带四面六边框架从 10 cm 间距到密排,岸边流速(模型)平均值从 2.49 cm/s
减小到 1.92 cm/s,减小了 0.57 cm/s,占无工程时岸边流速的 19.1%。

　　图 14.33 点绘了四面六边框架方案 1、3、5 中的四面六边框架个数与窝内
各测点流速平均值及沿岸带各测点流速平均值之间的关系,图 14.34 则为方
案 2、4、6 中的四面六边框架个数与窝内各测点流速平均值及沿岸带各测点流
速平均值之间的关系。由图可见:两图的趋势基本相同,流速值的差别是由
于一个是整个窝内布置了四面六边框架,一个是仅在沿岸带布置了四面六边
框架;随着四面六边框架个数的增加,窝内平均流速变化有一个先是下降较
快、后来下降较慢的过程,转折点在四面六边框架个数为 200 架左右,相当于
四面六边框架方案 4 的情况,即沿岸带每隔 5 cm 布置一个四面框架。由于窝
内流速降低即表示窝内水流的动能减小,冲刷能力降低,有利于窝边缘土体
的稳定和窝内泥沙的淤积,而窝内四面六边框架个数则与工程费用密切相
关,如所需的四面六边框架个数较多,则工程投资较大。根据上面的分析,可
以认为沿岸带每隔 5 cm 布置一个四面框架是较为合适的方案。

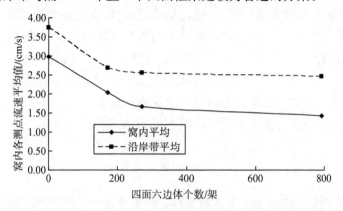

图 14.33　四面六边框架个数与窝内流速的关系(整个窝内布置)

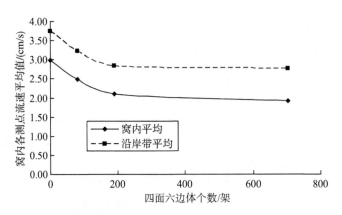

图 14.34　四面六边框架个数与窝内流速的关系(沿岸带布置)

四面六边框架方案 7 是为了了解四面六边框架与口门锁坝的组合对窝内流速的影响(图 14.32),方案 7 的窝内流速(原型,下同)的平均值为 0.328 m/s,较无工程时窝内流速(0.529 m/s)减小了 0.201 m/s,为四面六边框架方案中减小最多的。但这一方案较方案 3 的 0.361 m/s 仅减小了 0.033 m/s,同时,也较口门潜锁坝方案 2 的窝内流速(0.392 m/s)仅减小了 0.064 m/s,而无论是四面六边框架方案 3 或是口门潜锁坝方案 2,其单个方案作用时的窝内平均流速均较无工程时降低了 0.15 m/s 左右,可见四面六边框架方案 7 的作用不及单四面框架或单潜锁坝分别作用之和。

14.4.6.2　试验结果应用

天然河流中四面六边框架是由 6 根 0.1 m×0.1 m×1 m(长×宽×高)混凝土方柱构成,如将其以 1:200 比尺换算成模型,则四面六边框架模型的尺寸为 0.05 cm×0.05 cm×0.5 cm,四面六边框架模型尺寸过小,除了制作困难外,还可能由于底层水流较大,而使试验数据失真。故模型采用杆尺寸为 0.2 cm×0.2 cm×2.5 cm 组成的四面六边框架。将试验结果转化为原体时,可采用阻力相似的方法来确定四面六边框架的数量。

四面六边框架在水流中的绕流阻力 F 可表示为:

$$F = \frac{1}{2} C \rho V^2 A \tag{14.1}$$

式中:C 为绕流阻力系数;A 为四面六边框架垂直于水流方向的投影面积;ρ

为水体密度；V 为作用在四面六边框架上的流速。

1. 四面六边框架模型绕流阻力 F_m 的确定

四面六边框架由六条相同尺寸的柱子组成，其与水流的夹角不同，直接关系到其在水流方向的投影面积，进而影响到绕流阻力。但若模型与原型放置方式相同，其阻力比相同，为此，本节只讨论四面六边框架一条边垂直于水流方向的典型情况（见图 14.35）。

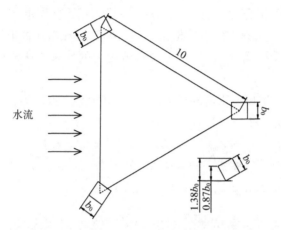

图 14.35　四面六边框架在水流中布置的两典型情况

四面六边框架模型由方形柱组成。方形柱由于分离点位置不变，阻力系数取为 $C_m = 2.0$；V 为作用在四面六边框架六边上的流速，根据试验资料，取窝内沿岸带的平均流速为 $3.0\ \mathrm{cm/s}$，水深为 $7.5\ \mathrm{cm}$。设垂线流速分布符合指数分布规律，即：

$$v = \frac{7}{6}V\left(\frac{z}{H}\right)^{1/6} \tag{14.2}$$

杆长为 $2.5\ \mathrm{cm}$ 的四面六边框架的高度为：

$$H_0 = \frac{\sqrt{6}}{3}l_0 = 2.04\ \mathrm{cm}$$

在 z 从 0 到 H_0 间的平均流速，根据积分可得作用在四面六边框架上的平均流速为 $v_m = 2.376\ \mathrm{cm/s}$。

不考虑四面六边框架底边阻水和顶点附近杆件的重叠部分，可以认为四面六边框架阻水是由三根立于水中的杆件组成，其中两根与水流成 $30°$ 夹角

（图 14.35），一根与水流垂直，这三根杆的阻水面积为：

$$A_m = (0.2 \times 1.366 + 0.2 \times 1.366 + 0.2) \times 2.04 = 1.54 \text{ cm}^2$$

由式 14.1 计算出四面六边框架的绕流阻力为：

$$F_m = \frac{1}{2} C_m \rho V_m^2 A_m = 8.696\rho$$

2. 四面六边框架原型绕流阻力 F 的确定

四面六边框架原型由混凝土方柱构成，混凝土柱的尺寸为 0.1 m × 0.1 m × 1.0 m。假设四面六边框架原型与模型的放置方式相同，四面六边框架原型的阻力系数、阻水面积、流速及绕流阻力的计算方法与模型相同，具体如下：

四面六边框架原型由混凝土方柱构成，其阻力系数取为：$C_m = 2.0$；

原型水深为：$H_p = H_m \lambda_H = 7.5 \times 200 = 1500 \text{ cm}$；

原型流速为：$V_p = V_m \lambda_v = 3.0 \times 14.12 = 42.36 \text{ cm/s}$；

作用在四面六边框架上的流速为：$v_m = 25.70 \text{ cm/s}$；

四面六边框架阻水面积为：$A_m = 3070 \text{ cm}^2$；

绕流阻力为：$F_p = \frac{1}{2} C \rho V^2 A = 2034243\rho$。

3. 一个四面六边框架模型相当于四面六边框架原型的个数

假设四面六边框架模型的绕流阻力与多个四面六边框架原型作用的阻力相当，且原型四面六边框架间的总阻力可以为各个四面六边框架阻力之和，即有：

$$nF_p = F_m \lambda_l^2 \lambda_V^2 = F_m \lambda_l^3 , \quad n = \frac{F_m \lambda_l^3}{F_p} = \frac{8.696\rho \times 200^3}{2\,034\,243\rho} = 34$$

即一个四面六边框架模型相当于 34 个四面六边框架原型作用之和。

将模型中四面布置三种间距转化为原体时，即为 400 m² 布置 34 个四面六边框架，或每 10 m² 布置 1 个四面六边框架（方案 1、方案 2）；100 m² 布置 34 个四面六边框架，或每 3 m² 布置 1 个四面六边框架（方案 3、方案 4）；21.65 m² 布置 34 个四面六边框架，或每 0.64 m² 布置 1 个四面六边框架（方案 5、方案 6）。

由前面讨论可知，模型试验表明，沿岸带每隔 5 cm 布置一个四面六边框架较好，由于模型中 5 cm 相当于天然河流 10 m，因此可初步认为在 10 m × 10 m 的范围内布置 34 个四面六边框架较好，或每 3 m² 布置 1 个四面六边框架。如考虑到四面六边框架之间的连接对水流有一定的影响,即多个四面六边框架的综合阻力小于单个四面六边框架阻力与四面六边框架个数之积,则实际应用中的四面六边框架个数可大于计算值。为安全起见,可以取 $n=50$,即每 2 m² 布置一个四面六边框架。

综上所述:四面六边框架可以起到减小窝内流速的作用,但过密的四面六边框架分布,对流速的降低作用有限,因此,可以考虑在崩窝内每 2～3 m² 布置一个四面六边框架(混凝土柱的尺寸为 0.1 m×0.1 m×1.0 m);四面六边框架和口门锁坝的组合对窝内流速的影响与只采用四面六边框架相比相差不大,故建议四面六边框架与口门潜锁坝工程分开使用。

14.4.7 树冠(塑料草)方案

共进行了 3 个树冠(塑料草)方案试验,各方案所测量的流速值分别见表 14.19～表 14.21,相应方案的流速分布见图 14.36～图 14.38。各测点流速的统计值见表 14.34,由表 14.34 可知,无工程、间距 20 m 的树冠(塑料草)、间距 20 m＋口门布置坝顶高程为－20 m 的潜锁坝、间距 20 m＋下游侧口门导堤(堤高 4 m)这四种情况下窝内测点平均流速分别为:0.528 m/s、0.345 m/s、0.329 m/s、0.266 m/s。三种方案下的流速相当于工程前流速的65.2％、62.3％和50.4％,可见树冠(塑料草)对降低窝内流速能起较大的作用。但树冠(塑料草)与口门潜锁坝的组合方案对窝内流速的影响与树冠(塑

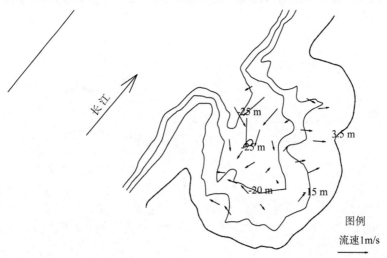

图 14.36　间距为 20 m 树冠(塑料草)方案各测点平面流速

料草)单独作用相差不大,因为在树冠(塑料草)的基础上增加坝顶高程为－20 m 的潜锁坝后,窝内流速只减少了 2.9%,与上面四面六边框架增加坝顶高程为－20 m 的潜锁坝后窝内流速只减少了 3.5%相近。而树冠(塑料草)与下游侧口门导堤组合后窝内流速的减小值虽较树冠(塑料草)与口门锁坝组合要好些,试验表明,在树冠(塑料草)的基础上增加下游侧口门导堤后,窝内流速又减少了 14.8%,但远达不到单个下游侧口门导堤 55.9%的水平。

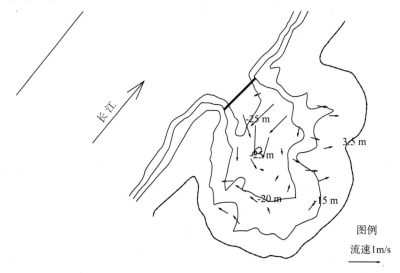

图 14.37　间距为 20 m 树冠(塑料草)＋顶部高程－20 m 坝方案各测点平面流速

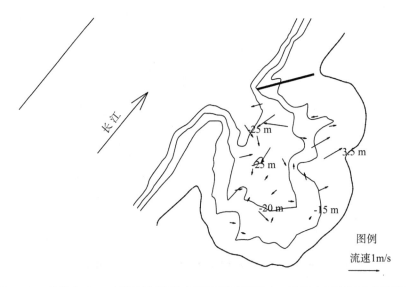

图 14.38　间距为 20 m 树冠(塑料草)＋下游侧口门高 4 m 导堤方案各测点平面流速

14.4.8 不同方案窝内流速比较

上面分析了潜锁坝、布帘坝、上(下)游口门导堤、四面六边框架和树冠(塑料草)等方案窝内流速分布。潜锁坝坝高越高,窝内流速越小,但坝高越高,工程量也相应增加。以坝顶高程为－20 m 的潜锁坝为例,坝体积为4 760 m³,窝内流速从工程前 0.528 m/s 减小到 0.392 m/s,约为工程前流速的 74.2%。相同高程的布帘坝,窝内流速从工程前 0.528 m/s 减小到0.404 m/s,约为工程前流速的 76.5%。口门导堤方案中,下游侧口门导堤对窝内流速减小较果最大,下游侧口门导堤(4 m 高)的体积为 3 170 m³,比坝顶高程为－20 m 的潜锁坝体要小,而窝内流速从工程前的 0.528 m/s 减小到 0.296 m/s,约为工程前流速的 55.8%。四面六边框架方案(不包括抛石潜锁坝)中窝内流速在 0.349~0.457 m/s 之间,为工程前的 66%~86%。树冠(塑料草)方案的窝内流速为 0.346 m/s,约为工程前流速的 65.5%。单纯从降低流速角度比较,上(下)游侧口门导堤效果最好,树冠(塑料草)方案次之,四面六边框架方案第三,抛石潜锁坝效果较差。

布帘坝的效果比抛石坝的效果略差,但作为一种新型坝型,可用其代替下游侧口门导堤的筑坝材料,从而节省工程投资。

表 14.34　树冠(塑料草)三个方案各测点流速(口门流速 0.82 m/s)

单位:cm/s

测点	无工程	间距 20 m	间距 20 m+顶高程－20 m 潜锁坝	间距 20 m+下游侧口门 4 m 导堤
1	32.61	36.92	15.65	32.57
2	116.51	92.51	102.65	67.70
3	111.96	68.85	76.39	79.63
4	92.17	10.58	24.51	14.07
5	42.94	31.40	20.81	66.42
6	54.79	34.94	21.13	66.42
7	82.16	68.72	73.40	42.46
8	115.87	89.31	91.11	25.69
9	96.40	50.41	66.72	49.92
10	60.79	25.07	10.21	19.48
11	22.88	15.78	13.53	8.23

测点	无工程	间距 20 m	间距 20 m＋顶高程－20 m 潜锁坝	间距 20 m＋下游侧口门 4 m 导堤
12	50.04	25.98	32.37	16.49
13	57.09	35.63	29.80	26.95
14	41.91	50.32	36.33	38.80
15	22.07	22.28	28.41	11.51
16	39.05	29.38	2.27	8.75
17	2.51	12.26	10.14	13.40
18	45.06	2.93	14.09	9.08
19	26.44	28.17	25.06	2.69
20	45.86	20.69	30.13	16.83
21	35.17	26.50	32.02	6.52
22	26.25	29.07	21.59	39.13
23	48.94	14.08	11.17	8.61
24	37.33	28.21	25.03	5.81
25	47.02	29.04	27.96	11.14
26	45.12	23.60	22.45	13.73
27	27.60	27.71	23.15	15.33
平均	52.83	34.46	32.89	26.57

14.5 水流输沙试验

为了观测不同方案的促淤效果,进行定床输沙试验,试验沙采用长江扬中河段模型试验的模型沙,模型沙为中值粒径是 0.109 mm 的木屑。每次试验开始时,进口控制量水堰读数,使各方案试验流量相同,出口采用相同的尾门开度,使各方案下水深相同。待试验水槽内水流稳定后,在窝崩口门上游约 2 m 的断面向概化模型中加入经搅拌均匀后的泥沙,泥沙随水流向下游运动进入崩窝区,并在窝内发生淤积(见图 14.39),每次试验采用相同的泥沙数量和加沙方法,试验结束后,收集窝内的泥沙,晾干后称重,各方案下的泥沙重量如表 14.35 所示。

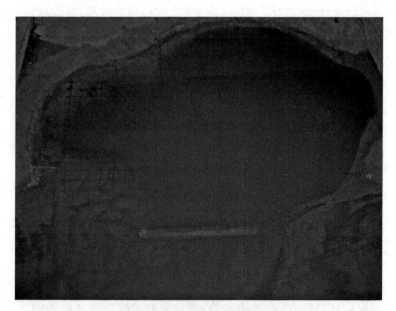

图 14.39　窝崩内泥沙淤积试验

表 14.35　不同方案窝内泥沙淤积量(模型,口门流速 0.46 m/s)

方案	总重(g)	盘重(g)	净重(g)
工程前	98.44	40.91	57.53
潜锁坝(坝顶高程-23 m)	302.73	232.08	70.65
潜锁坝(坝顶高程-20 m)	116.57	40.85	75.72
潜锁坝(坝顶高程-18 m)	112.53	40.63	71.9
下游侧口门导堤	331.99	262.24	69.75
四面六边框架(20 m 间距 +沿岸带 10 m 间距)	113.71	40.96	72.75
树冠(塑料草)(20 m 间距)	106.05	41.08	64.97

14.6　本章小结

(1) 随着口门流速的增大,窝崩下游侧口门边界对水流的作用加强,窝内回流强度增大,且窝内流速与口门流速的比值也增大,窝内最大流速值所在的位置从口门向窝内移动。

（2）口门潜锁坝方案中，随坝高的增加，窝内流速减小，但坝高增加，抛石的工程成本会增加。与口门潜锁坝相比，下游侧口门导堤工程量小且工程效果明显，因此口门方案中建议采用下游侧口门导堤方案。

（3）布帘坝降低窝内流速的效果与抛石坝相近，由于布帘坝采用布帘来代替抛石坝体，因此工程投资应比抛石坝节省，但具体能省多少，布帘坝如何实施，还得从施工工艺、耐久性、工程费用等方面进行进一步论证。

（4）四面六边框架可以起到降低窝内流速的作用，但过密的四面六边框架布置，对流速的降低作用有限，因此建议采用按一定间距抛投四面六边框架的方式；四面六边框架与口门潜锁坝的组合对窝内流速的减缓效果与仅采用四面六边框架的减缓效果相差不大，故建议四面六边框架与口门潜锁坝方案分开使用。

（5）树冠（塑料草）方案对减缓窝内流速能起到较大的作用，在应急抢护工程中可考虑采用。树冠（塑料草）与口门潜锁坝的组合以及树冠（塑料草）与下游侧口门导堤组合试验表明，组合方案对窝内流速的影响远小于两者单独采用影响之和。

参考文献

[1] 吴永新. 长江南京河段整治的实践与思考[J]. 江苏水利，2007(8)：11-12.

[2] 陈长英，张幸农. 南京入江口门航道整治[R]. 南京：南京水利科学研究院，2009.

[3] 章志强，杨子尧. 长江南京河段下关浦口沉排及抛石护岸加固工程可行性研究报告[R]. 南京：南京市水利规划设计院，1998.

[4] 张幸农，蒋传丰，陈长英，等. 江河崩岸的类型与特征[J]. 水利水电科技进展，2008，28(5)：66-70.

[5] 臧英平. 长江南京河段河势控制效果分析与思考[R]. 南京市第七届青年学术年会特邀报告，2008.

[6] 张幸农，应强，陈长英. 崩岸防治和护坡技术的研究与开发——国内外河道护岸工程技术现状述评[R]. 南京：南京水利科学研究院，2004.

[7] 李荣，赵鸣伟. 长江护岸工程南京河段的技术设计与施工实践[J]. 水利水电技术，2010，41(1)：40-42+53.

[8] 徐锡荣，唐红武，宗竞，等. 长江南京河段护岸新技术探讨[J]. 水利水电科技进展，2004，24(4)：26-28+39.

[9] 孙梅秀，李昌华，应强. 汉江土工布沙袋坝、土工布沙垫软体排及钢筋混凝土框架支撑坝的水槽试验研究[R]. 南京：南京水利科学研究院，1990.

［10］应强,张岱峰,朱立俊,等.沙袋充填度与稳定性的试验研究［J］.泥沙研究,2003(2)：44-47.

［11］卢中一,高正荣,黄建维.苏通长江公路大桥主桥墩冲刷防护试验研究［R］.南京:南京水利科学研究院,2003.

［12］应强,张幸农,李伟.沙袋在水流中的沉速、落距［J］.泥沙研究,2009(1):15-19.

第15章 大胜关河段特征及护岸型式分析

15.1 问题的提出

长江南京河段是国家批准的"长流规"和水利部批准的"规划报告"中确定的长江流域 14 个重点治理的河段之一。中华人民共和国成立以来,长江南京河段先后进行过 6 次大规模的河道整治工程,形成了以 18 个护岸段为主体工程的南京河势控制体系,稳定了南京河段的河势,其中护岸长度约 92 km,抛石近 2 000 万 t。

随着南京市政府"以江为轴、跨江发展、呼应上海、辐射周边"城市发展战略的逐步实施,区域经济的发展对长江河势及岸线的稳定提出了更高的要求。南京市水利十二五规划提出:加强对长江南京段的系统整治,科学合理开发利用洲滩,加固重要节点,稳定现有岸线,有效控制河势;进一步加强重点通江河流的口门控制和堤防建设。至 2015 年,长江干堤防洪标准全面达到"长流规"设防标准。

在护岸实践工作中发现,由于河势演变的复杂性、长江边界条件的多样性,以及岸坡的特殊地质结构,护岸工程还存在一些问题和不足。其中,贴岸深槽近岸坡的防护结构和材料是主要问题之一,即:由于综合因素的影响和制约,长江南京河段沿线形成了多个贴岸深槽,如大胜关深槽(约 -50 m)、潜洲对岸深槽(约 -43 m)、八卦洲头右缘深槽(约 -45 m)、燕子矶深槽(约 -44 m)、西坝深槽(约 -51 m)等,这些深槽水深流急、岸坡迎流顶冲、边坡较陡,-5 m 以下比降有的甚至达到了 1∶1.6,多个断面出现局部大于 1∶2 的陡坡,超过长江下游 1∶2.5 的稳定岸坡临界值。三峡工程运用后,清水下泄可能加剧滩槽的演变,使得深槽进一步冲刷加深,岸坡更加陡峭。由于贴岸深槽岸边滩地很窄甚至没有滩地,最终将威胁到陆上堤防和人民的生命财产安全。因此对贴岸深槽水下岸坡和河床进行加固处理显得十分必要和迫切。

贴岸深槽的防护难点是岸坡防护厚度大,所需防护体量大,大宗材料获取越来越困难,工程造价也越来越高。采用沙袋护岸是一种高效、经济、环保的方式,沙袋具有以下特点:袋布质量轻,整体连续性好,运输储存方便;抗拉强度高,抗腐蚀、抗微生物侵蚀好,能长期在水中保持稳定;柔软性好,能适应较大变形,与河床贴合程度高;充填用大宗材料为江沙,简便易取,节省开采能耗和工程投资等。因此沙袋在河道治理中得到愈来愈广泛的应用,相比于其他护岸型式,沙袋更适于上述深槽贴岸边坡的稳定防护。然而,由于深槽护岸的特殊性,沙袋护岸作为一种新的护岸型式,虽然目前国内外均有尝试应用的报道,但没有成熟的经验可供借鉴,因此,如何依据上述护岸特点科学合理地设计、施工和检测成为了沙袋应用于深水护岸中亟需解决的问题。

以往的类似工程实践表明:大型沙袋袋体易破坏,施工工序复杂,现场组织困难,作业强度大,整体施工效率低。为此,南京市长江河道管理处、河海大学、南京市水利规划设计院有限责任公司、南京市水利建筑工程总公司一公司联合攻关,针对沙袋护岸的上述难点问题,研究了沙袋选型、设计、一体化快速施工工艺和工程质量检验及评定等,形成了沙袋深水护岸成套技术,并在长江南京大胜关河段右岸贴岸深槽岸坡防护中得到了很好的应用。

15.2　地质概况和贴岸深槽演变特点

15.2.1　河床地质概况

长江下游的新构造运动是老构造运动(特别是燕山运动)的继承,以间歇性的升降交替为主要特征,近期以下降运动为主。沿江两岸这类运动又有所差异,表现在左岸下降右岸上升。新构造运动的特点直接控制下游河段地貌类型及特征。

长江下游两岸地貌类型及特征有所不同,左岸是冲积(部分湖积)所形成的大片广阔低平原,其成因主要是冲积和部分湖积,而阶地和山丘离江甚远,伸出江岸石矶山地较少,如江苏六合及仪征一带蜀岗等。右岸河漫滩平原较狭窄,沿江多为山地丘陵和阶地,如猫子山、斗山、仙人矶、下三山、燕子矶等。长江中下游分布有明显的三级阶地特征,一级阶地分布比较普遍,二、三级阶地分布比较零星。雨花台砂石层组成的基座阶地,在南京雨花台、西善桥、六合附近分布较广,高程在 60 m 左右,二级阶地在山麓地带有零星分布,高程在 20～40 m,由中更新网纹红土组成,分布在南京大厂镇、燕子矶、笆斗山等地。一级阶地高程在 10～20 m,南京河段分布较普遍。由于左岸分布广泛的全新世冲积湖积层,河岸抗冲性能较差,右岸山丘岗地又有基座阶地及网纹红土、下蜀土的阶地,抗冲性能较强。南京河段地貌特征如图 15.1 所示。

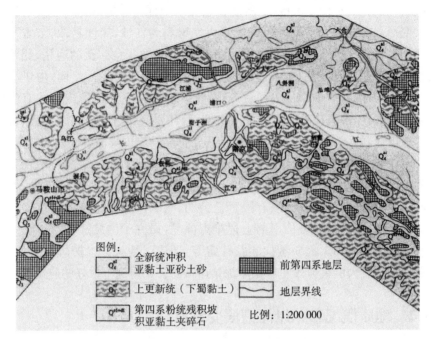

图 15.1　南京河段地质组成图

南京河段的河床发育于第四纪松散沉积物上,沉积物厚度较大,一般达 40～60 m。根据两岸钻探资料(见图 15.2),可分为 3 层:其上层多为黏土,厚 2～5 m,黏土分布较厚的部位,河道平面形成凸嘴;第二层为粉细砂;第三层为中细砂及粗砂、砾石层。第二、三层厚度一般达 40～50 m,基岩面高程一般在－50 m 左右。

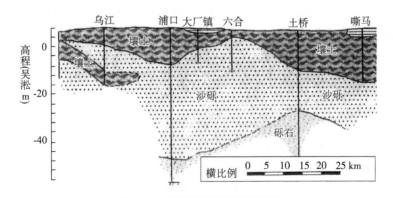

图 15.2　南京河段地质纵剖面图

河床上部砂层中值粒径一般在 0.1～0.25 mm 之间,自岸边向深泓的床砂粒径分布是从细到粗,床砂中的粉粒约占 5.7%,黏粒约占 0.54%,其他为中细砂,局部为砾石。

15.2.2　河道概况

大胜关岸段(图 15.3)位于南京河段大胜关水道的右岸,上游为南京河段新济洲汊道段,下连南京河段梅子洲汊道段。

南京新济洲汊道段起始端和尚港(慈湖河口)为苏皖两省分界点,干流长 25 km,河宽为 2.5 km,终端下三山河宽为 1.85 km。河段为顺直分汊河型,河段内洲滩发育演变频繁,水流分散,从上而下分布着新生洲、新济洲、子母洲和新潜洲。河段内左岸有石跋河、驻马河,右岸有慈湖河、铜井河、牧龙河注入长江,各河均为小河流,对长江流量基本没有影响。新济洲河段左岸末端七坝江岸自 20 世纪 70 年代以来进行了抛石护岸工程,右岸于 20 世纪 90 年代末在铜井河口附近实施了应急抛石护岸工程 782 m。2003 年 11 月南京河段二期整治工程,铜井河口上、下游沉排,局部范围抛石 4 533 m。这些整治工程增强了主流转折部位的抗冲能力,控制了新济洲河段局部岸线的急剧变化。新济洲河段主流从新生洲、新济洲右汊下行,经过济潜水道过渡到左汊左岸的七坝,再从七坝末段板桥汽渡附近转向右岸的大胜关。

南京河段下三山至梅子洲头为单一顺直河道,长约 8.4 km,右岸有三山矶头凸入江中,左岸有七坝因护岸整治抛石形成人工节点,梅山钢铁公司等大型工矿企业和码头大部分分布在右岸,下游约 5.6 km 有南京长江三桥。新秦淮河在右岸大胜关附近汇入长江。主泓由左岸过渡到右岸板桥后,沿右岸下行至秦淮新河后分左右两支进入梅子洲汊道段。20 世纪 70 年代大胜关一带右岸崩坍较强烈,多次实施护岸工程以后,岸线渐 877 趋稳定。

15.2.3　已建工程

建国以来,国家高度重视南京河段的治理,进行了 5 次规模较大的整治工程,分别为:

(1) 20 世纪 50 年代初以疏浚导流为主的整治工程;

(2) 1955—1957 年的下关、浦口沉排护岸工程;

(3) 20 世纪 60—70 年代的下关、浦口平顺抛石护岸工程;

(4) 1983—1993 年的集资整治工程;

(5) 2003—2006 年的长江南京河段二期河道整治工程。

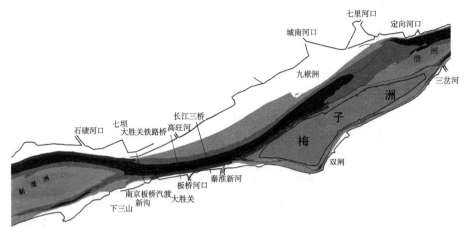

图15.3　大胜关河段河势图

其中长江二期工程在南京河段的各个节点（铜井、西江横埂、新济洲尾部、七坝、大胜关、梅子洲左缘、八卦洲、燕子矶、天河口、西坝及栖龙弯道）进行了水下抛石护岸及水上护坎工程（铜井段及梅子洲左缘尾部采用了混凝土铰链排护岸结构）。至此，长江南京河段的总体河势已得到初步控制，近年来长江南京段总体河势未发生重大变化。

15.2.4　当时深槽演变特点

大胜关水道自下三山至梅子洲洲头，长约 8.4 km，河道平面形态较顺直，深泓自七坝节点逐渐自左向右过渡到大胜关，经梅子洲分流入汉道。目前七坝和大胜关岸线已成为控制南京河段入流段深泓走向和整个河势的重要节点，为南京河段进口段河势的基本稳定提供了重要条件。

1. 深槽变化

长江二期整治工程对大胜关段水下护岸实施加固后至今，−30 m 槽平面形态变化不大，但−45 m 槽逐年扩大。2006 年−45 m 槽头距大胜关铁路桥下游约 60 m，2007 年、2008 年槽头向上延伸至大胜关铁路桥下，且大胜关铁路桥上游出现零星−45 m 坑槽，2010 年槽头更急剧向上延伸约 1 000 m，2011 年槽头位置与 2010 年基本相近。同时−45 m 槽尾也逐年下移，至 2011 年 1 月累计下移约 600 m，但 2011 年汛期槽尾又向上回收约 520 m。南京长江三桥下游自 2008 年起出现多个不连续小型−45 m 槽，在以后的年份面积和位置都有所变化，在 2011 年汛期南京长江三桥下游−45 m 槽有所回淤。

2010 年 3 月,大胜关铁路桥上游出现两个长度分别为 260 m 和 270 m 的－50 m 深槽。但至 2011 年 1 月有所回淤,上－50 m 槽消失,下－50 m 槽略微扩展,最深点达－51.4 m。2011 年 8 月全部－50 m 槽有少量回淤,河床最深点变为－49.1 m。

与 2006 年相比,上述深槽总体呈现大幅冲刷、单个年度内汛期小幅回淤的特点。

2. 岸坡坡比变化

从目前的近岸岸坡资料分析,大胜关段右岸 0 m 至深槽的岸坡普遍较陡,－5 m 以下坡有的比降甚至达到了 1∶1.6,多个断面出现局部比降大于 1∶2 的陡坡,超过长江下游 1∶2.5 的稳定岸坡临界值。从近期河床变化看,特别是经过 20 世纪 90 年代几次大洪水的考验,大胜关段右岸 0 m 至－30 m 河床近期均较为稳定,但坡脚－30 m 线以下冲深幅度相对较大,并向护岸区内逼近,导致岸坡坡比呈变陡趋势。因此,对坡脚进行适当的维护与加固是必要的。

15.2.5　目前存在的主要问题

大胜关岸段为大胜关—梅子洲导流弯道的起始端,深槽逼岸,岸坡较陡,断面局部岸坡坡比甚至只有 1∶1.5,存在岸坡坍塌失稳的危险。而该段陆上堤防前沿滩地很窄,板桥河口以下堤防直接临水,从堤顶至深槽类似高达 62 m 的临水大坝,坝坡综合坡比也仅为 1∶2 左右,且坝体(堤基)存在较厚的淤泥质土的软弱土层,堤防至堤基的岸坡整体稳定性存在严重安全隐患。

大胜关铁路桥桥礅至板桥河口以下长约 1 km 的岸段自然岸坡的整体稳定性处于临界稳定状态,经过抛石加固坡脚后,整体稳定性也仅达到规范最低要求,坡比稍微变陡,岸坡稳定性就受到威胁。其他历次抛石护岸工程仅为对水下岸坡进行防水流冲刷的表层守护,对岸坡坡比基本没有改善作用。而近几年以来,受大胜关铁路桥桥墩阻遏束水、主泓线偏靠右岸、清水下泄挟沙能力明显增强等多重因素影响,虽然在一个年度内深槽部位汛期稍有回淤,但原有护岸工程外侧河床总体呈现大幅刷深的态势,与 2006 年相比最大刷深达到 9 m,导致堤防岸坡整体高度增加。目前,自华润电厂至长江三桥下游沿线水下岸坡普遍较陡,岸坡稳定性比较脆弱,如果河床冲刷区向护岸区扩展,则将减小岸坡综合坡比,同时护岸工程外沿因冲刷造成块石滚落,局部失去保护,极易导致岸坡整体失稳,严重威胁陆上长江堤防安全。

15.2.6 护岸加固必要性

1. 大胜关河段及下游河段河势控制要求

长江主流从左岸七坝下段过渡到右岸大胜关上段,形成了南京新济洲和梅子洲河段之间的重要节点。大胜关河段为微弯单一河道,断面呈偏 V 形,深槽紧贴右岸。自梅山成品码头以下的右岸岸线与梅子洲左缘共同形成一长约 12 km 的微弯导流岸壁,对下游下关浦口的进流起重要的控导作用。

如果大胜关岸段发生江岸大幅崩退,该段弯道的曲率半径发生变化,则大胜关至梅子洲的主泓走向会相应调整,从而带来下游主流顶冲点的变化,将导致下游一系列河势控导工程的失效,严重威胁长江南京河段的河势稳定。

2. 城市防洪安全的保障

大胜关岸段上为长江大胜关江堤,江堤等级为二级。堤防后方为板桥圩,圩内有雨花经济开发区、梅山钢铁公司、华润公司等重要工业区,宁马高速、长江三桥连接线、京沪高速铁路线等交通要道穿区而过。

堤防后方地面高程一般在 7 m 左右,低于设计洪水位 3 m 以上,防洪安全主要依靠堤防挡洪。水下岸坡的稳定是陆上堤防安全的基础条件。受主流逼岸和三峡建成后清水下泄的共同作用,大胜关段右岸前沿河床持续冲刷下切,特别是大胜关铁路桥上下游受桥墩束水影响,在长江二期护岸加固工程后,护岸区前沿河床下切 5 m 以上,致使岸坡更加陡峭,而该段长江堤防前沿滩地很窄甚至没有滩地,一旦水下岸坡发生崩塌,险情将直接威胁陆上堤防安全。

因此,根据原护岸前河床冲刷情况,分批对水下岸坡和河床进行加固处理显得十分必要和迫切。

15.3 常用的护岸型式

15.3.1 水下护岸型式

1. 抛石

抛石护岸历史悠久,在世界各条大江大河护岸工程中应用最为普遍。11.3.1 节已介绍过,此处不再赘述。

2. 梢料

梢料包括柴枕、柴排、柴帘、沉梢坝、沉树等,护岸多用于滩岸抗冲能力差、易发生大型窝崩的地段,荆江河段柴枕护岸用于迎流顶冲、崩岸强度大、河床抗冲能力弱的地段。梢料护岸整体性较好,可就地取材;能较好地适应水流及河床边界情况,护岸效果好,维修、加固简单,但施工难度较大。柴枕等护岸工程在长江中下游崩岸强度大的地段和崩窝治理中应用较为广泛,见图 15.4。

南京河段早期护岸工程中运用过这类型式,近期尝试采用混凝土排和沙肋排取代的试验研究。长江南京下关河段是我国最早利用柴排护岸工程措施的河段(20 世纪 50 年代),经过几十年的考验,证明梢料(柴)排护岸效果良好,原崩岸段基本维持稳定。因此,梢料(柴)排的确适用于河岸的防护,尤其是对于滩岸抗冲能力差、崩岸发生频繁的岸段,在工程投资又有限的情况下,值得推广应用。但现在柴排的取料困难,且一定程度上又会破坏环境,故被替代。

图 15.4　梢料(柴)排

3. 混凝土排

混凝土块铰链(系结)排是通过钢制扣件将预制混凝土块连接,或将混凝土预制块系结在土工织物排布上,组成排的护岸结构形式。混凝土预制块的相互连接,形成柔性排体,既可抗冲,又可适应变形,从而达到防护的目的。

混凝土块系结排是由预制混凝土块与土工布连接起来结构,单块排体宽度一般在 20~30 m 之间,长度可根据防护岸坡的范围而定。预制混凝土块一般由标号为 C20 的混凝土加筋制成,平面为边长 50~80 cm 的正方形或长方形,厚度 8~10 cm,见图 15.5,排体平均重量在 120~150 kg/m² 之间。

南京铜井河段采用了铰链排护岸。混凝土排包括混凝土铰链排和混凝土系结排,混凝土排具有地形适应性强、整体性好、抗冲刷能力强和施工快捷、经久耐用、价格合理和可以水下施工等优点。缺点是施工技术较为复杂,特别是在水流状态急乱的河段,不仅难度大,而且机具设备要求和技术标准控制要求高,另外,工程的一次性投资较大。

图 15.5　混凝土块铰链排和系结排施工

4. 四面六边框架

四面六边透水框架是由水利部西北水利科学研究所开发的一种新型护岸技术,框架可以用钢筋混凝土杆或木(竹)杆制作,杆长 1 m,内充填沙石料、两头以混凝土封堵构成。施工时最好将 3~4 个成串抛投。具有取材容易,节约工程材料,透水对近岸河床水流结构影响相对较小,促淤效果较好,用于崩岸速度较小处护岸和崩窝促淤效果较明显。该项技术已经在长江九江东升堤和九江赤心堤、永安堤等堤段应用,取得了较好的效果。但在河床冲刷剧烈地段促淤作用可能较小。1996 年以来在九江市益公堤(东升堤)和彭泽县金鸡岭段(金鸡堤)进行了试验,已在长江九江和彭泽段运用,取得了较好的成效,见图 15.6。

图 15.6　四面六边透水框架结构护岸

已在南京八卦洲护岸及三江口窝崩防护等三处应用。具有取材容易,节约工程材料,透水对近岸河床水流结构影响相对较小,促淤效果较好,用于崩岸速度较小处护岸和崩窝促淤效果较明显。

15.3.2　水上护岸型式

(1) 干砌块石

适用于岸坡高度小于 10 m,坡度比在 1:2～1:3.5 间,需要防护的坡面面积不太大;设计流量相应的平均流速大于防护前土坡的抗冲允许流速;且石料料源丰富者可采用本护面结构。其优点是工程投资相对较低,便于工程全线展开,块石护面因其糙率较大,对水流、风浪和船行波的冲刷的阻力大,可削弱冲刷能量,提高岸坡抗渗透稳定性。其缺点是整体性差,易被船舶挤靠和碰撞而松动,或因水位骤降、坡内水位来不及随之下降,渗流坡降增加,起初块石护面层局部松动下滑,逐步扩大,甚至大面积护面损坏。要做到上、下层错缝,所有缝隙必须填塞密实,施工要求较高,砌筑工效低,见图 15.7。

干砌块石护坡在南京河段新济洲、七坝、燕子矶、天河口等处均有运用。干砌块石与抛石护岸具有相同的优点,主要为工程相对较低,便于工程全线展开。其缺点是整体性差,易被船舶挤靠和碰撞而松动。

(2) 混凝土预制块

岸坡的混凝土预制块护面层结构,可集中预制、工程质量易于控制,平整

图 15.7　干砌块石护坡

度高,外观较美,铺筑工效优,适用于风浪、船行波和水流流速较大的河道,该护坡结构整体性较好,抗冲刷能力较强,施工效率较高。它在坡面变形(沉降或水、浪冲刷所致)时能自动调整。但工程投资大,并且需要专业的施工机械。水位以上采用是比较合适的,但在水下采用,若有淤积,则难于清淤,被船舶撞损又难于修复(见图 15.8)。在铜井河口段、大胜关等地采用了混凝土预制块护岸。

图 15.8　长方形混凝土块

（3）生态护岸

南京河段在八卦洲头也进行了生态护岸尝试（见图 15.9）。

图 15.9　八卦洲头生态护岸

15.3.3　其他护岸型式在南京河段应用展望

河流护岸型式的选择应结合河道的水流特性、河床（河岸）地质特性、材料来源及工程目的进行综合分析后确定。

南京河段河道型态主要为分汊型和弯曲型两种型态，在分汊型河道的演变中，洲头崩退，洲尾淤积是常见的演变规律。洲头处由于水流顶冲，地形变化较大，流态复杂。防护工程应选择抗冲刷能力强，适应地形变形能力强的护岸型式，在前面介绍的诸多护岸型式中，应选择抛投护岸类，如抛石、混凝土块体、沙袋等护岸型式。对于水流顶冲的弯道段，水流以螺旋流为主，冲刷段较长，冲刷强度较大，这类冲刷以排体类防护效果较好，如柴排、混凝土排、沙肋排等。对于流速不大或水流平顺的河段的防护，可采用抛石、排体、四面六边框架、沙袋等护岸型式；对于流速较小，水流对河岸威胁不大的河段，可采用排体、四面六边框架、沙袋等护岸型式。常水位以上的岸滩防护，在洪水期没有过水要求（或过水要求不高）的边滩，可采用河道立体绿化、护岸护堤林等生态护岸型式；在洪水期过水要求较高的边滩，护岸林等可产生较大的阻力，可采用干砌块石、环保混凝土块的结构型式。

沙袋、沙肋排等采用编织袋和河沙组成的抗冲材料，在护岸功能上与块石相仿，且与周围环境和谐，属环境友好型的结构型式，可进行进一步研究、推广。

上面介绍的生态护岸方法，主要应用于最低水位以上，由于长江水深很深，大多方法都不能适用于南京河段，四面六边框架具有减缓水流保护河床冲刷的同时，其内部空隙及边杆还能为某些附着生物、底栖生物提供栖息场所等优势，因此，四面六边框架透水框架是一种具有生态功能的防护技术，值得推广应用。

窝崩是南京河段的河岸破坏的主要形式之一，广大水利工程者通过实践总结了一套行之有效的抢护经验。然而，对于窝崩形成后的防治工程所采用的各类结构型式及其布置方式对工程效果的影响研究开展得很少，很多是借用平顺河岸护坡的研究成果，这些成果在窝崩内应用的适应性还有待研究。

15.4 沙袋在护岸中的应用

沙袋护岸属抛投护岸类，以麻袋、草袋、聚丙烯编织袋或土工包装填土、沙、碎石或碎砖等物料，替代块石，抛投或叠放在河岸险工部位，是常用的岸坡防护工程措施。沙袋护岸的原理基本上与抛石护岸相仿，早期是用麻袋、草袋装填沙土，近十多年来基本上是采用聚丙烯编织袋进行装填。口袋大小一般是按抗水流冲刷的原则进行设计，长为 1 m 左右，直径在 0.5 m 左右，沙土充填度在 70%～80% 之间，用尼龙绳、细麻绳或铅丝绑扎封口，见图 15.10。

图 15.10　抛沙土袋护岸

沙袋要防止老化和被利物破坏,若在袋里冲填河沙,还应解决袋里的河沙被水流带走的问题。

沙袋(塑枕)具体抛护厚度和结构型式,可按有关规范规定选择。在岸坡很陡、岸床坑洼多或有块石尖锐物、停靠船舶时,以及施工时水流不平顺之处,不宜抛沙袋。沙袋具有环境友好型功能,已在安徽小黄洲和江苏和畅洲进行了应用,作为块石的替代品,南京河段的护岸工程中也可考虑应用。

15.5　主要研究内容

15.5.1　技术路线

(1)调研与现场踏勘。在充分了解现有沙袋护岸结构型式及其运用条件的基础上,开展相关研究工作。

(2)现场试验。根据南京河段水沙条件和河岸特性,对沙袋护岸结构型式、运用条件进行相关研究工作,提出护岸工程设计方案。

(3)工程应用。将试验及设计进行工程实际应用探索,确定沙袋应用的指标值,研究工程实际应用的施工工艺(包括工料机选配设计与改进),提出结构及材料的改进意见,工程机械设备条件,质量控制要领,工程造价分析等。

(4)定性和定量分析相结合。项目主体采取定量研究方法,对于难以量化的指标采取定性分析,得出结论。

(5)专家咨询和适时研讨。对项目研究中难点,将征求专家意见,适时研讨,集思广益,制定攻关思路和措施。

15.5.2　主要研究内容

(1)长江沙袋护岸整治工程调查及分类:通过各种渠道对国内外已有沙袋护岸结构型式、主要材料、施工工艺、工程效果进行调查和分类。

(2)沙袋技术在长江南京段的适应性研究:了解各沙袋护岸工程所处的环境及护岸特性,研究沙袋水下护岸在长江南京河段的适应性并与其他护岸工程对比研究。

(3)沙袋护岸结构型式开发:就沙袋结构设计、结构稳定性、布置形式进行研究,开发出适应南京河段的沙袋护岸结构。

（4）沙袋施工工艺开发：结合长江南京大胜关河段近岸深槽防护，探讨和研究沙袋护岸型式在长江护岸工程中的施工工法和工艺，如投放装置、施工工艺、成型监测、质量控制等。

（5）基于新型的沙袋护岸结构型式和施工工艺，构建适应长江南京河段的沙袋深水护岸快速成套施工技术。

第16章 沙袋深水护岸工程设计

16.1 护岸工程设计

16.1.1 工程任务

本次工程主要任务是对南京大胜关岸段大胜关铁路桥段水下深槽进行防护,防止深槽继续冲深,改善岸坡稳定条件。

16.1.2 工程规模

本次护岸加固工程水下护岸大胜关铁路桥岸段长 600 m,设计分为 6 个抛区,坐标和工程量见表 16.1,抛区主要布置于原护岸区前沿的深槽部位,其中 4 号~6 号抛区存在接近－50 m 的深槽,抛填厚度最大约 5 m,因此该区域下层采用抛填沙袋的方式以节约工程投资,共抛填沙袋 108 733 m³。

表 16.1 大胜关段水下岸坡防护抛区参数表

抛区编号	控制点坐标		方位角	长度(m)	备注
	X	Y			
1	3 537 421.60	40 370 190.62	45°58′29″	100	
2	3 537 480.55	40 370 217.08	45°58′29″	100	
3	3 537 522.25	40 370 260.22	45°58′29″	100	抛填沙袋 108 733 m³
4	3 537 723.80	40 370 468.74	45°58′29″	100	
5	3 537 897.54	40 370 648.50	45°58′29″	100	
6	3 537 967.04	40 370 720.40	45°58′29″	100	

16.1.3 工程标准

本次水下岸坡防护工程的防冲设计水流按抵御 1954 年型洪水为标准。

16.1.4 相关规范引用及基础资料

(1)《防洪标准》(GB 50201－2014);

(2)《长江流域综合利用规划简要报告(1990 年修订)》;

(3)《长江中下游护岸工程技术要求(试行稿)》(1992 年);

(4)《长江中下游干流河道治理规划》(2016 年修订);

(5)《长江中下游护岸工程技术要求(试行)》(2000 年);

(6)其他有关规范、规程;

(7)长江南京河段历年河道整治工程平面布置图;

(8)工程岸段水下地形测量图(2011 年 8 月)。

16.1.5 防护型式

考虑工程目的是对冲刷相对严重的水下岸坡进行整体防护,防止水流对岸坡的淘刷造成边坡变陡、失稳。平顺护岸方法是一种最常见及有效的工程措施,应优先选用。

综合本次护岸工程目的、规模、工期、施工作业条件与现有技术水平,为节约工程投资,拟在大胜关深槽区抛投,护岸区厚度超过 2 m 的区域下层采用沙袋形式,沙袋表层抛投一层块石起找平作用,兼以保护沙袋免受船只抛锚损坏,其他护岸区均采用平顺抛石护岸型式。

16.2 沙袋设计

16.2.1 袋型及材料选择

由于受材料特性、水流变化等影响,导致大型沙袋在深水区抛投漂距、着床差异性很大,这给工程实施中袋体尺寸确定、施工抛投设备工艺选择、水下准确定位和有效形成设计断面带来困难,没有以往很好的同类工程成功经验可采用。为此,本书借鉴了大量中小型沙袋水槽模型试验和工程应用效果经验,考虑工作面面积和减小抛投阻流突变,确定采用圆柱型结构最为合理。在高充填度下,可以保证袋体在 2 m/s 流速条件下不至于发生剧烈翻转漂移,能有效避免沙袋在水下漂移时袋周绕阻的显著变化,从而实现稳定漂移着床,提高施工精度。

考虑到工程应用可靠性,设计沙袋的几何参数、力学性能参数需要兼顾考虑沙源特性、沙袋充填效果、施工成本等多方面因素。为此,首先需要准确测定本次充填沙的粒径组成特点,还需要进行袋体不同尺寸、孔径等试充效果分析,最后才能给出科学合理的袋体设计指标。

16.2.1.1　充填沙颗分试验

此次工程选取长江南京河段浦口滨江大道区域沙源,断面粒径分析如表16.2所示。经过南京市水利建筑检测中心检测,取沙区段沙源为特细砂,符合相关规定。所得特征代表颗分曲线见图 16.1,细度模数 0.8。

表 16.2　沙源断面粒径分析

编号	小于某粒径的沙量百分数(%)											中值粒径(mm)	最大粒径(mm)
	粒径级(mm)												
1	0.062	0.090	0.125	0.180	0.250	0.500	1.00	2.00	4.00	8.00	16.0		
2	0.6	2.3	10.4	55.1	98.0	99.8	99.9	100				0.173	2.00
3	0.1	0.6	6.9	27.1	58.5	94.5	99.6	100				0.228	2.00
4	0.5	1.9	5.9	21.5	71.5	97.0	97.9	98.2	98.6	98.9	100	0.217	9.6
5	0.3	0.6	2.0	14.6	66.9	98.7	99.5	99.8	100			0.225	3.5
6	0.1	0.4	3.2	30.4	88.0	99.7	99.9	100				0.204	2.00
7	0.4	0.8	2.3	6.8	14.3	25.2	47.3	67.8	90.8	100		1.10	6.5
8	0.6	2.3	10.4	55.1	98.0	99.8	99.9	100				0.173	2.00
9	0.1	0.6	6.9	27.1	58.5	94.5	99.6	100				0.228	2.00
10	0.5	1.9	5.9	21.5	71.5	97.0	97.9	98.2	98.6	98.9	100	0.217	9.6
11	0.3	0.6	2.0	14.6	66.9	98.7	99.5	99.8	100			0.225	3.5
12	0.1	0.4	3.2	30.4	88.0	99.7	99.9	100				0.204	2.00
13	0.2	0.5	2.7	24.5	73.1	96.3	100					0.217	1.00
14	0.1	0.4	4.0	32.6	80.1	98.9	99.1	99.3	99.7	100		0.203	5.0
15		2.0	14.9	25.2	65.3	94.0	96.4	97.3	98.8	100		0.221	7.3

续表

编号	小于某粒径的沙量百分数（%）										中值粒径（mm）	最大粒径（mm）
	粒径级（mm）											
16	0.2	0.5	1.8	15.0	57.4	92.2	98.1	99.8	100		0.236	2.3
17	0.2	0.6	4.9	47.8	97.3	99.4	99.6	99.8	100		0.183	2.7
18	0.2	0.2	2.5	33.2	88.3	99.4	99.8	100			0.201	2.00
19	0.2	0.5	2.7	24.5	73.1	96.3	100				0.217	1.00
20	0.1	0.4	4.0	32.6	80.1	98.9	99.1	99.3	99.7	100	0.203	5.0
21		2.0	14.9	25.2	65.3	94.0	96.4	97.3	98.8	100	0.221	7.3
22	0.2	0.5	1.8	15.0	57.4	92.2	98.1	99.8	100		0.236	2.3
23	0.2	0.6	4.9	47.8	97.3	99.4	99.6	99.8	100		0.183	2.7
24	0.2	0.2	2.5	33.2	88.3	99.4	99.8	100			0.201	2.00

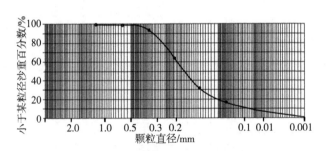

图 16.1　充填沙平均颗粒级配曲线特征

16.2.1.2　袋体性能测试选择

高充填度要求袋体必须具有较高的抗破张力,尤其是巨型沙袋。但是 PP 类土工沙袋,绝大多数袋型均采用侧边和端部缝制结构形式。这种形式边缝承载力有限,限制了高填充度大尺寸袋体的使用,镇江和畅洲大型沙袋采用侧边缝制袋体就暴露出这样的问题。考虑到沙袋抛投施工环节较多,包括采沙、运沙、定位、充填、抛投以及测量等工作均集中于水上作业,船上作业面小,工效低,施工组织困难,势必存在大量的平面交叉作业,而本工程特点却是抛投施工范围大、施工工期要求紧、工程造价控制严。因此,依靠传统作业方式很难完成这项艰巨任务,必须在施工方法上有所改变,寻求更加高效快速的可靠施工手段以满足工程的实施要求。

综合以上一些问题分析,考虑耐久性与实用性,依据现有生产厂家高强聚丙烯(PP)无缝编织袋的产品规格和性能,同时为了降低单方材料成本,最终确定高强聚丙烯(PP)无侧缝圆筒式编织袋具有良好经济性和工程实施可行性。

对于缝制要求,沙袋应采用工业缝纫机,强度不小于 150N 的尼龙线进行缝制;沙袋两头采用包缝双线法缝制,袖筒采用翻边双线法缝制(图 16.2)。

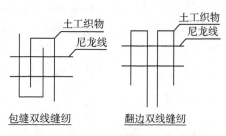

图 16.2　袋缝缝制形式

袋体材料孔径选择 0.08 mm、0.12 mm、0.16 mm、0.20 mm 四个级别,采用沙源地泥沙,稀释浓度至 30%进行充填,沙浆利用率及充填时间是沙袋有效孔径选择的主要依据。测试对比见表 16.3。

表 16.3　沙袋孔径试验统计表

袋体孔径(mm)	0.08	0.12	0.16	0.20
充填时间(min)	16	12	10	9
沙粒有效利用率	87%	80%	71%	60%

试验发现,沙袋在着床过程中因水流作用受到拉力和剪力,为防止沙袋破裂,袋体材料须具有一定的抗拉、抗剪强度。

鉴于本地充填沙粒径与含量特征,通过室内袋体材性测试和现场材料性能与效果试验,最终确定了沙袋物理力学性能设计指标,具体包括:袋体单位面积质量不小于 $280g/cm^2$,有效孔径 O_{95} 不大于 0.12 mm,渗透系数取 $10^{-4} \sim 10^{-3} cm/s$,纵向抗拉强度不小于 40 kN/m,横向抗拉强度不小于 32 kN/m,顶破强度不小于 0.5 kg/cm^2,沙袋两端缝制应满足充填压力达 0.33 kg/cm^2 时不产生缝口撕裂;江砂充填要求: $d_{90} \geqslant 0.08$ mm,黏粒含量不大于 10%。

16.2.2 沙袋尺寸确定

本次工程位于河道的深槽处,此处水深流急,流态紊乱,除了纵向水流外,往往还同时伴有横向水流,局部甚至还存在回旋流。沙袋在水下下沉过程中的漂落方向、最后在落在河床上的位置(以下称着床点)受水流流速和流向影响。沙袋单体体量越大,充填沙效率越高,但抛投越困难,且下沉过程受水流流向的影响越大,着床点可能越分散,形成的护岸体越不均匀。

为了保证沙袋的快速排水固结,设计每个袋子同侧分别保留一定数量的洞口,洞口外缝接同面料同直径、两端敞口的袖袋长 50 cm。两端袖袋用于吹填沙时的水沙进口,中间袖袋用于出水,这样既考虑了填充效率问题,又使沙子充分流动入淤,充填均匀。

依据现有生产厂家 PP 无缝编织袋的产品规格和性能,设计初步拟定了两种袋型(两种尺寸)进行现场抛投试验,并统计各尺寸沙袋的抛投效率、着床点的离散性。

袋型 A:长 5 m,直径 1.2 m,沙袋同侧两端各设一直径 20 cm 的袖口,袖口间距 3 m,一进(充沙)一出(排水)。

袋型 B:长 10 m,直径 1.2 m,沙袋同侧两端及中间共设 3 只直径 20 cm 的袖口,袖口间距 3 m,两端袖口进(充沙)中间袖口出(排水)。

试验阶段,每个沙袋上绑扎一条长 100 m 左右的尼龙绳用于量算沙袋着床点。

沙袋现场抛投工序为:在钢制弧形沙袋槽上铺放沙袋并固定→充填沙→质量检测(主要是检测沙袋充填度)→沙袋抛投→弧形沙袋槽复位固定→沙袋着床点量算。

因工期紧张,现场各尺寸沙袋仅做了五组试验,试验统计指标包括沙袋体积、除了着床点量算以外其他全部工序的工作时间以及着床点距抛投点的距离。试验结果如表 16.4～表 16.6 所示。

表 16.4 沙袋体积统计表

单位：m³

序号	1	2	3	4	5	平均	备注
袋型 A	4.25	4.42	4.05	4.26	4.24	4.244	
袋型 B	8.52	8.70	8.62	8.25	8.40	8.498	

表 16.5 工作时间统计表

单位：min

序号	1	2	3	4	5	平均	备注
袋型 A	5.1	5.3	4.9	5.0	5.1	5.08	
袋型 B	8.5	8.3	8.5	7.9	8.2	8.28	

表 16.6 沙袋着床点距抛投点距离统计表

单位：m

序号	1	2	3	4	5	平均	备注
袋型 A	12.6	18.5	13.7	24.5	9.8	15.82	
袋型 B	23.2	10.5	18.5	22.6	16.7	18.3	

根据上述各表测试结果,袋型 A 的工作效率为 0.835 m^3/min,袋型 B 的工作效率为 1.026 m^3/min,即采用大袋型比小袋型效率高约 23%。分析其原因,主要是因为除充填工序时间有明显区别外,不论袋型大小、铺袋、质检、抛投等工序用时均无明显区别。后期工人操作熟练后,整体工作效率又有明显提高,再结合适当延长工作时间、四具抛投装置轮流作业,每天抛投沙袋强度可达到 2 000 m^3。

两种袋型的着床点离散性相差不大,沙袋漂距与袋型相关性不强。可能的原因有:试验样本偏少,着床点的检测方法简陋、精度不高,不同时间抛投时水流流场均有变化等。

现场抛投试验发现,充沙管管径对充填质量、效率和稳定性影响较大。管径越大,充填效率越高,但由于充填流速过快,沙袋稳定性及充填质量都明显降低。经现场反复充填比较,最终确定了使用直径 10 cm 的充沙管。为保证充沙管能与沙袋很好地连接,沙袋袖口直径也修改为 10 cm。

综合上述统计分析,考虑到工程开工较迟,工期较紧,最后工程实施时全部采用了长度 10 m、直径 1.2 m,同侧预留 3 个直径 10 cm、间距 3 m 的袖口的大型沙袋。

16.2.3 沙袋的抛投区格划分

抛投区格划分主要根据设计的袋型尺寸以及合理抛投方式来决定。

已有研究表明,沙袋袋体的纵向轴线与漂移方向(水流方向)一致时袋体抛落稳定性最高,其次是斜向抛投,而袋体纵向轴线与抛投水流方向正交时,袋体在水中漂移则会形成翻转倾斜,无法保证袋体落床的正确姿态,对于高

375

流速以及深水区抛投更是如此。为此设计抛区分割单元时宜按照设计袋型长向尺寸确定最小抛投单元,这对于施工单位组织设计也具有重要指导意义,包括定位船、抛投船的布置方式,抛投组织形式等等。

因此,本项目将抛区划分为若干区格,每个区格大小为 10 m(顺水流方向)×6 m(垂直水流方向),见图 16.3,根据抛投体设计厚度和每只沙袋的设计容量计算每个区格应抛投沙袋的数量,再根据实时调整的沙袋落距确定抛投护岸的断面控制线。要求抛投完成后的土工沙袋表面(土工沙袋间孔隙不参与统计)与设计高程误差不超过 1 m。

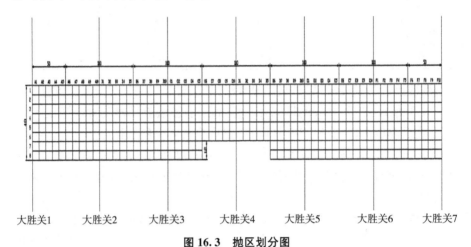

大胜关1   大胜关2   大胜关3   大胜关4   大胜关5   大胜关6   大胜关7

图 16.3 抛区划分图

16.3 沙袋抛投试验

设计完成后,选择上述参数沙袋进行实际工程试验性抛投。选取两根长约 80 m 的丙纶细绳,分别用钢丝将丙纶细绳系于模袋两侧,并在绳末端系上漂浮。为保证细绳能够有条不紊地随沙袋一同入水漂移,将细绳有序缠绕在缆桩上,安排专人监管浮标走向,以防流失。待沙袋抛投稳定后,拉回水面上的漂浮,利用皮尺丈量和计算得出丙纶绳从起点(即弧形沙袋槽端点)至落点之间距离,即为漂距,同时测量沙袋位置处的水流、水深。

通过抛投试验,测得每个沙袋从填充到下水的时间约为 20 min,并通过落距试验得出沙袋的落距为 45.0 m 左右。

落距试验结果见表 16.7。

表 16.7　沙袋落距统计表

序号	水深 h(m)	流速 v(m/s)	沙袋长度 L(m)	落距 (m)	平均落距 (m)
1	56.5	0.90	10	44.3	
2	53.7	1.03	10	47.3	45.0
3	56.9	0.95	10	44.6	
4	55.4	0.82	10	43.8	

试验过程中为保证沙袋充盈度,沙袋充填时间应不少于 10 min,并在沙袋抛投之前抽测沙袋的尺寸。经过多次测量对比,沙袋的截面为椭圆形,应按计算椭圆形面积 $S=\pi ab$ 计算截面面积。

表 16.8　充盈度统计表

序号	宽度 $B=2a$	厚度 $H=2b$	$S=\pi ab$	长度 L	体积 $V=SL$	充盈度(%)
1	1.60	0.72	0.905	10	9.05	80.8%
2	1.60	0.70	0.880	10	8.80	78.6%
3	1.63	0.67	0.858	10	8.58	76.7%
4	1.68	0.65	0.857	10	8.57	76.5%
5	1.62	0.69	0.878	10	8.78	78.4%
6	1.66	0.67	0.874	10	8.74	78.0%
7	1.70	0.54	0.721	10	7.21	64.4%
8	1.60	0.73	0.917	10	9.17	81.9%
9	1.65	0.65	0.842	10	8.42	75.2%
10	1.58	0.75	0.931	10	9.31	83.1%
11	1.64	0.66	0.850	10	8.50	75.9%
12	1.69	0.67	0.889	10	8.89	79.4%
13	1.66	0.68	0.887	10	8.87	79.2%
14	1.68	0.65	0.858	10	8.58	76.6%
15	1.71	0.64	0.860	10	8.60	76.8%

从充盈度检测结果表 16.8 可以看出,沙袋的平均充盈度能够大于 75%,充填度符合设计要求,能够满足施工质量要求。

综上所述,本工程设计所用沙袋能够满足施工要求。但由于沙袋落水后至河床的漂距受多重因素影响,如局部河床坡度、水流速度、袋型尺寸、抛落深度、抛投方式等,难以用公式进行准确计算。因此,土工沙袋的漂距主要还是依靠现场试验确定并指导施工,并须通过经常性的水下测量检验分析抛投效果,及时调整后续抛投施工参数以满足沙袋成型断面精度。建议施工单位正式作业前应开展生产性试验段施工,继续验证本设计方案,可会同业主与设计部门调整相关沙袋抛投作业技术参数。

16.4　本章小结

依据现有沙袋护岸在充填度、尺寸、落距等方面的研究成果,结合岸坡防护河段的特点和相关背景要求提出了大型沙袋深水抛投护岸工程设计参数选择拟定方法,其中包括沙袋选型和充填标准设计、沙袋落距设计、抛投施工区域划分等方面,通过现场试验校正,确保安全可靠指导施工。

第17章　工程检测与效果评价

17.1　工程质量检测

长江南京河段沙袋抛投工程质量检测主要包括两个方面：一是各种原材料（填充沙、沙袋）、工艺参数的现场检测，主要检测原材料的各种物理力学性能以及施工过程质量（沙袋充盈度、漂距参数、着床形态效果等）；二是工程的最终检测和验收检验，其中包括护岸的填充高程、断面成型效果、护岸工程量。

由于缺少此类工程施工过程检测的成熟经验和第三方检测有效方法，快速、高效的实时断面成型检测手段和高效、精确、低成本的抛投效果检测评价是必不可少的。

对于施工过程而言，断面成型检测工作是实时开展的，其目的是为了判定单元抛投的断面成型高程是否符合设计要求。采用 GPS 结合单波速测深仪进行断面检测校正，比较经济且方便可行；对于平面着床形态，则需要通过缩小检测断面间距或增减检测断面方法实现初略检测，但效率相对较低，检测精度也不够高，不满足直观可视的需求。

双频识别声呐系统由于其分辨率、直观性、可读性等方面的明显优势，可以清晰地看到水下结构物的具体形态，在海洋水下环境监测、海底地貌地质调查及海洋生物研究等领域具有广泛而重要的应用价值。目前国内外通用的水下成像设备主要采用光谱波段（主要包括可见光、红外和激光等）、微光电视等发射原理，由此推进的水下机器人探测技术得到显著提高，如遥控航行器（ROV）及自主式水下航行器（AUV）等，广泛应用于海洋开发各种领域。由于本工程抛投护岸区水域深（最深处达 50 m）、长江水体浑浊等特点，而无线电波和光波等在水中传播的距离很短，光谱波段（包括可见光、红外和激光等）水下成像系统无法达到预期效果。曾经采用了 DIDSON 型号双频识别声呐扫描测试系统，由于清晰成像困难，因而最终未能得到实际实施。

与传统的单波束测深技术相比较，多波束测深系统具有测量范围大、速度快、精度高等诸多优点，但相对而言其技术更复杂，检测费用较高。

项目组依据以往工程检测经验,结合本工程实际,采用 GPS＋测深仪方法进行施工过程检测评价,同时引入多波速条带水下全面扫描,获得了抛投整体效果的客观评价数据。以上工作为后续工程量计量支付以及抛投长期效果监测都提供了很好技术手段。

17.1.1　GPS＋测深仪工艺检测

沙袋抛投护岸是一种新型的护岸方式,迄今未有国家和行业针对沙袋抛投护岸出台相应质量标准,它也属于水下隐蔽工程,尚无成熟的精确检测技术。工程主要依据《堤防工程设计规范》(GB 50286—2013)、《堤防工程施工规范》(SL 260—2014)、《江苏省长江水下平顺抛石护岸工程质量验收办法(试行)》、《堤防工程施工质量评定与验收规程》(SL 239—1999)进行检查。

为提高功效,施工中采用单元断面检测方法,控制抛投效果。采用 GPS＋测深仪复核检测抛区中心断面的成型高程,并对照设计要求,检查抛投断面成型效果。施工总共分了六个大的抛区,每一抛区等间距选取若干断面,实时检测、修正。

17.1.2　多波束条带扫描技术

多波束水下地形测量系统集成了现代空间测控技术、声呐技术、计算机技术、信息处理技术,是一种具有高效率、高精度和高分辨率的面状水下地形测量新技术,目前处于世界测绘先进水平,其测试工作示意见图 17.1。该系统包括 3 个子系统:① 多波束声学子系统,包括多波束发射接收换能器阵和多波束信号控制处理电子柜;② 波束空间位置传感器子系统,包括电罗经等运动传感器、DGPS 差分卫星定位系统和 SVP 声速剖面仪;③ 数据采集、处

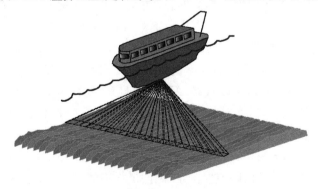

图 17.1　多波束扫描系统工作示意图

理子系统,包括多波束实时采集、后处理计算机及相关软件和数据显示、输出、储存设备。

多波束水下地形测量系统的工作原理是通过声波发射与接收换能器阵进行声波广角度定向发射、接收,通过各种传感器(卫星定位系统、运动传感器、电罗经、声速剖面仪等)对各个波束测点的空间位置归算,从而获取在与航向垂直的条带式高密度水深数据,如图 17.2 所示。

根据设计的工作原理,多波束系统一般分为声波反射-散射和声波相干两种类型。基于声波反射-散射原理的多波束测深系统有 Atlas、丹麦 Teledyne RESON 公司的 SeaBat 及美国 R2SONIC 公司的 SONIC 2024/2022 等系列产品;基于声波相干原理的多波束系统的典型代表是 GeoAcoustics 公司生产的 GeoSwath 系列多波束测深系统。

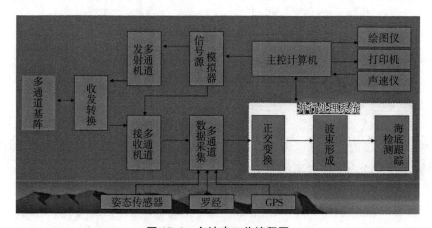

图 17.2　多波束工作流程图

多波束水下地形测量的基本原理是利用声波的反射时间来计算测点水深。多波束换能器以较大的扇区开角向水下发射声波,同时通过多阵列单元接收几十束或上百束声波。每发出一组声波,可得到一组垂直于航线的水深数据。当测船连续航行时,便可得到一个宽带的水下地形资料。

17.1.3　SONIC 2024 多波束系统

本项目测量使用目前技术最先进,且最适合于内陆河流使用的美国 R2SONIC 公司生产的 SONIC 2024 多波束系统。

17.1.3.1　工作特点

SONIC 2024 是第五代宽带超高分辨率浅水多波束系统,由美国

R2SONIC 公司开发生产,是当前市面上最先进的多波束系统。目前广泛应用于海洋及内陆水域的水底地形测量、水下搜寻、水下建筑物扫描检测等领域。图 17.3 为该系统的工作效果图。

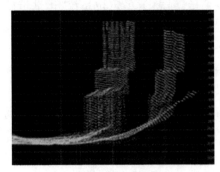

（a）多波束测量水下建筑物　　　　　　（b）多波束扫描水下沉船

图 17.3　SONIC 2024 产品扫描效果图

SONIC 2024 多波束测深系统主要特点如下:

（1）超高的分辨率和精度。系统具有 60kHz 带宽信号处理技术,0.5°聚焦波束角。

（2）在线调频功能。具有在线连续调频的能力,用户可以在 200～400 kHz 范围内实时在线选择 20 多个工作频率。测量过程中可调整频率,达到最佳量程和条带覆盖宽度效果。

（3）条带覆盖角度在线可调。具有条带覆盖宽度在线实时可选功能。在 10°到 160°范围内,用户可以根据实际作业情况灵活选择合适的覆盖角度。宽条带扇区设置通常用于一般意义上的地形测绘,也可用于码头、防波堤、大坝、桥桩或者桥墩等的垂直面的检测。

17.1.3.2　工作原理

SONIC 2024 多波束测深系统利用超声波原理进行工作,发射声脉冲由探头上发射器完成,每次激发 0.5°(垂直航迹方向)×1°(沿航迹方向)的扇形声信号,在水中传播并被海底或行进中遇到的其他物体所反射,反射信号由探头一端水听器组合成 256 道接收阵,接收角为 10°～160°(在线可选),量程分辨率达到 1.25 cm,对声源阵中不同基元接收到的信号进行适当的相位或时间延迟可实现波束导向(图 17.4)。

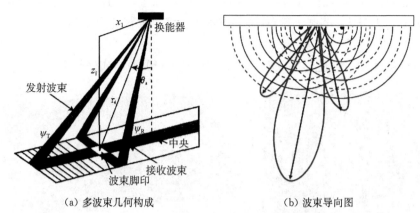

（a）多波束几何构成　　　　　（b）波束导向图

图 17.4　多波束几何构成及波束导向图

SONIC 2024 多波束测深系统可用于 $2\sim500$ m 深水域的水底地形地貌测绘,该系统较其他类型多波束优势在于超高分辨率和准确度,且波束具有导向性。系统的主要技术指标如表 17.1 所示。

表 17.1　SONIC 2024 系统主要技术指标

工作频率	$200\sim400$ kHz
带宽	60 kHz,全部工作频率范围内
波束大小	$0.5°\times1°$
覆盖宽度	$10°\sim160°$
最大量程	500 m
量程分辨率	1.25 cm
脉冲宽度	10 μs-1 ms
波束数目(每个"ping")	标准发射换能器:256 个@等角分布
工作温度	$0\sim50℃$
存储温度	$-30\sim55℃$

17.1.3.3　系统组成

多波束系统组成分为声学系统、数据采集系统、数据处理系统和外围设备。声学系统负责波束的发射和接收;数据采集系统完成波束的形成和将接收到的声波信号转换为数字信号,将波束进行滤波后反算其测量距离或记录其往返程时间;数据处理系统以工作站为代表,综合声波测量、定位、船姿、声速剖面和潮位等信息,计算波束脚印的坐标和深度;外围设备主要包括定位传感器(如GPS)、姿态传感器(如姿态仪)、声速剖面仪和罗经等。

1. 声学系统

主要由水下换能器探头及声呐接口模块盒(SIM)组成(图17.5)。

（a）水下换能器探头　　　　　　　　　（b）声呐接口模块盒(SIM)

图17.5　SONIC 2024 基本声学系统组成

2. 数据实时采集处理软件

(1) 系统控制软件:R2SONIC控制软件。

(2) 导航及数据采集处理软件:EIVA(NaviPac 及 NaviScan)(图17.6)。

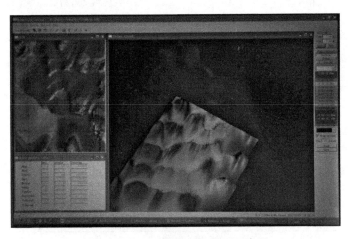

图17.6　EIVA 软件工作界面示意图

（3）数据后处理及可视化系统:内业处理采用 CARIS HIPS and SIPS 内业数据处理程序,CARIS GIS 数据质量分析程序对外业采集的数据进行整理加工后输出数据、生成三维图及精度评价分析等。

HIPS 是一个功能强大的软件系统,采用先进的算法,对于已采集的数量巨大的测深数据自动进行分析和分类,剔除错误的和受干扰的数据,然后对清理后的数据可进行一系列的分析、描述和制图（图 17.7）。

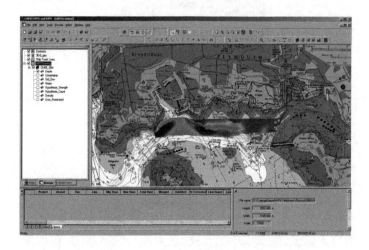

图 17.7　CARIS HIPS 软件数据处理界面示意图

3. 外围辅助设备

（1）OCTANS 光纤罗经：OCTANS 光纤罗经集罗经、运动传感器于一体，可以提供载体真方位角、纵横摇角度、升沉量等有关信息，是世界上唯一采用光纤陀螺技术、能同时提供真北方位和运动姿态的固态罗经运动传感器（图 17.8）。这些信息输出到采集软件中，即可对多波束测到的条带水深数据进行实时的方位和运动姿态改正。OCTANS 光纤罗经技术指标如表 17.2 所示：

表 17.2　OCTANS 光纤罗经主要技术指标

航向精度	±0.1°
重复精度	±0.025°
分辨率	0.01°
稳定时间	<5 分钟
对船速要求	无限制
对纬度要求	无限制
升沉/横移/纵荡	对升沉周期要求 0.03～1000s

图 17.8 OCTANS 光纤罗经

（2）声速剖面仪：由于水中的温度、压力及盐度不均匀，在水深大于 10 m 条件下，水中声波传播路径弯曲，声波传播速度将明显不同。如果对此影响不加考虑，多波束测深仪测得的水下深度将会出现明显误差。

SV Plus 声速剖面仪上装有固定距离的发射声源和反射器，在水中发射声源发射的声波经反射器反射后被接收，根据其往返程时间，声速剖面仪可直接测量计算出水中声速（图 17.9）。工作时，将声速剖面仪从水面投放到水底，即可得到该处的声速剖面（图 17.10）。SV Plus 声速传感器技术指标如表 17.3 所示。

表 17.3　SV Plus 声速传感器主要技术指标

量程	1 400～1 550 m/s
响应时间	<1 ms
精度	±0.06 m/s
分辨率	0.015 m/s

（3）GPS 系统（带 PPS 时间同步功能）：为提供最准确的多波束数据，SONIC 2024 系统采用 GPS PPS 信号和 NMEA ZDA 信息实现采集软件和各传感器时间同步。本项目采用美国天宝公司 R7 系列产品实现 GPS 精确定位及时间同步功能。

17.1.4　多波束条带检测抛填效果

整个工程施工完成后，采用了江苏省水利科学研究院的 SONIC 2024 进

图 17.9　SONIC 2024 系统 SV Plus 声速剖面仪示意图

行了全场水下抛投后形态扫描检测,历时 6 h,检测面积 28 800 m²,检测方案为:在抛区内每隔 2 m 设一个检测点,测出抛后地形与抛前对比差别,如有不合格应及时补抛。

部分检测效果如图 17.11～图 17.17 所示,其中虚线表示抛投前河岸断面形状,实线表示抛投后河岸断面形状。

检测结果表明本次大型沙袋深水抛投实施效果良好,沙袋填充深槽基本密实,高程满足设计要求;少量袋体由于水流复杂和深槽河床断面不均导致漂落距离不在实施范围之内。

但根据多波束检测和施工断面成型检测结果综合分析,项目组认为可以用抛区外沙袋抛投方量抵消抛区内袋体着床不密实方量,误差不会超出 5%。

实际上,深水抛投计量检测一直是很困难的工作,目前尚无经济有效的准确检测手段。采用本工程实施的检测方法,可以比较准确地量化判定工程有效实施量,这为类似工程的检测与工程计量支付提供了有益参考。

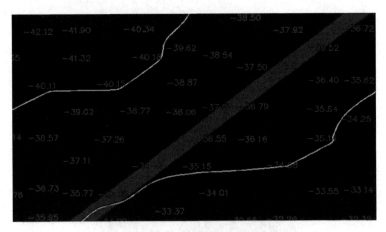

图 17.10 多波束检测局部高程成果图

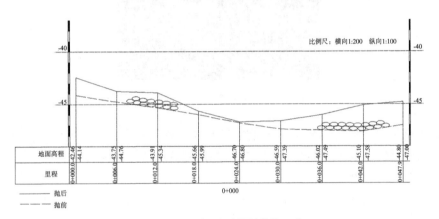

图 17.11 0+000 断面(单位:m)

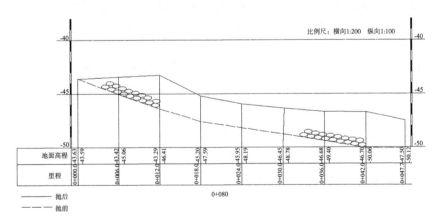

图 17.12 0+080 断面(单位:m)

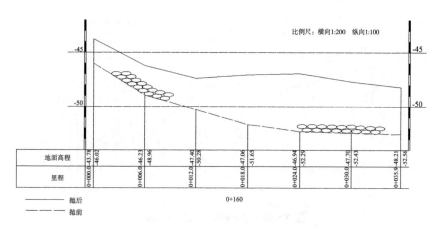

图 17.13　0＋160 断面(单位:m)

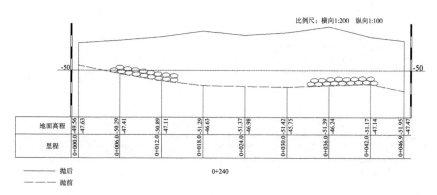

图 17.14　0＋240 断面(单位:m)

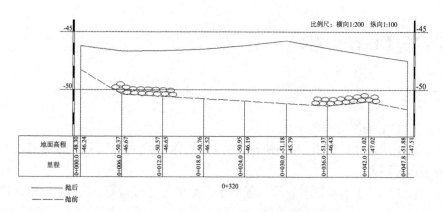

图 17.15　0＋320 断面(单位:m)

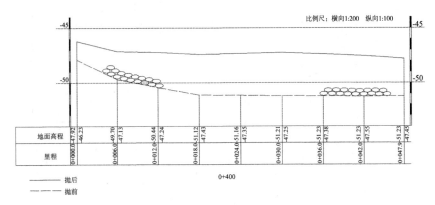

图 17.16　0＋400 断面(单位:m)

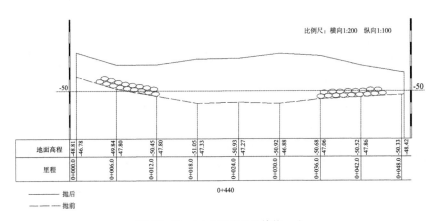

图 17.17　0＋440 断面(单位:m)

17.2　工程效果评价

17.2.1　工程指标评价

1. 沙袋护岸材料的采用

大型沙袋经济节约、施工快捷,能满足大体量护岸抛投工程的关键技术经济指标要求。

沙袋送至水利部基本建设工程质量检测中心进行检测,检测结果完全符合沙袋设计要求,能够满足充填过程中压力和延展性及水下耐久性的需要;沙浆送至相关检验机构检验,黏粒含量<10%,满足施工要求。

2. 施工技术指标

由于优化了抛投工艺技术,研发了新型无动力抛投装置,实现了快速抛投施工作业,大大提高了施工效率。沙袋充填时间短,充填效果好(抽样检测结果显示沙袋的平均充盈度大于 75%,截面为规则椭圆形),达到设计指标,满足快速施工要求,整体抛投作业约 11 万 m³ 沙袋抛投体量在不到 50 d 工期内全部完成,效果良好。

3. 施工安全指标

基于快速一体化施工工艺以及现场有效的组织管理,整个工程施工过程井然有序,各项安全指标均能达规定要求。尽管日夜连续施工,但整个施工阶段没有发生一起安全事故,统计情况见表 17.4。

表 17.4　安全指标统计表

序号	安全问题	指标
1	因工死亡责任事故	死亡率:0;重伤率:<0.4‰
2	重大火灾责任事故	0
3	重大危险源控制合格率	100%
4	持证上岗率	100%
5	各种劳动防护用品配备率	100%
6	施工现场安全防护设施	按 JGJ 59—2011 标准评分合格率 100%

4. 验收标准

由于缺少类似工程验收标准,项目组依据本次沙袋护岸抛投项目的设计、施工特点,经过业主、设计、施工、监理及市级水利工程质量监督管理部门多次研讨协商,参照《江苏省水利工程施工质量检验评定标准》、《江苏省长江水下平顺抛石护岸工程质量验收办法(试行)》、《堤防工程施工质量评定与验收规程》(SL 239—1999),初步拟定了沙袋护岸工程的质量检验评定与验收方法,设计了两类关键质检验评表,即"沙袋抛投护岸分部工程施工质量评定表"和"沙袋抛投单元工程质量评定表"。表格样式详见本章附表(一)和附表(二)。

确定并采用这类检验评定表,为明确单元工程质量检验评定和验收标准,保证工程质量提供了可操作性和评价依据,也是水利工程施工质量检验评定标准的补充。当然由于类似项目实施不多,今后应结合应用实际效果,进一步完善质量检验评定方法,形成标准,争取列入《江苏省水利工程施工质量检验评定标准》之中。

17.2.2 工程类比评价

现有沙袋抛投工程以镇江和畅洲工程最具有代表性。镇江和畅洲主体工程为和畅洲左汉水下潜坝,工程采用聚丙烯编织布制成长 10 m、直径 1.2 m、充沙后单体重量 14 t 的普通塑枕,运用多波束动态反馈调整落距,利用 GPS 定位系统对抛枕船进行精确定位后,抛筑坝芯,再用普通塑枕内侧覆一层无纺布制成的长 10 m、直径 1.9 m、充沙后单体重近 40 t 的复合塑枕,构筑坝面,在水下构筑一条长 1 102 m、最大坝高 30 m 以上的潜坝。

1. 沙袋设计

沙袋(图 17.18)一般都设计成侧边带有缝制线的圆筒状,并且采用沙袋两端一端进沙浆、一端出水的设计样式。本次使用的沙袋(图 17.19)采用圆筒状编织一次成型,每个袋子同侧分别预留三个直径 20 cm 的孔洞,洞口间距 4 m,洞口外缝接两端敞口的袖口。

新型沙袋无侧缝,只留左右两端缝制,增强了沙袋的径向抗撕裂强度和破张力,大大降低了沙袋破裂的风险,增加了沙袋的耐久性。两端袖口用于吹填沙时的水沙进口,中间袖口用于出水,既考虑了填充效率问题,加快了施工进度,又使沙子充分流动入淤,充填均匀,避免了这类长形沙袋因为填充不均匀导致袋型不规整,在水流作用下发生扭曲、破裂;同时,由于保证了足够的充填度,也避免了因袋型圆度下降导致水下抛落时产生袋体水流阻力的随机改变而带来的漂距的不确定性,从而有效克服了大型沙袋的抛投定位难问题。

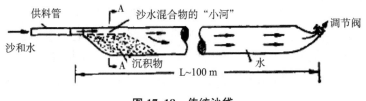

图 17.18 传统沙袋

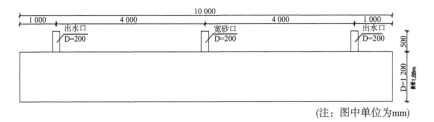

(注:图中单位为mm)

图 17.19 新型沙袋

2. 抛投效果评价

整个抛投区域同一横截面高程大致相等,在纵截面中岸坡坡度明显变缓,河床大约被抬高 3.5 m,随机选取 25 个测点,其中在允许偏差±1.5 m 范围内的点有 21 个,合格率约 85%,完全满足设计要求。

实践表明,一体化快速抛投沙袋施工速度快、效率高,节省原料和造价,不失为新型护岸结构的理想选择方式之一。

尽管抛投总体效果较好,但由于沙袋在水下呈散落式分布,因而可能在沙袋间形成细小水流,冲刷河床,甚至形成涡旋导致塌陷,影响长期护岸稳定性效果。而本次抛投采用了大型沙袋,沙袋材料选用高强 PP 且表面覆盖一层保护石块,因此,沙袋启动滑移以及转动翻转困难,袋体着床整体稳定性是有保障的,也可以通过后续连续检测,进一步评价该工艺实施的长期效果。

3. 施工工期

工程工期总共 53 d,实际留给沙袋抛投的施工时间大约 45 d。由于抛区狭长,处于长江主航道,如增加施工船舶,船舶之间抛锚定位互相干扰,难以同时作业。因此,只能由一艘抛投船进行施工,本次施工通过精心设计、创新作业模式,采用一体化的快速施工工艺,抛投沙袋最多时达 240 只/d,总计 2 014 m^3。对于相同的抛投船,普通抛投工艺日抛投量最高能达 1 500 m^3 左右,施工效率远远落后于抛投大型沙袋。

因此,对于工期紧、任务重的深水护岸工程,沙袋护岸技术具有显著的优越性。

4. 工程费用

抛投块石护岸的造价约为 110 元/m^3,若不考虑江中取沙的审批及资源费用,用抛投沙袋进行护岸,每立方米造价约 76 元,若江中取沙的审批及资源费用能控制在 30 元/m^3 时,抛投沙袋护岸依然比抛石护岸便宜。

17.3　工程总体评价

大胜关岸段沙袋护岸抛投工程有效施工工期约 45 d,共抛投沙袋 12 945 个,总计 108 733 m^3,平均每天抛投 287 个。抛投数量多、时间紧、任务重,在保证夜间照明和安全的前提下,三班连续作业,实现了一体化的快速施工方法。通过努力,于规定工期内按质完成沙袋抛投施工任务,从而保证项目在汛期水位上涨前完成。

沙袋由高强聚丙烯材料制成,耐久性高,能在水深 5 m 以下紫外线照度低的水下使用 30 年。施工过程中采用无动力弧形沙袋槽抛投沙袋,同时规范施工人员操作方法,优化施工工艺流程,大大提高了工程施工的效率。对工程质量和工程安全进行了严格的控制,施工方将施工安全管理放在第一位,并充分考虑施工条件,精心组织、合理有序地安排施工顺序,确保安全、优质地完成施工任务,定期不定期组织安全大检查,最终到工程施工完成时,无一起安全事故发生。

深水抛投护岸的成型测量是检验抛投效果、准确界定工程实物量的重要依据,但目前常规检测方法无法实现有效检测。本项目采用多波束实时检测系统测试深水抛投定位效果,结合 GPS+测深仪检查成型断面效果,为工程的实施有效判定提供了保障。

抛后经第三方检测,抛区范围内平均增厚 3.5 m,护岸效果明显,满足设计要求,护岸效果良好。长江南京段不同区段沙粒组成成分和粒径分布是不同的,因此,可以根据不同的沙粒级配,试验得出适宜的充填沙袋孔径以及袋体抗拉、抗撕裂等力学性能,按沙选袋,将沙袋护岸推广到整个长江河段中应用。本次工程的顺利完成,为以后八卦洲的治理提供了典范。

沙袋护岸的施工成本相对于抛石护岸节省大约 30 元/m³(不考虑取沙许可证所花费用),造价相对较低,沙袋抛投效率高,简便易操作。该护岸型式将河道疏浚与陡岸深槽处理结合起来,遵循河道变化规律,具有既稳定河势、又消除水下险工隐患的双重效果,同时也避免了采石对环境的破坏。

在施工过程中也还有一些难点问题需要进一步探讨,如:简化抛投计算公式,将理论与经验相结合,得出合理抛投落距,进一步提高抛投施工准确性;施工过程中,由于抛投量大,弧形沙袋槽及其与船甲板之间连接处容易发生疲劳损伤,影响施工进度及施工安全;抛投质量的校核检测目前只能通过间接法测得,准确性依旧不高;迄今未有国家和行业针对沙袋抛投护岸出台相应质量标准,这就使得沙袋抛投施工过程中人为因素增多,工程可靠性受到影响。

长江南京河段沙袋护岸工程属于深水工程,紫外线照射微弱,沙袋老化速度减缓,使用期达 30 年。为了监测工程建成后的稳定性,可架设刻度标杆,实时统计河床变化,标杆应设置合理,不影响通航,并设置醒目标志。定时进行多波束水下地形测量,绘制地形图,对比检查。护岸工程后期由于抛区内部水流涡旋,可能出现局部塌陷;由于高速水流冲刷,使抛区边缘高度降低,并逐步向里侵蚀,导致抛区有效区域减小。对于以上情况,一旦发现应及时补抛沙袋或者适量石块以避免抛投护岸质量进一步恶化。

17.4　本章小结

（1）建立长江南京河段沙袋抛投工程质量检测体系，主要包括三个方面：组成护岸的各种原材料（填充沙、沙袋）的现场检测；施工过程质量检测；工程的最终检测和验收检验，其中包括护岸的填充高程，护岸的工程量。

（2）根据工程相关规定和实际情况，建立了长江南京河段沙袋抛投工程评价指标，包括质量指标，安全指标等。运用类比方法对工程作了评价。

附表（一）：沙袋抛投护岸分部工程施工质量评定表

工程单位名称		施工单位			
分部工程名称		施工日期			
分部工程量		评定日期			
项次	单元工程类别	工程量	单元工程个数	合格个数	其中优良个数	优良率
合计						
重要隐藏工程、关键部位单元工程						
施工单位自评意见		监理单位复核意见		项目法人认定意见	
分部工程质量等级： 评定人： 项目技术负责人： （盖公章） 　　　年　月　日		复核意见： 分部工程质量等级： 监理工程师： 总监或副总监： （盖公章） 　　　年　月　日		审查意见： 分部工程质量等级： 现场代表： 技术负责人： （盖公章） 　　　年　月　日	

注：大型枢纽工程主要建筑物的分部工程验收的质量结论，由项目法人报工程质量监督机构核定。

附表(二):沙袋抛投单元工程质量评定表

项目名称：　　　　　　　　　　　　　　　　　合同编号：

		单位工程名称		单元工程量	
		单位工程名称编码		检验日期	年　月　日
		单元工程名称、部位		评定日期	年　月　日

项次		项目名称	质量标准	检验结果			评定
检查项目	1	沙袋尺寸及制作质量	符合设计要求				
	2	抛投程序	符合设计要求				
	3	抛投位置和数量	符合设计要求				
检测项目	1	各抛投网格沙袋数量	各抛投网格实际的沙袋体积与网格设计抛投量的允许偏差 0%～10%	总测点数	合格点数	合格率	
	2	沙袋充盈度	不小于 0.75	总测点数	合格点数	合格率	
	3	抛投前后相应位置高度	允许偏差±1.5 m	总测点数	合格点数	合格率	

施工单位自评意见	自评质量等级	监理机构复核意见	核定质量等级
检查项目：_____ 检测总测点数：_____ 合格点数点：_____ 合格率：_____％	☐ 合格 ☐ 优良		☐ 合格 ☐ 优良

施工单位名称			监理机构名称	
测量员	复检负责人	终检负责人		
			核定人	

注:各抛投网格的抛投体积为每个网格实际抛投沙袋体积,每个网格为一个统计单位,代表一个测点,总测点数应与单元内所含网格数相符。

第18章 结论与建议

18.1 结论

18.1.1 模型试验

18.1.1.1 定床模型

在根据原型实测水文资料取得模型水流与原型相似的基础上,结合本次八卦洲汊道河道整治目标,对设计单位提出的改善左汊分流比的各类工程措施及效果进行了定床阶段试验研究与优化,得到结论如下:

(1)根据八卦洲汊道的演变过程,分析左汊分流比逐渐减少的主要原因有:① 左汊入流条件:20 世纪 50—80 年代间,八卦洲洲头累计崩退近 3 km,导致分流点不断下移,使得左汊入流角度不断增加,不利于左汊分流;② 过水面积:受河道自然演变和人类活动影响(涉水工程的建设),左汊过水面积逐渐减小;③ 阻力系数:左汊的局部阻力系数和沿程阻力系数均大于右汊;④ 左汊出流条件:左汊与右汊汇流方式几乎为直角,受右汊较强水流的顶托作用,左汊出流受到阻碍,引起左汊出口水位抬高,阻力增大。

(2)定床单类整治工程方案试验结果表明:

① 洲头导流堤对分流比的改善效果最明显,推荐的 1~7 方案可使黄家圩和左汊口门水位抬高 0.07~0.08 m,能有效增大左汊内水面比降,增加左汊分流比 2.45%;

② 黄家洲切滩、马汊河疏浚和左汊出口拓卡工程均只能对工程附近的局部河段产生一定影响,增加左汊分流比的效果有限(0.67%~0.94%),且需要通过其他工程增加左汊水流动力才能较好地维持疏挖效果;

③ 右汊潜坝工程可以实现适当限制右汊发展的目的,能增加左汊枯水分流比 1%左右(−15 m 方案),但潜坝上游局部产生壅水(0.05~0.10 m),坝址附近流速显著增大(增幅 30%~60%),且下游水流流态会有一定恶化,可

能对通航产生影响,建议作为备用方案留待必要时选用;

④ 洲尾导流坝方案通过适当改变左右汊汇流方式,一方面减小了右汊水流对左汊出流的顶托作用,另一方面利用右汊较大的水流流速卷吸左汊出口水流、降低左汊出口水位,可增大左汊分流比 1.95%;该方案实施后将使新生圩码头附近的流速有小幅增加(枯水时 0.01~0.02 m/s),同时引起西坝段枯水主流线向河道中部右移约 200 m,可能会对下游河段河势产生一定影响。

(3) 定床组合方案及优化试验结果表明:组合方案 2(洲头导流堤+黄家洲切滩+马汊河疏浚)实施后,能很好地改善左汊进口条件和中部泄流能力,可使左汊内流速普遍增大,枯水分流比增加 3.57%,平滩流量时,分流比增加 3.24%,推荐定床阶段使用该方案;辅以潜坝工程后,组合方案 5 的分流比改善效果进一步增大,枯水时可增加左汊分流比 4.02%,平滩流量时增加 3.54%,推荐为定床阶段的备选方案,但这两个方案对右汊的流速场可能有一定的影响,进而引起右汊河床的重新调整,动床阶段将着重对这两种方案在各种水沙条件下的冲淤演变趋势进行研究分析。

(4) 以上成果是在定床模型的基础上取得的,由于工程实施后水流与河床的相互作用将使上下游河段发生自动调整,流速流态和分流比改善效果也会随之产生一定变化,故整治工程的效果还须在动床模型上通过水沙冲淤过程试验进行进一步研究论证。

18.1.1.2　动床模型

(1) 河床演变分析成果表明:八卦洲汊道经过一系列的整治,目前河势基本稳定,但左汊仍处于缓慢衰退之中,具体表现在左汊的河槽容积和左右汊容积比逐年减小,近年来,这种减小的趋势还存在逐渐加剧的可能,左汊枯季分流比已由集资整治工程实施后的 16% 左右减小到 2011 年的 12.4%。目前左汊的水域条件已不能适应八卦洲汊道沿江企业的需求,与沿江经济社会发展的矛盾日益突出,严重制约了沿江经济的可持续发展。因此,迫切需要采取工程措施,遏制八卦洲左汊缓慢衰退的趋势,适当改善左汊水域条件,以支撑南京市区域经济的可持续发展。

(2) 定床试验成果表明:依据导致八卦洲左汊分流比逐渐减少的 4 个主要原因(① 左汊入流条件恶化;② 左汊过水面积逐渐减小;③ 左汊的阻力系数大于右汊;④ 左汊出流条件不畅),提出了整治效果较优的三个组合方案供动床模型进一步研究,即洲头导流堤+黄家洲切滩+马汊河疏浚(导+切+疏)方案、右汊潜坝+黄家洲切滩+马汊河疏浚(潜+切+疏)方案和洲头导流堤＋右汊潜坝＋黄家洲切滩＋马汉河疏浚(导＋潜＋切＋疏)方案,其中本报告着重研究前两个方案,第三个方案的试验成果参见南京水利科学研究院编制的动床试验报告。

(3)动床模型验证试验表明:动床模型设计正确,选择的模型沙可较好地满足泥沙起动相似、沉降相似及紊动悬浮相似;取得了水面线、断面流速分布、分流比和地形冲淤验证相似,其中水面线偏差在原型 0.05 m 以内,沿程各断面流速最大偏差均在原型流速的 10％以内,断面流速分布形态与原型基本相似,各级流量条件下分流比最大偏差在 0.5％以内,模型冲淤地形的冲淤量、主要等高线的位置和沿程变化趋势与原型基本接近,验证成果符合《河工模型试验规程》(SL 99—2012)的要求。

(4)自然演变试验成果表明:八卦洲左汊在经历单个典型年水沙过程后,以淤积萎缩为主,黄家洲边滩和南京长江二桥(北汊)桥位附近河道展宽段心滩明显淤长,1998 年和 2005 年典型年左汊分别淤积了 241 万 m³ 和 383 万 m³,枯水分流比从 12.5％降至 12.09％～14.23％,降幅为 0.27％～0.41％;经长系列年(2004—2010 年)水沙过程后,左汊的淤积萎缩加剧,共淤积 724 万 m³,枯水时左汊分流比已降至 10.19％左右,势必导致左汊的水域和通航条件的进一步恶化,沿江经济和企业的可持续发展将受到严重威胁。因此,宜尽快采取适当整治工程措施,以遏制八卦洲左汊衰退的趋势,改善左汊水域条件。

(5)整治工程方案比选试验表明:

"潜＋切＋疏"方案实施后,经过单个典型年作用,左汊仍以淤积萎缩为主,1998 年和 2005 年典型年分别淤积了 309 万 m³ 和 393 万 m³,回淤量略大于自然演变情况,其中切滩疏浚区域 1998 年和 2005 年典型年后分别回淤了 130 万 m³ 和 108 万 m³,黄家洲切滩的回淤率是 31％～35％,马汉河疏浚的回淤率是 15％～19％;工程实施初期,枯水分流比由 12.5％增至 15.08％,经 1998 年、2005 年单个典型年冲淤调整后,左汊分流比分别减至 14.71％和 14.60％,但仍较现状条件增加 2.10％～2.21％,工程起到了整治效果。然而,在潜坝下游至燕子矶段河床冲刷变形剧烈,南京长江二桥下至新生圩河床淤积较明显,工程对右汊的河势影响较大,建议作为备选方案。

"导＋切＋疏"方案实施后,经过单个典型年作用,左汊仍以淤积萎缩为主,1998 年和 2005 年典型年分别淤积了 321 万 m³ 和 404 万 m³,回淤量略大于"潜＋切＋疏"方案,其中切滩疏浚区域 1998 年和 2005 年典型年后分别回淤了 153 万 m³ 和 118 万 m³,黄家洲切滩的回淤率是 34％～42％,马汉河疏浚的回淤率是 16%～22%；工程实施初期，枯水分流比由 12.5% 增至 16.07%，经 1998 年、2005 年单个典型年冲淤调整后，左汊分流比分别减至 15.73% 和 15.65%，但仍较现状条件增加 3.15%～3.23%，工程起到了整治效果；工程实施后，洲头右缘下游和燕子矶前沿深槽有所冲刷，上元门至燕子矶沿线近岸流速有所增大，须加强监测和防护；该方案工程效果略优于"潜+切+疏"方案，且对河势影响较小，建议作为推荐方案。

（6）长系列年冲淤试验表明：左汊以淤积萎缩为主，右汊略有冲刷扩大，经 2004—2010 年系列年作用后，左汊共淤积 778 万 m³，回淤量略大于自然演变情况，其中黄家洲切滩和马汊河疏浚区域分别回淤了 166 万 m³ 和 187 万 m³，回淤率分别为 89% 和 55%；经 2004—2010 年+1998 年系列年作用后，左汊的淤积略有加剧。经七、八个系列年后，左汊枯季分流比分别降至 14.18%～13.96%，但仍较现状条件增加 1.46%～1.68%，说明整治工程的效果较为明显；右汊内的上元门至燕子矶一带受导流堤的挑流作用，近岸流速有所增大，深槽区冲刷较明显，但滩槽格局变化不大，整体河势相对稳定。

（7）对八卦洲汊道沿岸重要设施的冲淤影响分析表明："导+切+疏"方案实施后，左汊的通航条件得到了一定的改善，特别是左汊中段的南化专用航道得到了大幅改善，再配合适当的疏浚维护，左汊的通航条件能够得以维持。上元门边滩和乌龙山边滩的−5 m 和−10 m 等深线略向河中发展，可能对这一带的码头靠泊条件有一定的不利影响；左汊岳子河段扬子 8#～10# 码头前缘有 1.0～2.2 m 淤积，对码头靠泊条件可能产生一定影响；其他港区附近等高线未见明显变化。对南京长江大桥和南京长江二桥的河床的冲淤影响甚微。对上元门水厂的取水口有一定的冲淤影响，但不会影响其正常运行；对大桥水厂和城北水厂的冲淤影响很小。对幕燕风光带近岸河床冲淤影响较小，但上元门至燕子矶一带的近岸流速有不同程度的增加，建议加强监测和防护。

18.1.2 整治效果

综合上述河床演变分析、整体模型试验以及导流堤结构水槽试验结果，获得如下几点认识：

（1）经过多年的河道整治工程，特别是八卦洲洲头鱼嘴工程的实施，八卦洲汊道段河势由自然演变状态转为人工控制下的演变，汊道总体河势已逐渐趋于稳定，但多年来左汊河槽容积总体上呈持续减小的态势，且自 1983 年以来，左、右汊河槽容积比持续减小，由 1983 年的 0.692∶1，减小到 2011 年的

0.553：1,说明八卦洲汊道仍处于左汊缓慢衰退、右汊缓慢发展的单向变化中,这种持续的单向变化,对左汊内航道及港口码头、企业取排水口产生严重的影响,采取整治工程措施来改善左汊水流动力是十分必要的。

（2）整治工程单方案研究表明,洲头导流堤对改善左汊水流动力的效果最好,其次为右汊潜坝和左汊切滩疏浚方案,鉴于右汊潜坝对右汊水流条件影响较大,单方推荐方案 I_{14},即 215°＋550 m＋4 m,切滩疏浚推荐进口小切滩 III_3 和中疏浚 III_7,上述三个单方案改善左汊枯水分流比的量值分别为 2.66％、0.25％、0.61％。

（3）组合方案试验研究表明,以导流堤为主的组合整治方案对改善左汊水流动力的效果好于以右汊潜堤为主的组合方案,综合考虑工程对左汊分流比增加的效果、左汊入流条件的改善,并结合工程对左、右汊通航条件的影响等因素,推荐洲头导流堤＋黄家洲小切滩＋马汊河疏浚的综合整治方案,该方案在枯水流量条件下可提高左汊分流比 3.75％,能够达到预期的整治目标。

（4）推荐组合方案实施后,导流堤堤头附近流速增大,因导流堤阻水挑流作用,右汊流场结构发生较大的调整,如不采取任何防护措施,堤头及右后方较大范围内的河床将出现剧烈冲刷,会危及导流堤自身的结构安全与稳定,并对右汊进口段的局部河势稳定产生一定的影响,同时右汊进口段的冲刷会一定程度降低改善左汊水流动力的效果,因此必须采取适当的防护工程措施;护底的初步方案平面布置基本合理,鉴于导流堤堤头前及燕子矶岸段最大冲刷深度较大,建议加强这两段的护底强度。

（5）框架串、框架团抛投试验表明,框架串、框架团的抛投落距较单个框架大,落点较为稳定,如选择枯水施工,水流流速不大,只要控制好抛投点并分层抛投框架,是能够成功建筑导流堤的。

（6）框架内充填天然沙,框架的起动失稳流速为 2.8～3.31 m/s,当充填碎石时,其起动失稳流速为 3.79～4.48 m/s,尚不能满足导流堤稳定要求,坝面须采取大粒径的块石防护后,才能够保持导流堤长期稳定,采用组合透水框架并充填适当的填料进行筑坝,从技术上看是可行的。

（7）单个无充填薄壁大圆筒、充填薄壁大圆筒的抗倾覆流速分别为 2.9 m/s、3.18 m/s,不能满足稳定性要求。堤头 15 m 宽的带基座充填天然沙大圆筒试验表明,在水深 34 m 时,其抗倾覆流速在 4.95 m/s 以上,大于该河段防洪设计流量条件下的一般水流流速和最大水流流速,只要保持堤头抛石的稳定,这种大圆筒结构能够确保导流堤的稳定,因此,采用带基座的充填大圆筒结构建筑导流堤,从技术上看是可行的。

18.1.3　崩岸及其防护

在对长江南京河段护岸工程型式调查分析的基础上,就环境友好型的沙袋和生态友好型的十字形方体等结构的护岸(护坡)效果和崩窝内不同治理工程进行研究,得到了如下结论:

(1) 中华人民共和国成立以来,长江南京河段先后进行过 6 次大规模的河道整治工程。包括应急抢护工程、洲头保护工程、河势及岸线守护工程等。这些工程的实施,不仅稳定了长江南京河段的河势,而且在采用新型的护岸型式和生态护坡技术方面积累了经验。长江南京河段的护岸(坡)型式的水下部分主要是抛石护岸,水上部分主要为干砌块石。近年来水下部分还采用了铰链排和四面六边框架,水上部分采用了生态护岸型式。

(2) 由于近年来对生态和环境保护的重视,块石的开采受到了一定的限制,水下部分可考虑采用沙袋来代替块石进行河岸防护,也可采用沙肋软体排的护岸型式,但沙袋与块石有诸多差别,在具体应用时,还应根据具体河段的水文、地形资料开展相应的研究工作;常水位以上的岸滩防护,在洪水期没有过水要求(或过水要求不高)的边滩,可采用河道立体绿化、护岸护堤林等型式;在洪水期过水要求较高的边滩,可采用干砌块石、环保混凝土块的型式。

(3) 沙袋是环境友好型的护岸型式,应用于护底或护坡时,在保证沙袋整体稳定的情况下,采用大中小沙袋组合,并在中小沙袋占较大比例时,护岸效果较好;沙袋抛投前,如能在河床(岸坡)面上先铺设土工织物垫层,土工织物垫层与沙袋的结合,可有效防止水流对底沙的淘刷。

(4) 十字形方体作为生态护岸结构型式之一,其生态效应表现为:十字形方体护岸结构能改善环境,结构体上会附着很多生物,从而引诱来很多小鱼小虾形成一个饵料场;十字形方体护岸结构会产生多种流态,上升流、线流、涡流等,从而改善环境;十字形方体护岸结构体内空间可保护幼鱼,从而使资源增殖。

(5) 三江口窝崩土方量约 110×10^4 m³,崩塌土方首先淤积在口门及上下游 1 000 m 区域的长江沿岸带,沿岸带的淤积量约占窝崩总量的 83%;经 1 个月的水流冲刷作用,河床冲刷了窝崩体积的 37%。窝崩发生原因主要有:水流顶冲,岸坡变陡;河岸地质组成适应窝崩发生;水位下降较快,岸坡土体内地下水位落差大;崩岸河段抗冲能力较弱等。

(6) 窝崩水流试验结果表明:随着口门流速的增大,窝崩下游侧口门边界对水流的作用加强,窝内回流强度增大,且窝内流速与口门流速的比值也增大。随着口门流速的增大,窝内最大流速值所在的位置由口门向窝内移动。

(7) 窝崩口门方案包括潜锁坝和口门导堤方案。三种不同坝顶高程的潜锁坝试验表明,随坝高的增加,窝内流速减小,但坝高增加,抛石的工程量会成倍增加;口门导堤方案包括上游侧口门导堤、下游侧口门导堤、两侧导堤等方案。试验结果表明,与口门潜锁坝相比,下游侧口门导堤工程量小且工程效果明显,因此口门方案中建议采用下游侧口门导堤方案。

(8) 布帘坝降低窝内流速的效果与抛石坝相近,由于布帘坝采用布帘来代替抛石坝体,工程投资比抛石坝要节省,但具体能省多少,布帘坝如何实施,还得从施工工艺、耐久性、工程费用等方面进行进一步论证。

(9) 四面六边框架能起到减小窝内流速的作用,但过密的四面六边框架分布,对流速的减小作用有限,可以考虑每 $2\sim3$ m^2 布置一个四面六边框架(混凝土柱的尺寸为 0.1 m×0.1 m×1.0 m);四面六边框架与口门锁坝的组合对窝内流速的减小效果与单纯采用四面六边框架相比相差不大,故建议四面六边框架与口门潜锁坝工程分开使用。

(10) 树冠(塑料草)方案对降低窝内流速能起到较大的作用,在应急抢护工程中可考虑采用。树冠(塑料草)与口门潜锁坝的组合以及树冠(塑料草)与下游侧口门导堤组合试验表明,组合对窝内流速的影响远小于两者单独使用影响之和。

本项目以长江南京大胜关河段右岸深槽岸坡防护为对象,针对沙袋深水护岸体量大、定位难、施工效率不高等特点,研究了沙袋选型标准、设计参数、一体化快速施工工艺和工程质量检测及评价体系等,形成了沙袋深水护岸成套技术,得到以下主要成果:

(1) 针对南京大胜关近岸深槽段水深流急(水深约 50 m,流速约 2 m/s)、岸坡防护体量大等特点,摈弃了抛石等传统护岸方式所存在的工程造价高、原料来源困难、环境影响大等缺陷,选择大型沙袋护岸结构型式,凸显了经济、环保的绿色工程应用理念。

(2) 在国内外调研和现场试验的基础上,设计了合理的沙袋规格尺寸、技术指标和充填要求。沙袋型式选用无侧缝圆筒式,单个沙袋长 10 m、直径1.2 m,袋体材料采用高强聚丙烯(PP);通过室内袋体材性测试和现场试验,确定了合理的沙袋物理力学性能设计指标,包括袋体单位面积质量不小于280 g/m^2,有效孔径 $O_{95}<0.12$ mm,渗透系数$>10^{-4}$ cm/s,纵向抗拉强度不小于 40 kN/m,横向抗拉强度不小于 32 kN/m,顶破强度不小于 0.5 kg/cm^2,

沙袋两端缝制应满足充填压力达 0.33 kg/cm² 时不产生缝口撕裂；江砂充填要求：$d_{90} \geqslant 0.08$ mm，黏粒含量不大于 10%，沙袋的充填度不小于 75%。为确保大体积袋沙能够快速排渗，袋体固结后形状规整，保证充填效率和抛投质量，袋体同侧分别设置三个直径 10 cm 的预留充沙洞口，间距 3 m，并缝接 50 cm 长袖袋，中间作为排水出口，两端作为充沙进口，袋体两头无缝采用高强尼龙包缝双线缝制，袖袋采用翻边双线缝制。单个沙袋重量约为 14 t。沙袋抛投方式选择船体侧边翻板抛投。

（3）开发了一体化快速施工工艺。采取定位船、抛投船和驳沙船整体集成式作业方式，优化了采、运、驳、充、抛施工工序，实现了抛投船定位、沙袋平铺固定、两端定向充填、人工辅助排水、充填度检测和无动力抛投等工序全程无间断连续流水施工，满足了快速高效施工要求。其中，自行研制了弧形槽翻板无动力抛投装置，设计了独创的偏心支架，实现了弧形槽自动翻转和人工快速简易复位，摆脱了常规抛投方式对施工动力源的依赖。

（4）针对常规护岸效果检测手段如单波束测深仪、旁扫声呐等测量精度差、功效低等不足，引入多波束条带扫描测量技术，提高了沙袋抛投断面成型检测精度和整体抛投效果评价准确性。建立长江南京河段沙袋抛投工程质量检测和评价指标，主要包括三个方面：组成护岸的各种原材料（填充沙、沙袋）的现场检测；施工过程质量检测；工程的最终检测和验收检验，其中包括护岸的填充高程和护岸的工程量。

（5）综合设计、施工和检测技术，形成了沙袋深水护岸技术。该技术成功应用于长江大胜关段水下约 50 m 深槽的防护，抛后经第三方检测，抛区范围内平均增厚 3.5 m，护岸效果明显，满足设计要求，护岸效果良好。

（6）抛投块石护岸的造价约为 110 元/m³，用抛投沙袋进行护岸，每立方米造价约 86 元，通过工程应用实践对比分析，本次大胜关护岸工程采用的抛投大型沙袋方案比抛投块石方案节约直接工程投资约 260 万元。

18.2　建议

18.2.1　河段治理

（1）综合考虑两个方案的整治效果及其对河势稳定的影响，建议将"导+切+疏"方案作为推荐方案，"潜+切+疏"方案作为备选方案。

（2）"导+切+疏"方案实施后，经多年水沙过程作用，右汊燕子矶沿岸深槽发展,上元门至燕子矶沿岸近岸流速增大,建议加强该段岸线的监测和防护,保障右汊的安全行洪。

(3) 在导流堤下游,袋装土回填带和软体排防护带的交界段,因堤头挑流与右侧主流在此交汇致使流态紊乱,河床有一定的冲刷,建议扩大软体排护底的范围,以保护该段河床。

(4) 左汊两处切滩疏浚工程存在回淤较快的问题,建议 3~5 年维护一次挖槽,保证整治工程效果的长期性。

(5) 上元门边滩近岸区域经历多年水沙过程后呈现淤积态势,但结合典型断面流速分布变化来看,该区域在工程后流速增加明显,应为右汊口门的主要输沙带,故该段护底工程能否适当减少,还须开展专门的试验进行研究。

18.2.2 结构形式优化

经过多年的研究和工程实践,薄壁大圆筒结构已在沿海的码头及防波堤工程中获得了大量运用,鉴于本工程的堤高较高,水流流速较大,建议今后仍需结合本工程的工程地质条件及水流情况,进一步开展如下研究工作:

(1) 根据现场地质条件,进行结构强度和稳定性方面的进一步研究,研究沉入式和基床式组合的结构型式的可行性;

(2) 进行现场典型段的施工试验,获取设计、施工方面的关键参数和工艺;

(3) 进行工程预算方面的研究,论证该结构的经济性。

18.2.3 沙袋护岸(滩)及窝崩防护型式治理

本次试验作为探索性的研究,在许多方面尚显不足,特别建议在以下方面应进行进一步研究:① 只进行了几种长宽比尺寸沙袋的研究,对于其他尺寸的沙袋(特别是方形沙袋)的稳定性及护岸较果尚未涉及;② 单体沙袋在床面上的稳定性已有研究可以借鉴,但对于护岸完成后群体沙袋整体稳定性还未有研究;③ 本书将大四面六边框架转化为小四面六边框架时,采用了阻力相似的方法,但对于四面六边框架(群)的阻水机理有待进一步探讨;④ 总结本次工程应用实践,应对沙袋护岸型式的施工质量检验与评定标准及工程施工定额进行系统深入的研究和总结;⑤ 为进一步完善沙袋护岸技术,须继续研究更为直观、准确的沙袋漂距、成型水下检测手段;⑥ 在进行沙袋深水护岸之前,须做长江护岸工程附近沙源规划和可行性研究;⑦ 对沙袋在岸坡浅水区护岸进行应用性研究,进一步拓展沙袋护岸应用范围,达到逐步替代抛石护岸的目的。

参考文献

［1］南京市发改委,南京市水利局.长江南京段八卦洲汊道治理专家研讨会资料汇编
　　　［G］.2009.

［2］长江勘测规划设计研究院有限责任公司.长江南京河段八卦洲汊道河道整治工程可行
　　　性研究定床数学模型计算专题报告(中间成果)［R］.2011.

［3］长江勘测规划设计研究院有限责任公司,南京市水利规划设计院有限责任公司.长江
　　　南京河段八卦洲汊道河道整治工程可行性研究河床演变分析专题报告(中间成果)
　　　［R］.2011.

［4］长江科学院.长江南京八卦洲汊道二期整治河工模型试验研究报告［R］.2000.

［5］南京水利科学研究院.八卦洲左汊整治工程试验研究［R］.1991.

［6］南京水利科学研究院.八卦洲汊道整治工程河工模型试验报告［R］.1984.

［7］南京水利科学研究院.南京港新生圩深水泊位河工模型试验报告［R］.1983.